MCS-51 原理與實習－KEIL C 語言版

鍾明政、陳宏明　編著

全華圖書股份有限公司

・註冊商標及專有名詞之聲明

1. Windows XP 和 Windows 7 是 Microsoft 公司的註冊商標，相關專有名詞亦是 Microsoft 公司所有。

2. KEIL、KEIL μVision3 是 ARM 公司的註冊商標，相關專有名詞亦是 ARM 公司所有。

本書提及其他公司的註冊商標和專有名詞，都是所屬公司所有。

作者序

MCS-51/52 單晶片本身小而美，具備輸入埠、輸出埠、程式記憶體(ROM)、隨機存取記憶體(ROM)、中斷向量、堆疊、串列與周邊介面之擴充等功能，以此晶片當作學習微處理機，對系統架構與中斷動作流向等概念幫助很大。

KEIL 公司提供功能強大的軟體，本身集合編輯、組譯器 (Assembler)、編譯器(Compiler)、連結器 (Linker) 與除錯模擬 (Debugger) 等功能，不論是學習組合語言或是 C 語言均適宜。另外，最重要的是免費提供網路下載 2K 容量的軟體，對莘莘學子而言，是一大利多。

本書總共有十章節，內容簡述如下：

第 1 章：介紹 MCS-51/52 接腳與記憶體組織架構。

第 2 章：使用大量的範例程式介紹 KEIL C 語言之使用。

第 3 章：介紹 C 語言發展流程及 KEIL 軟體下載、安裝與操作。

第 4 章：介紹輸入/輸出埠、計時/計數器、串列與中斷。

第 5 章：介紹 KEIL 軟體模擬與發展工具之使用。

第 6 章：使用發光二極體介紹迴圈控制與陣列之使用。

第 7 章：安排七段顯示器、按鍵等項目介紹計時/計數器之應用實驗。

第 8 章：介紹 LED 點矩陣擴充與驅動方式及掃描顯示的觀念。

第 9 章：液晶顯示器驅動方式與符號自行建立的方式。

第 10 章：步進馬達接腳測量方式，並使用實驗程式介紹 1 相、2 相與 1~2 相驅動。

在第 2 章介紹迴圈控制、條件控制、陣列與指標之用法，在此章節刻意使用跑馬燈爲例，分別使用三種迴圈控制方式去撰寫程式，期待能以比較、對照的方式加強學習效果。在介紹條件控制、陣列與指標時，也延續以跑馬燈爲目標，規劃設計範例程式，前後比較加深印象。

在第 3 章安排 KEIL μVision3 版本軟體的安裝，第 5 章主要安排 KEIL μVision3 版本軟體模擬除錯及常見發展工具的介紹，讀者若能依據此兩章節並按部就班操作練習，對晶片內部架構與功能必有所助益。

個人從事多年教授微處理機經驗，在此提出淺見僅供參考，若由實驗程式去學習指令用法，似乎比較容易理解與吸收，再介紹實驗中類似指令，更可達事半功倍的效益。例如由第 6 章四個實驗直接切入主題介紹指令，使用實驗導引介紹第 2 章指令格式，若實驗中使用到 for 迴圈，可試著介紹 while、do_while 等相關迴圈，另外配合練習將程式參數修改後觀察其變化，採取實際操作觀察方式，學生比較容易接受。第 7 章提供十個實驗程式搭配第 4 章內容，可以學習輸入/輸出、計時器、計數器、串列與中斷的使用。第 8、9 與 10 章分別安排三個實驗程式，主要介紹 LED 點矩陣、液晶顯示器與步進馬達如何測試、規劃設計與程式撰寫。

在編排期間，蒙允成科技有限公司及全華圖書有限公司提供協助與支援，在此表達個人誠摯的謝意。雖然再三校正，遺漏之處恐難以避免，尚請前輩先進不吝指正。

作者謹識　台中大里

編輯部序

「系統編輯」是我們的編輯方針，我們所提供給您的，絕不只是一本書，而是關於這門學問的所有知識，它們由淺入深，循序漸進。

本書詳細介紹 MCS-51/52 接腳與記憶體組織架構，並使用大量的範例程式介紹 KEIL-C 語言之使用，以及介紹組合語言發展流程圖及 KEIL 軟體下載、安裝與操作，讀者若能按部就班操作練習，對晶片內部架構與功能必有所助益。由實驗程式去學習指令用法，較易理解與吸收，另外，配合練習將程式參數修改後觀察其變化，採取實際操作觀察方式，更可達事半功倍的效益。本書適用於科大電子、電機、資工系「單晶片微電腦實務」課程。

同時，爲了使您能有系統且循序漸進研習相關方面的叢書，我們以流程圖方式，列出各有關圖書的閱讀順序，以減少您研習此門學問的摸索時間，並能對這門學問有完整的知識。若您在這方面有任何問題，歡迎來函聯繫，我們將竭誠爲您服務。

相關叢書介紹

書號：06041017
書名：以 C 語言解析電腦(第二版)(附程式範例光碟)
編著：蔡英川
20K/504 頁/650 元

書號：05601027
書名：8051/8951 理論與實務應用(第三版)(附範例光碟)
編著：徐椿樑.陳輔賢
16K/336 頁/380 元

書號：05212067
書名：單晶片微電腦 8051/8951 原理與應用(附超値光碟)(第七版)
編著：蔡朝洋
16K/872 頁/610 元

書號：06028027
書名：單晶片微電腦 8051/8951 原理與應用(C 語言)(第三版)(附範例、系統光碟)
編著：蔡朝洋.蔡承佑
16K/656 頁/550 元

書號：06239017
書名：微電腦原理與應用 – Arduino(第二版)(附範例光碟)
編著：黃新賢.劉建源.林宜賢.黃志峰
16K/336 頁/360 元

書號：10391007
書名：瑞薩 R8C/1A、1B 微處理器原理與應用(附學習光碟)
編著：洪崇文.劉正.張玉梅
徐晶.蔡占營
16K/312 頁/350 元

書號：0527405
書名：介面技術與週邊設備(第六版)
編著：黃煌翔
20K/648 頁/540 元

◎上列書價若有變動，請以最新定價為準。

流程圖

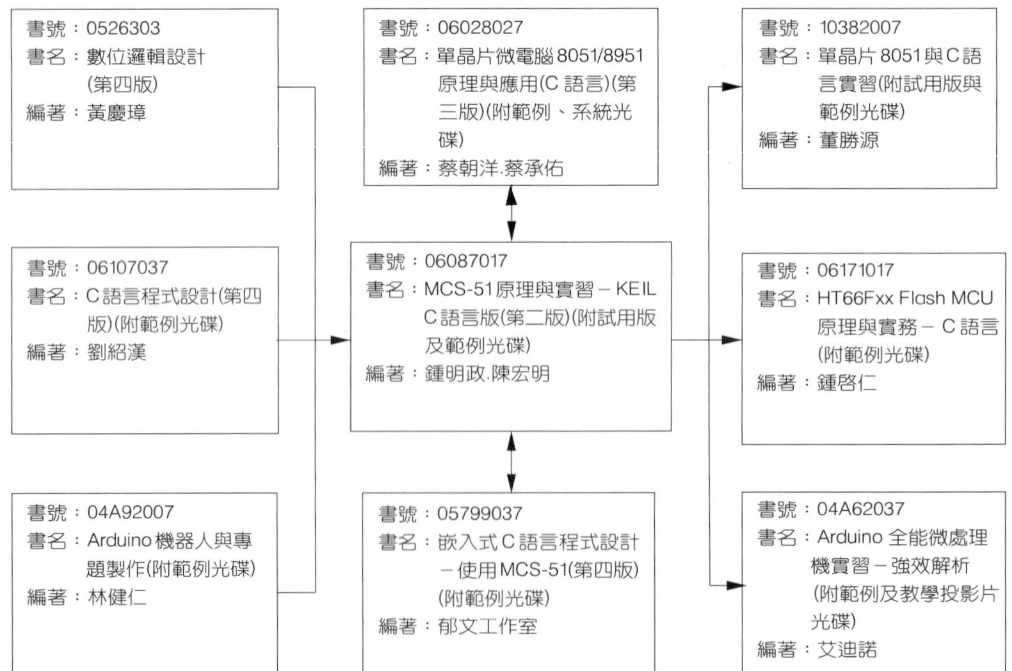

目錄

附　錄　附-1

chapter 1

單晶片微電腦

1-1 何謂單晶片微電腦

微電腦系統五大基本架構如圖 1-1 所示，輸入單元(Input Unit；IU)與輸出單元(Output Unit；OU)負責電腦與外部介面溝通的管道，記憶體單元(Memory Unit；MU)提供程式與資料的存取，控制單元(Control Unit；CU)：提供時脈信號與控制信號，協調控制其它單元正常運作。算術/邏輯單元(Arithmetic/Logic Unit；ALU)：將輸入單元或記憶體單元之資料執行加、減、乘與除等算術運算或者進行邏輯運算，運算後的結果存入記憶體單元或經由輸出單元送出。中央處理單元(Central Processing Unit；CPU)係將控制單元與算術/邏輯單元合併而成，爲整體運作的樞紐。

單晶片微電腦除了具備中央處理單元外，並將記憶體單元、輸入單元與輸出單元整合在同一個晶片內，只需要些許的零件(如振盪電路)就能夠作業。

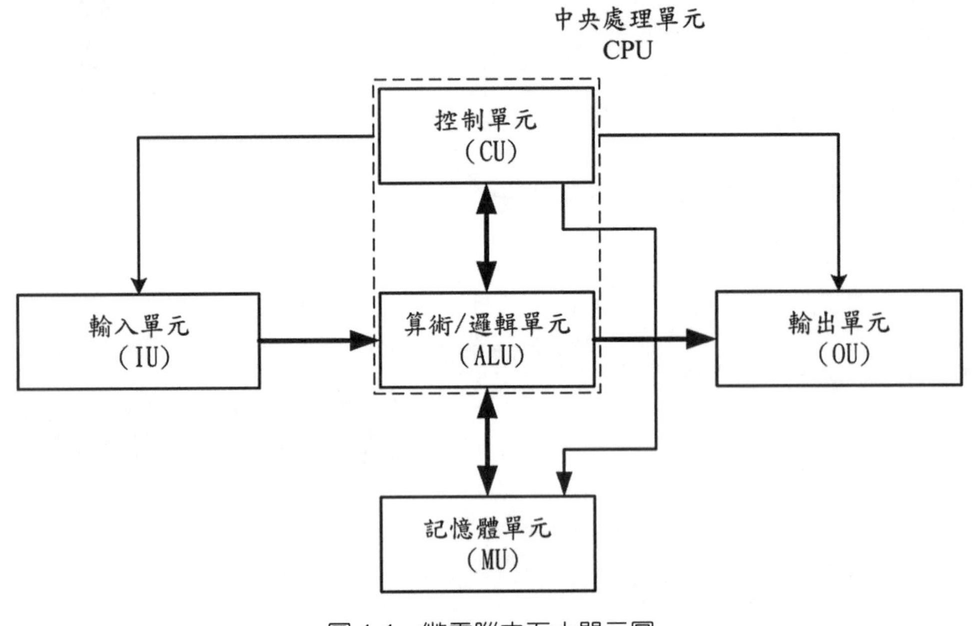

圖 1-1　微電腦之五大單元圖

1-2 MCS-51/52 單晶片特性介紹

表 1-1 爲 MCS-51/52 系列單晶片特性表，表中晶片種類 8031、8051 與 8751 泛稱爲 MCS-51 系列，編號 8032、8052 與 8752 泛稱爲 MCS-52 系列。MCS-51/52 均屬於 8 位元微電腦系統，晶片內部具備 4K/8K 位元組之程式記憶體(Read Only Memory；ROM)與 128/256 位元組之資料記憶體(Random Access Memory；RAM)，若要擴充外部記憶體時、不論是 ROM 或 RAM 均可個別擴充到 64K 位元組。擁有 5/6 個中斷源、可規劃兩層次中斷優先順序，提供 4 組並列式輸入/輸出埠及 1 組全雙工串列埠，能執行布林(Boolen)運算與位元定址。

8031(8032)爲早期產品，晶片本身不具備程式記憶體(ROM)，因此設計電路時必須外接 ROM，程式則存在此外接 ROM 內。此類晶片之埠 0(P0)與埠 2(P2)提供資料匯流排與位址匯流排信號、擴充外部記憶體，因此無法當作一般輸入/輸出埠使用。

8051(8052)同樣爲早期產品，晶片本身具備程式記憶體(ROM)但必須委託廠商燒錄(只能燒錄乙次)，適用於已經大量生產之商品。此類晶片可以當成 8031(8032)使用。

表 1-1　MCS-51/52 系列晶片特性表

晶片種類	內部 ROM (位元組)	內部 RAM (位元組)	並列式 I/O (位元)	串列式 I/O (組)	計時/計數器 (組)	中斷源 (組)
8031	0	128	16	1	2	5
8051	4K	128	32	1	2	5
8751	4K	128	32	1	2	5
8032	0	256	16	1	3	6
8052	8K	256	32	1	3	6
8752	8K	256	32	1	3	6

8751(8752)晶片本身具備程式記憶體(EPROM)，晶片本身有玻璃光照，使用者可自行重複燒錄與清除，清除時使用紫外光線清除。89C51(89C52)與 89S51(89S52)爲後期產品，功能與 8751(8752)雷同，但記憶體使用 FLASH MEMORY 可以直接使用電壓方式清除，使用上較方便。

1-3 MCS-51/52 晶片接腳說明

MCS-51/52 系列晶片 40 支腳 DIP 包裝排列方式如圖 1-2，內部功能方塊圖如圖 1-3。40 支腳以功能區分成四大部份，分別說明如下(在接腳名稱之後的括號代表接腳號碼)：

一、電源部份

1. VCC(40)　：+5V 電源輸入腳。
2. VSS(20)　：地線(GND)輸入腳。

二、時脈部份

1. XTAL1(19)：振盪時脈信號 1 輸入腳。
2. XTAL2(18)：振盪時脈信號 2 輸入腳。

三、輸入/輸出埠部份

1. P0.7/AD7(32)~ P0.0/AD0(39)

   埠 0 提供兩種功能，一般輸入/輸出功能時，其輸出爲開汲極(Open Drain)的架構必須外接提升電阻(參考圖 4-1)。若擴充記憶體或連接介面晶片時，則提供低八位元之位址匯流排信號(A7~A0)與資料匯流排信號(D7~D0)。

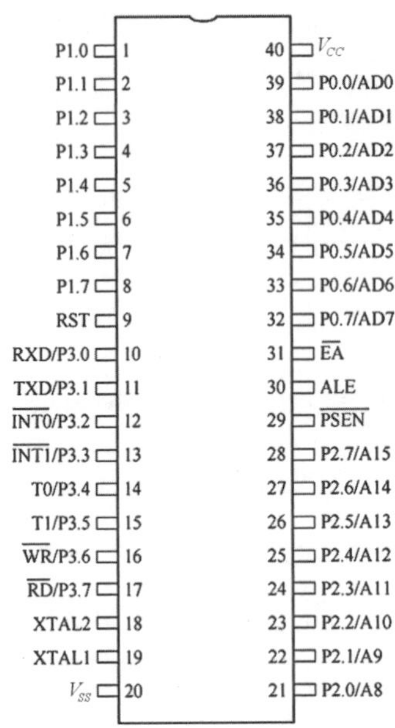

圖 1-2　MCS-51 接腳圖

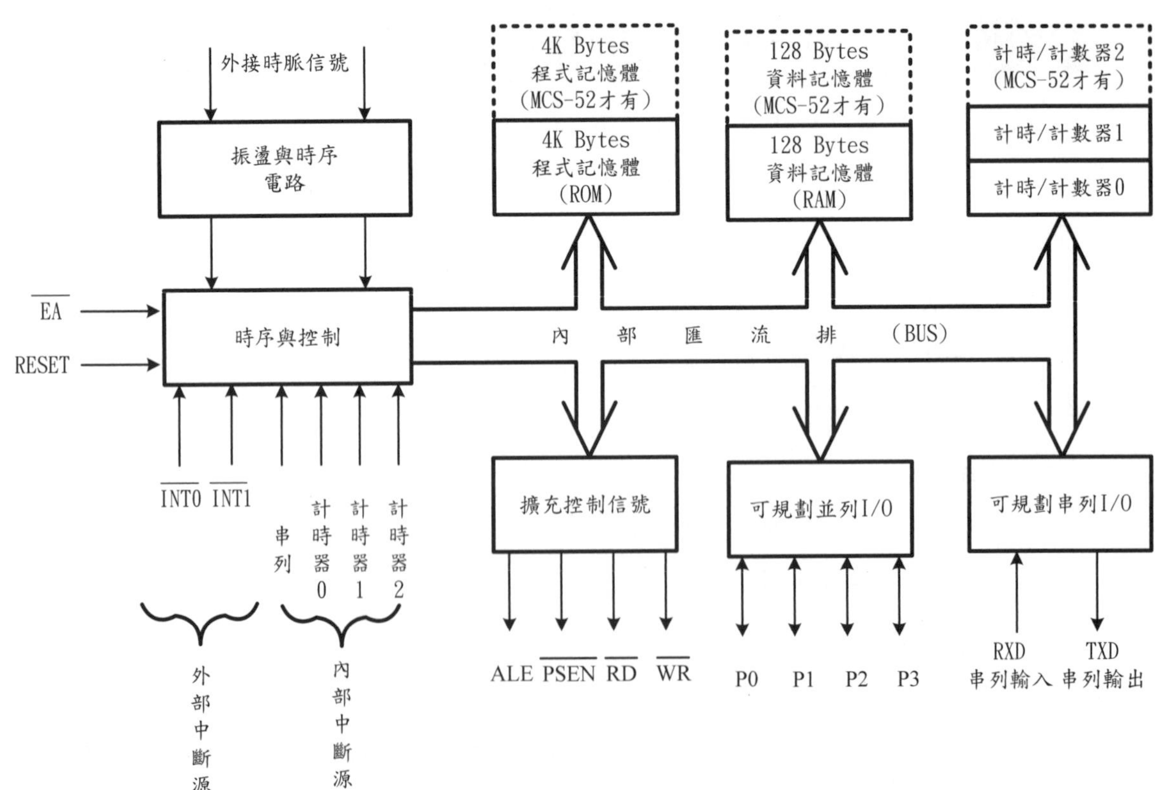

圖 1-3　MCS-51/52 功能方塊圖

2. P1.7(8) ~ P1.0(1)

　　埠 1 提供一般輸入/輸出功能，內部電路已接提升電阻(參考圖 1-4)。在 MCS-52 系列晶片，P1.1 與 P1.0 具備另外功能如下：

(1) P1.0(T2)：計時/計數器 2 外部信號輸入腳。
(2) P1.1(T2EX)：計時/計數器 2 在捕捉(Capture)模式時觸發/重新載入信號輸入腳。

3. P2.7/A15(28) ~ P2.0/A8(21)

　　埠 2 提供兩種功能，一般輸入/輸出功能時，內部電路已接提升電阻(參考圖 1-5)。若擴充記憶體或連接介面晶片時，則提供高位元之位址匯流排信號(A15~A8)。

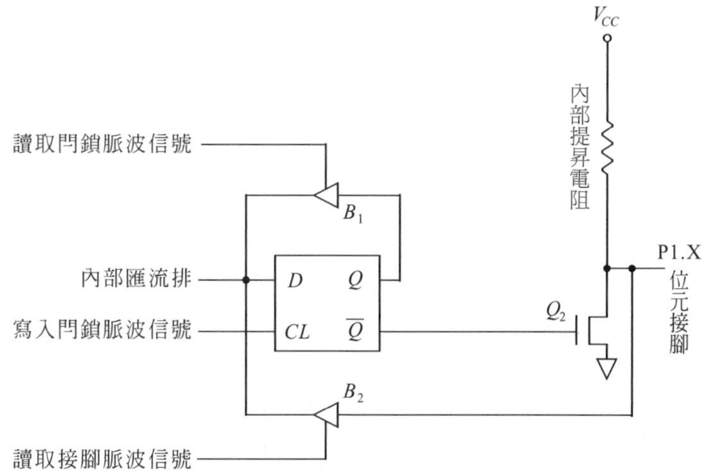

圖 1-4　埠 1(P1)位元接腳內部架構示意圖

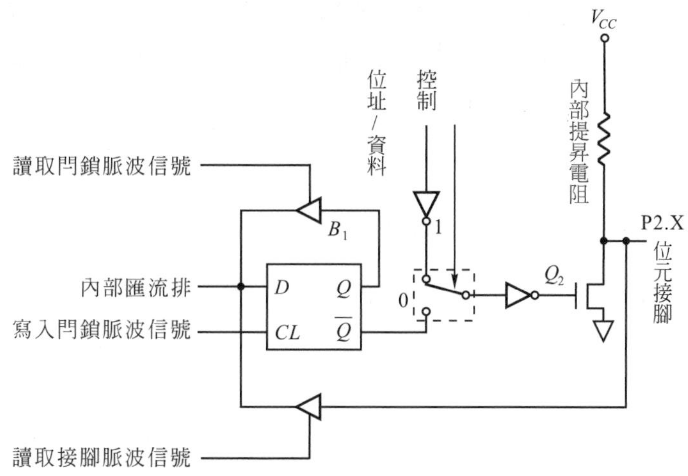

圖 1-5　埠 2(P2)位元接腳內部架構示意圖

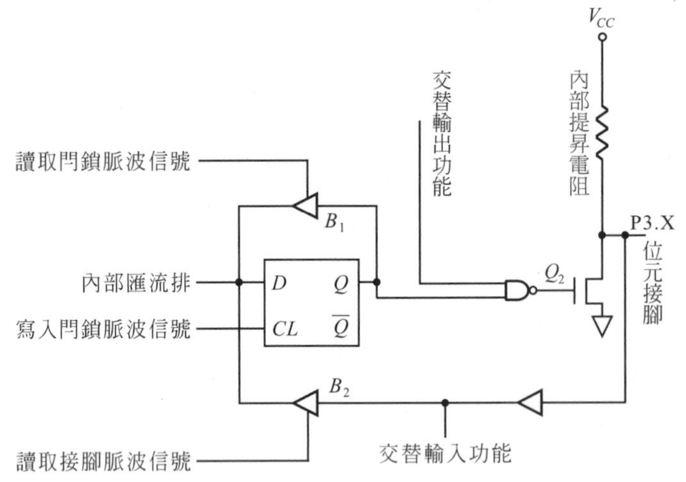

圖 1-6　埠 3(P3)位元接腳內部架構示意圖

4. P3.7(17) ~ P3.0(10)

　　埠 3 提供一般輸入/輸出功能，內部電路已接提升電阻(參考圖 1-6)。配合其它功能需求具備另外用途說明如下：

(1) P3.0(RXD)：串列埠信號輸入腳。

(2) P3.1(TXD)：串列埠信號輸出腳。

(3) P3.2($\overline{\text{INT0}}$)：外部中斷 0 信號輸入腳。

(4) P3.3($\overline{\text{INT1}}$)：外部中斷 1 信號輸入腳。

(5) P3.4(T0)：計時/計數器 0 外部信號輸入腳。

(6) P3.5(T1)：計時/計數器 1 外部信號輸入腳。

(7) P3.6($\overline{\text{WR}}$)：將資料存入外部記憶體或介面之寫入控制信號輸出腳。

(8) P3.7($\overline{\text{RD}}$)：從外部記憶體或介面讀取資料之讀取控制信號輸出腳。

四、控制部份

1. RST(9)

　　硬體重置(Reset)信號輸入腳，高電位動作，CPU 進行重置。重置完成後，CPU 內部隨機存取記憶體(RAM)資料保留不變，但特殊功能暫存器(SFR)會變成預設值(參考表 1-4)。

2. $\overline{\text{PSEN}}$(29)

　　程式儲存致能(Program Storage Enable)信號輸出腳，低電位動作，在讀取外部程式記憶體(ROM)時，此信號腳會送出低電位。

3. ALE(30)

位址門鎖致能(Address Latch Enable)信號輸出腳，在擴充模下，埠 0 提供低八位元之位址與資料匯流排信號，ALE 信號線配合門鎖晶片 74LS373 可將埠 0 之位址匯流排信號門鎖在 74LS373 之輸出端。ALE 信號線提供固定的方波信號，其頻率為振盪頻率的 1/6 倍。

4. $\overline{\text{EA}}$(31)

外部接收致能(External Access Enable)信號輸入腳，低電位動作。當 $\overline{\text{EA}}$=0 時 CPU 內部的程式記憶體失效，CPU 只能執行外部的程式記憶體(ROM)的程式。使用無內部程式記憶體之 CPU(8031/8032)時，此腳必須接地。當 $\overline{\text{EA}}$=1 時 CPU 會執行存在內部的程式記憶體之程式。

1-4 MCS-51/52 記憶體

MCS-51/52 具有十六條 [P0(AD7~AD0)、P2 (A15~A8)] 位址信號線，因此記憶體空間可擴充到 64K Bytes。另外，具備 $\overline{\text{PSEN}}$ 信號線專門讀取程式記憶體(ROM)，所以程式記憶體與資料記憶體兩者彼此擁有獨立的位址空間，可個別擴充到 64K Bytes。圖 1-4 為 MCS-51/52 記憶體結構圖。

1-4-1 程式記憶體

程式碼存放在程式記憶體內，CPU 到程式記憶體提取程式碼後，依據程式碼內容執行工作，依據內部 ROM 架構觀點可將 MCS51/52 分成下列兩大類：

一、內部無 ROM(ROM-less)

編號 8031 或 8032 即屬於此類產品。晶片內部無 ROM，因此程式碼均放置在外部擴充之程式記憶體內，記得 $\overline{\text{EA}}$(31)接腳要接地。

二、內部含 ROM

編號 8051(8052)或 8751(8752)即屬於此類產品，8051(8751)晶片內部有 4K Bytes(位址 0H~FFFH)容量，8052(8752)晶片內部有 8K Bytes(位址 0H~1FFFH)容量，若程式碼長度超過晶片內部上限容量，則必須存放在外邊擴充記憶體。

MCS-51/52 開始執行程式時，會判斷 $\overline{EA}$(31)接腳電位狀態。若 $\overline{EA}$=0，縱使晶片內部有程式碼也視同無效，直接執行存放在外部記憶體的程式碼。若 $\overline{EA}$=1，則先執行晶片內部之程式碼參考圖 1-7(a)。

1-4-2 資料記憶體

資料記憶體可分成內部與外部資料記憶體，內部資料記憶體由圖 1-7(b)資料記憶體部份得知 MCS-51(52)均擁有 00H~7FH 之資料記憶體(共 128Bytes)與 80H~FFH 特殊功能暫存器，但是 MCS-52 另外擁有 80H~FFH 之資料記憶體(限制以間接定址方式存取)，因此 MCS-51(52)內部資料記憶體有 128(256)Bytes。

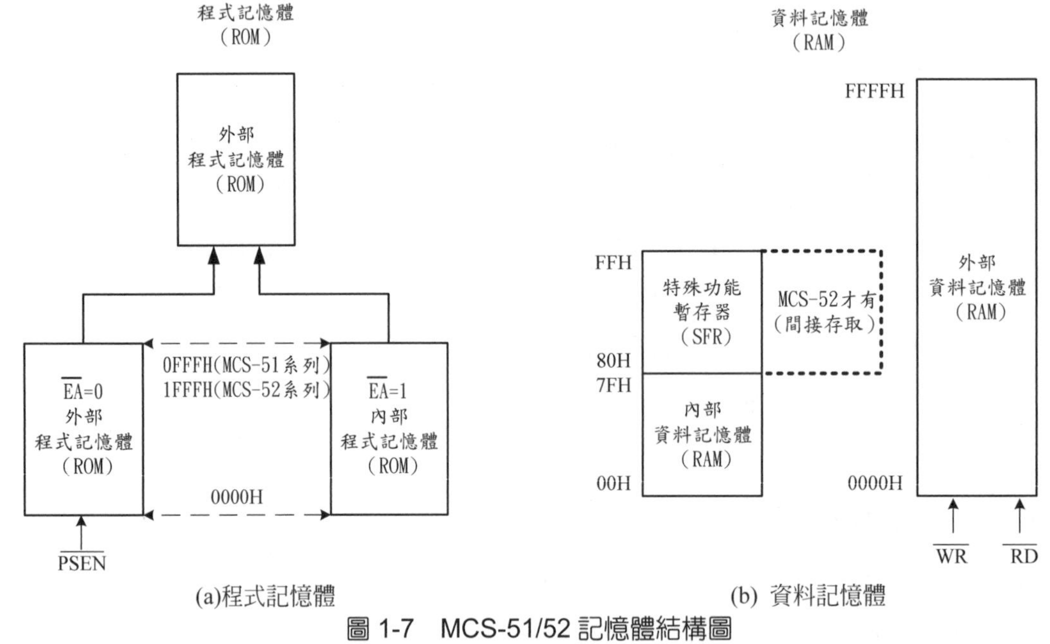

圖 1-7　MCS-51/52 記憶體結構圖

MCS-51(52)均擁有 00H~7FH 之資料記憶體依功能規劃成五大部份(如圖 1-8)說明如下：

一、暫存器庫(Register Bank)

記憶體位址 1FH~00H 均分成四個暫存器庫，暫存器庫 0(07H~00H)、暫存器庫 1(0FH~08H)、暫存器庫 2(17H~10H)與暫存器庫 3(1FH~18H)，每組暫存器庫均為 8 個 Bytes、且均以 R7~R0 表示，配合特殊功能暫存器中程式狀態字(PSW)暫存器之 RS1 與 RS0 兩個位元，以確定目前使用那一個暫存器庫。例如當(RS1、RS0)=(0、0)時，

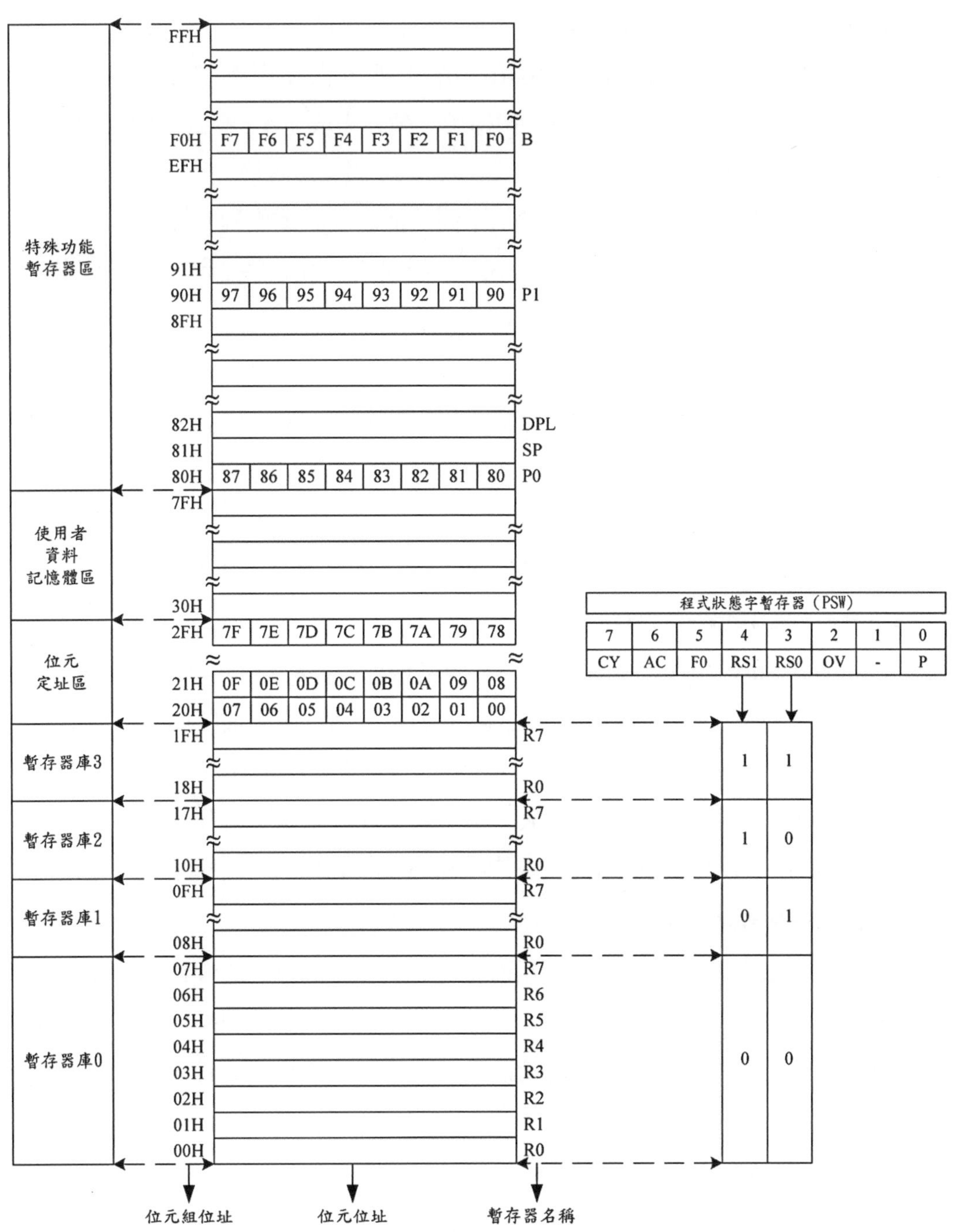

圖 1-8　MCS-51 內部資料記憶體結構圖

表示使用暫存器庫 0，R0 即是記憶體位址 00H，R7 即是記憶體位址 07H。若(RS1、RS0)=(1、0)時，表示使用暫存器庫 2，R0 即是記憶體位址 10H，R7 即是記憶體位址 17H。CPU 在重置或開機時(RS1、RS0)=(0、0)，因此預設使用暫存器庫 0(07H~00H)。有關程式狀態字(PSW)暫存器重置時之初始值，請參考表 1-4。程式狀態字(PSW)暫存器各位元功能說明如表 1-5 所示。

暫存器庫方便撰寫程式與提高效率，不同功能之程式或副程式使用不同組別之暫存器庫，例如主程式使用暫存器庫 0，中斷服務程式使用暫存器庫 1，彼此獨立不會影響。

二、位元定址區

記憶體位址 2FH~20H 共 16 Bytes 除了提供位元組存取功能外，並提供單獨位元定址功能，可以使用布林運算指令直接改變位元值。此區域記憶體中的每一個位元，均擁有其相對的位元位址，例如 20H 的位元 7，其位元位址為 07H(也可寫成 20H.7)，2FH 的位元 7，其位元位址為 7FH(也可寫成 2FH.7)。請參考圖 1-5 位元定址區。

三、使用者資料記憶區(User RAM)

資料記憶體 30H~7FH 總共 80 Bytes，此區塊提供一般資料儲存用。CPU 重置或開機時，堆疊指標暫存器(SP)初始值固定為 07H，當執行中斷或呼叫指令時會將程式計數器(PC)儲存值從 08H 開始堆放，因此內部記憶體 08H(暫存器庫 1)以後的資料記憶體均無法使用，否則會造成系統當機。為了避免此一現象，可將堆疊區域搬移到使用者資料記憶區，例如“SP = 0x60;”則規劃堆疊區域為 61H~7FH。

四、內部資料記憶體(80H~FFH)

80H~FFH 此區塊非常特殊，若使用直接定址方式，則存取的資料是特殊功能暫存器(SFR)之資料，特殊功能暫存器不論 MCS-51 或 MCS-52 系列晶片均有此區塊記憶體。若當成資料記憶體，則限制使用間接定址方式存取資料，並且只有 MCS-52 系列晶片才有。

五、特殊功能暫存器(Special Function Register；SFR)

資料記憶體 80H~FFH 總共 128 Bytes ，此區塊為特殊功能暫存器。名稱與位址配置如表 1-2，表中空白的部份(如 8EH~8FH)保留往後晶片擴充使用，但不能當作一般記憶體使用。表 1-3 為 SFR 中可位元定址的暫存器及每個位元之位元名稱。表 1-4 為 CPU 重置或開機後，特殊功能暫存器重置後的數值。

表 1-2　SFR 名稱及位址配置表

F8H									FFH
F0H	B								F7H
E8H									EFHY
E0H	ACC								E7H
D8H									DFH
D0H	RSW								D7H
C8H	T2CON*		RCAP2L*	RCAP2H*	TL2*	TH2*			CFH
C0H									C7H
B8H									BFH
B0H	P3								B7H
A8H	IE								AFH
A0H	P2								A7H
98H	SCON								9FH
90H	P1								97H
88H	TCON	TMOD	TL0	TL1	TH0	TH1			8FH
80H	P0	SP	DPL	DPH				PCON	87H
註：標記＊者表示有 MCS-52 系列晶片才有									

表 1-3　SFR 可位元定址與位元名稱表

	F7H	F6H	F5H	F4H	F3H	F2H	F1H	F0H	
F0H	B.7	B.6	B.5	B.4	B.3	B.2	B.1	B.0	B
	E7H	E6H	E5H	E4H	E3H	E2H	E1H	E0H	
E0H	ACC.7	ACC.6	ACC.5	ACC.4	ACC.3	ACC.2	ACC.1	ACC.0	ACC
	D7H	D6HH	D5H	D4H	D3H	D2H	D1H	D0H	
D0H	CY	AC	F0	RS1	RS0	OV		P	RSW
			BDH	BCH	BBH	BAH	B9H	B8H	
B8H			PT2	PS	PT1	PX1	PT0	PX0	IP
	B7H	B6H	B5H	B4H	B3H	B2H	B1H	B0H	
B0H	P3.7	P3.6	P3.5	P3.4	P3.3	P3.2	P3.1	P3.0	P3
	AFH	AEH	ADH	ACH	ABH	AAH	A9H	A8H	
A8H	EA		ET2	ES	FT1	EX1	ET0	EX0	IE
	A7H	A6H	A5H	A4H	A3H	A2H	A1H	A0H	
A0H	P2.7	P2.6	P2.5	P2.4	P2.3	P2.2	P2.1	P2.0	P2
	9FH	9EH	9DH	9CH	9BH	9AH	99H	98H	
98H	SM0	SM1	SM2	REN	TB8	RB8	TI	RI	SCON
	97H	96H	95H	94H	93H	92H	91H	90H	
90H	P1.7	P1.6	P1.5	P1.4	P1.3	P1.2	P1.1	P1.0	P1
	8FH	8EH	8DH	8CH	8BH	8AH	89H	88H	
88H	TH1	TR1	TF0	TR0	IE1	IT1	IE0	IT0	TCON
	87H	86H	85H	84H	83H	82H	81H	80H	
80H	P0.7	P0.6	P0.5	P0.4	P0.3	P0.2	P0.1	P0.0	P0

表 1-4　SFR 重置後的初始值表

暫存器	初給值(二進制)
＊ACC	00000000B
B	00000000B
＊PSW	00000000B
SP	00000111B
PC	0000H
DPTR	0000H
DPH DPL	00000000B 00000000B
＊P0	11111111B
＊P1	11111111B
＊P2	11111111B
＊P3	11111111B
＊IP	XXX00000B(MCS-51) XX000000B(MCS-52)
＊IE	XXX00000B(MCS-51) XX000000B(MCS-52)
TMOD	00000000B
＊TCON	00000000B
＊+T2CON	00000000B
TH0	00000000B
TL0	00000000B
TH1	00000000B
TL1	00000000B
+TH2	00000000B
+TL2	00000000B
+TCAP2H	00000000B
+RCAP2L	00000000B
＊SCON	00000000B
SBUF	未定
PCON	0XXXXXXXB(HMOS) 0XX00000B(CHMOS)

"X" 表示未定義
"＊" 表示可位元定址
"＋" 表示 MCS-52 才有

表 1-5　程式狀態字暫存器位元功能表

PSW：程式狀態字(Program Status Word)
位址：D0H、可位元定址

B_7	B_6	B_5	B_4	B_3	B_2	B_1	B_0
CY	AC	F0	RS1	RS0	OV	-	P

CY：進位旗號。
AC：輔助進位旗號。
F0：一般用途。
RS1：暫存器庫選擇位元 1。
RS0：暫存器庫選擇位元 0。

RS1	RS0	暫存器庫	R7-R0 位址
0	0	0	07H-00H
0	1	1	0FH-08H
1	0	2	17H-10H
1	1	3	1FH-18H

OV：溢位旗號。
-：保留未使用。
P：同位元旗號。當 P=1 表示累積器 ACC 有奇數個 "1"，偶數個 "1" 時 P=0。

1-5 MCS-51/52 時脈輸入

圖 1-9 爲 MCS-51/52 時脈輸入接線圖，直接由 XTAL1(P19)與 XTAL2(P18)腳並接 3~33 MHz 之石英振盪晶體或陶質共振器，並各自接 C_1 與 C_2 電容。振盪頻率之上限依據不同 CPU 編號而有所差異，例如 AT89S51-24 表示最高振盪頻率爲 24 MHz，AT89S51-33 表示最高振盪頻率爲 33 MHz。

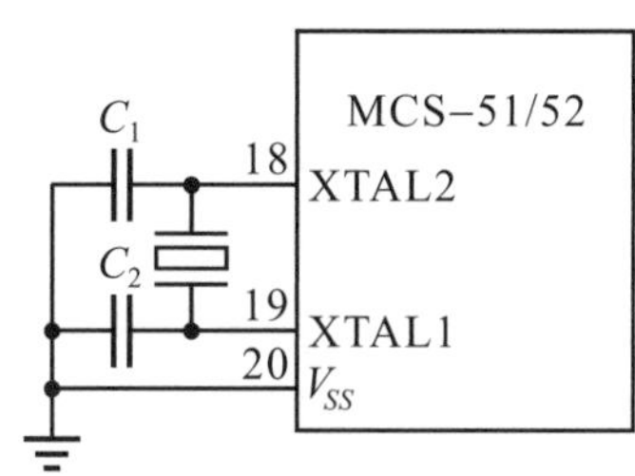

使用石英震盪晶體時，$C_1=C_2=30pF\pm10pF$
使用陶瓷共振器時，$C_1=C_2=40pF\pm10pF$

圖 1-9　MCS-51/52 時脈輸入接線圖

1-6 MCS-51/52 的重置

當重置信號輸入腳 RST(9)維持高電位 2 個機械週期(24 個振盪週期)，若振盪頻率爲 12 MHz 則 2 個機械週期時間爲 24×(1/12MHz) =2μS，即會造成 CPU 重置。重置時 CPU 固定到程式記憶體位址 0000H 處開始執行。圖 1-10 爲 MCS-51/52 硬體重置電路圖，開機時電容 C_1 瞬間導通、V_{CC} 經 C_1 與 R_1，促使 RST(9)高電位而重置。開機後可使用重置開關(S_1)、V_{CC} 經 R_2 與 R_1，促使 RST(9)高電位而重置。

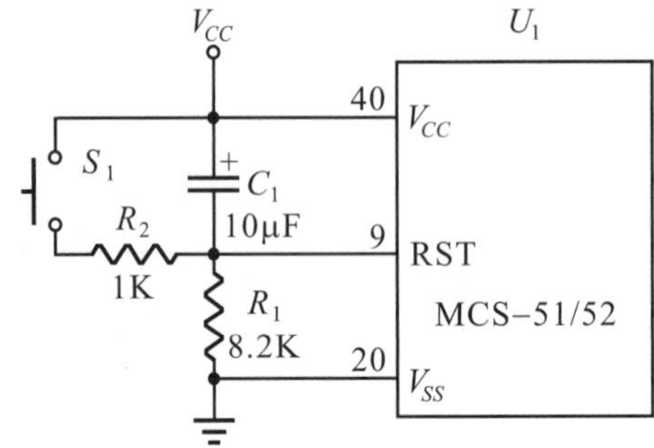

圖 1-10　MCS-51/52 重置電路

chapter 2

KEIL C 語言指令

CPU 無法直接執行組合或 C 語言程式，只能直接執行機械碼(Machine Code)。若要直接撰寫機械碼非常枯燥與困難，大部分採用高階語言或組合語言撰寫，再經過轉譯器轉換成機械碼。C 語言的轉譯器稱之為編譯器(Compiler)。

2-1 KEIL C 語言指令格式

KEIL C 與一般 C 語言類似採取函式設計方式，以圖 2-1 之 test1.c 程式為例，概略介紹 C 語言主要成份。

一、主程式：

開機時必定由主程式開始執行，主程式由 main()開始，如圖 2-1 程式中 5~17 行，第 13 行呼叫名為 delay 的函式。

二、函式

圖 2-1 程式中 18-23 行即為一個函式，其名稱命名為“delay”，提供主程式呼叫使用(第 13 行)。

行號　　程式

```
1   // test1.c
2   #include <AT89X51.H>
3   void delay(void);
4   unsigned char i=0; /* global */
5   main()
6   {
7    unsigned char k; /* local */
8    while(1)
9     {
10     for(k=0x80;k>0;k>>=1)
11     {
12      P1=k;
13      delay();
14      P3=i++;
15     }
16    }
17  }
18  void delay(void)
19  {
20   unsigned int k; /* local */
21    for(k=1;k<=30000;k++);
22   P2=++i;
23  }
```

圖 2-1　test1.c 範例程式

三、標頭檔

圖 2-1 程式第 2 行使用"#include"將檔名爲"AT89X51.H"之標頭檔引入，標頭檔主要定義 I/O 位址、常數與符號等，圖 2-2 爲"AT89X51.H"之標頭檔部份內容。"AT89X51.H"檔由 KEIL 公司提供針對 ATMEL 公司之 MCS-51 系列產品定義 I/O 位址等資料，其路徑爲"Keil\C51\INC\ATMEL\AT89X51.H"。

第 3 行爲使用者宣告函數"delay"型態類別，第 4 行宣告變數 i 的資料型態與初值，此性質與圖 2-2 標頭檔功能相同。使用者也可將這些宣告另外建立標頭檔，採用"#include"將資料引入。

由上所述，大致上可以瞭解 C 語言包含主程式、函式與標頭檔等三大部份。另外，設計程式時爲了方便閱讀或維護，通常會加入註解(Comment)，C 語言之註解有"//…"與"/＊…＊/"兩種方式，圖 2-1 第 1 行"// test1.c"表示"//"之後的"test1.c"註解，第 4 行"/* global */"表示"/＊"與"＊/"之間的"global"爲註解，此種註解表達方式具有換行之功能(參考圖 2-2 第 1~3 行均爲註解)。

程式

```
/*-------------------------------
Byte Registers
--------------------------------*/
sfr P0         = 0x80;
sfr SP         = 0x81;
/*-----------------------------
P0 Bit Registers
--------------------------------*/
sbit P0_0 = 0x80;
sbit P0_1 = 0x81;
/*------------------------------
PCON Bit Values
--------------------------------*/
#define IDL_       0x01
#define STOP_      0x02
/*-----------------------------
Interrupt Vectors:
Interrupt Address = (Number * 8) + 3
---------------------------------*/
#define IE0_VECTOR     0    /* 0x03 External Interrupt 0 */
#define TF0_VECTOR     1    /* 0x0B Timer 0 */
#define IE1_VECTOR     2    /* 0x13 External Interrupt 1 */
```

圖 2-2　AT89X51.H 部份內容

2-2 變數

變數在使用之前，必須先經過宣告其資料型態與名稱。表 2-1 為 KEIL C 支援的資料型態，變數宣告格式如下所示：

資料型態　變數名稱 1,變數名稱 2 [＝常數],…;

變數名稱的一些限制如下：

1. 第一個字元限制為文字“A~Z”、“a~z”或“_”(不可為數字“0~9”)。
2. 第二個以後的字元為文字“A~Z”、“a~z”或“_”，增加數字“0~9”。
3. 標記長度最多為 31 個字。
4. 大、小寫字元視為不同變數。
5. 變數名稱宜避開系統保留字，保留字如下。

ANSI C 保留字

auto	break	case	char	continue	default
do	double	else	enum	extern	float
for	goto	if	int	long	register
return	short	signed	sizeof	static	struct
switch	typedef	union	unsigned	void	while

Cx51 保留字

_at_	alien	bdata	bit	code	compact
data	far	idata	interrupt	large	pdata
sbit	sfr	sfr16	small	using	xdata

變數名稱以表達含意或方便閱讀爲目的，例如計數，則採用“count”易看、易懂爲原則，長度以 4~6 個字爲宜。

表 2-1　KEIL C 支援之資料型態表

資料型態	功能	位元數	數值範圍
bit	位元	1	0~1
char	有符號字元(位元組)	8	－128~+127
signed char	有符號字元(位元組)	8	－128~+127
unsigned char	無符號字元(位元組)	8	0~255
int	有符號短整數	16	－32768~+32767
signed int	有符號短整數	16	－32768~+32767
unsigned int	無符號短整數	16	0~65535
short	有符號短整數	16	－32768~+32767
signed short	有符號短整數	16	－32768~+32767
unsigned short	無符號短整數	16	0~65535
long	有符號長整數	32	－2147483648~+2147483647
signed long	有符號長整數	32	－2147483648~+2147483647
unsigned long	無符號長整數	32	0~4294967295
sbit	位元(特殊功能暫存器)	1	0~1
sfr	位元組(特殊功能暫存器)	8	0~255
sfr16	短整數	16	0~65535

2-2-1　變數的種類

變數依據宣告位置，分成區域變數(Local Variable)與全域變數(Global Variable)兩種。

一、區域變數(Local Variable)

在函式之內部宣告的變數、均爲區域變數，其有效範圍只在宣告的函式涵蓋範圍內。參考圖 2-1 第 7 行“unsigned char k;”，此變數 k 屬於 main 主函式之區域變數，在程式 6~17 行之間有效範圍。圖 2-1 第 20 行“unsigned int k;”，此變數 k 屬於 delay 函式之區域變數，在程式 19~23 行之間有效範圍。main 函式中的區域變數 k 與 delay 函式之區域變數 k，雖然變數名稱一樣，但彼此互相獨立不相干。

二、全域變數(Global Variable)

在函式之外宣告的變數稱之爲全域變數，其有效範圍適用在同一個檔案內所有函式。參考圖 2-1 第 4 行“unsigned char i=0;”，變數 i 爲無符號字元初值爲 0，此變數 i 在 main 主函式及 delay 函式均有效。第 14 行與第 22 行中有使用到變數 i，此範例中刻意設計 P2 與 P3 顯示值均相同，並且都爲奇數而非偶數。

2-2-2　變數與記憶體類型

一般變數的使用只需標示變數名稱及資料型態，編譯器會自動安排內部資料記憶體儲存變數值。若要明確標示使用記憶體類型，甚至指定記憶體位址時其變數宣告格式如下所示：

資料型態　記憶體類型識別字　變數名稱 1,變數名稱 2[＝常數],...;

資料型態　記憶體類型識別字　變數名稱　_at_　位址;

記憶體類型識別字總共分成程式記憶體與資料記憶體兩大類，程式記憶體(參考圖 1-4(a))其類型識別字爲 code，而資料記憶體部份(參考圖 1-4(b)及圖 1-5)類型識別字可分成 data、idata、bdata、xdata 與 pdata，pdata 是以 256 個位元組爲單位稱之爲頁，由於外部資料記憶體可以擴充到 64K Bytes，因此可以切割 256 頁。表 2-2 爲 KEIL C 支援記憶體類型之識別字表格。

表 2-2　KEIL C 支援之記憶體類型識別字表

記憶體類型	功能	位址範圍
code	程式記憶體(ROM，64K Bytes)	0x0000~0xffff
data	直接定址資料記憶體(RAM，128 Bytes)	0x00~0x7f
idata	間接定址資料記憶體(RAM，256 Bytes)	0x00~0x0ff
bdata	位元定址資料記憶體(RAM，16 Bytes)	0x20~0x2f
xdata	外部資料記憶體(RAM，64K Bytes)	0x0000~0xffff
pdata	第 0 頁外部資料記憶體(RAM，256 Bytes)	0x0000~0x00ff
	第 1 頁外部資料記憶體(RAM，256 Bytes)	0x0100~0x01ff
	⋮	⋮
	第 255 頁外部資料記憶體(RAM，256 Bytes)	0xff00~0xffff

檢視圖 2-1 之 test1.c 範例程式與表 2-1 之 KEIL C 支援之資料型態表，尚有 bit、sbit、sfr 與 sfr16 等資料型態沒有範例介紹，因此將圖 2-1 範例程式略作調整成圖 2-3 之 test2.c 範例程式。

一、sfr 資料型態

test2.c 範例程式第 3~5 行程式使用 sfr 宣告特殊功能暫存器之值，例如 P1 之位址爲 90H(參考表 1-2)。

二、sfr16 資料型態

sfr16 主要宣告 16 位元特殊功能暫存器，並且限制必須兩相鄰且相關的暫存器才可，例如 DPL(0X82)與 DPH(0X83)、TL0(0X8A)與 TL1(0X8B)、TH0(0X8C)與 TH1(0X8D)、RCAP2L(0X0CA)與 RCAP2H(0X0CB)及 TL2(0X0CC)與 TH2(0X0CD)。宣告位址時必須宣告較低的位址，第 6 行宣告將兩相鄰且有關的 8 位元暫存器 TL0 與 TL1 合併成 16 位元之 timer0、其位址宣告爲 0x8a。第 20 行宣告 timer0 之初值爲 0x0001，低位元組 0x01 存放在位址 0x8A(TL0)，高位元組 0x00 存放在位址 0x8B(TL1)。若第 6 行程式更改爲“sfr16 timer0=0x8b;”，同樣第 20 行宣告 timer0 之初值爲 0x0001，低位元組 0x01 存放在位址 0x8B(TL1)，高位元組 0x00 存放在位址 0x8C(TH0)。

三、sbit 資料型態

sbit 有兩種功能，一種是宣告可位元定址特殊功能暫存器中的位元、另一種是宣告設定位元地址區(RAM 20H~2FH)中的位元。第 7 行“sbit P30=P3^0;”宣告 P3 之位元 0 命名爲 P30，其中“ˆ”符號表示位元(第 5 行已宣告 P3 的位址爲 0xb0)。第 8 行“sbit P31=0Xb0ˆ1;”，P3 之位元組位址爲 0xb0、因此宣告 P3 之位元 1 命名爲 P31。第 9 行“sbit P32=0Xb2;”，參考表 1-3 得知 P3 位元 2 之位元位址爲 0xb2。由 7~9 行可以瞭解 3 種位元設定的方式，若要命名 P3 位元 3 爲 P33 有下列三種：

```
sbit P33=P3ˆ3;
sbit P33=0Xb0ˆ3;
sbit P33=0Xb3;
```

第 10 行“unsigned char bdata i=0;”宣告無符號字元變數 i 初值爲 0，其記憶體型態爲位元定址(0x20~0x2f)資料記憶體，若無指定位址軟體先由位址 0x20 開始。第 11 行“sbit i0=iˆ0;”宣告位元 i0 爲變數 i 之位元 0，依此類推、第 12 行宣告位元 i1 爲變數 i 之位元 1，第 13 行宣告位元 i2 爲變數 i 之位元 2。10~13 行強調先用 bdata 宣告可位元定址區域後、再使用 sbit 宣告位元。第 10 行若要指定使用位址 0x22，程式修改爲“unsigned char bdata i _at_ 0x22;”，指定位址時則無法設定初始值。

四、bit 資料型態

第 14 行“bit b2;”宣告位元變數 b2，位元位址由軟體安排。在此範例中由於第 10 行變數 i 已使用位址 0x20，因此位元變數 b2 之位元位址爲 0x21 之位元 0。

圖 2-3 之 test2.c 範例程式主要使用兩相鄰且 8 位元暫存器 TL0 與 TL1 合併成 16 位元變數 timer0，製造 16 位元跑馬燈效應，低 8 位元由 P1 顯示，高 8 位元由 P2 顯示。每移動一個位元時，變數 i 遞增 1，並且變數 i 之位元 0 送到 P3 位元 0，i 之位元 1 送到 P3 位元 1，而 i 之位元 2 則先送到位元變數 b2 後，再轉到 P3 位元 2。

行號　　程式

```
1    // test2.c
2    void delay(void);
3    sfr P1=0x90;
4    sfr P2=0xa0;
5    sfr P3=0xb0;
6    sfr16 timer0=0x8a;
7    sbit P30=P3ˆ0;
8    sbit P31=0xb0ˆ1;
9    sbit P32=0xb2;
```

圖 2-3　test2.c 範例程式

行號　　程式

```
unsigned char bdata i=0;
sbit i0=i^0;
sbit i1=i^1;
sbit i2=i^2;
bit b2;
main()
{
 unsigned char k;
 while(1)
   {
 timer0=0x0001;
    for(k=16;k>=1;--k)
    {
      P1=timer0;
        P2=timer0>>8;
        timer0<<=1;
      delay();
        P30=i0;
        P31=i1;
        b2=i2;
        P32=b2;
        i++;
    }
   }
}
void delay(void)
{
 unsigned int k;
   for(k=1;k<=30000;k++);
 }
```

圖 2-3　test2.c 範例程式(續)

2-3 運算子(Operator)

運算子提供變數與變數之間的運算，運算子總共分成算術、邏輯與關係等三大類，而邏輯運算中分成位元組與位元兩類別，因此爲了解說方便、細分成下列四種：

1. 算術運算子
2. 關係運算子
3. 邏輯運算子
4. 位元邏輯運算子

2-3-1 算術運算子

總共有七種算術運算子，符號與功能如表 2-3 所示：

表 2-3 算術運算子符號與功能

運算子符號	例子	說明
+	x+y	加(取 x 加 y 之和)
-	x-y	減(取 x 減 y 之差)
*	x*y	乘(取 x 乘 y 之乘積)
/	x/y	除(取 x 除 y 之商)
%	x%y	餘數(取 x 除 y 之餘數)
++	++x	遞增(x 值增加 1，x=x+1)
--	--x	遞減(x 值減少 1，x=x-1)

圖 2-4 算術運算子範例程式，程式第 2 行宣告有符號字元變數 x=10 及 y=5，第 3 行宣告有符號字元變數 a、b、c、d、e、f 與 g 等(無初始値)。第 11 行“f=++x;”先將變數 x 之値遞增後，才放入變數 f 中，執行後 f=x=11。第 12 行“g=y++;”先將變數 y 之放入變數 g，再將變數 y 之値遞減，執行後 g=5 但 y=4。從 11~12 行中瞭解到遞增(++)與遞減(--)放置在變數前面與後面，代表含意是有所不同。第 13 行“b-=a;”表示 b=b-a＝5－15=－10 表示其差値爲負數，由於宣告有符號字元變數，因此取 2 補數爲 0x0f6 表示。

```
1   /*arit_1.c*/
2   char x=10,y=5;
3   char a,b,c,d,e,f,g;
4   main()
5   {
6    a=x+y; /*a=x+y=10+5=15=0x0f*/
7    b=x-y; /*b=x-y=10-5=5=0x05*/
8    c=x*y; /*c=x*y=10*5=50=0x32*/
9    d=x/y; /*x/y=10/5=2...0,d=2*/
10   e=x%y; /*x/y=10/2=2...0,e=0*/
11   f=++x; /*f=(x+1)=(10+1)=11=0x0b,x=11*/
12   g=y--; /*g=y=5,y=y-1=5-1=0x04*/
13   b-=a;   /*b=b-a=0x05-0x0f=0x0f6*/
14   b+=a;    /*b=b+a=0x0f6-0x0f=0x05*/
15   c*=d;    /*c=c*d=50*2=100=0x64*/
16   c/=d;   /*c=c/d=100/2=50=0x32*/
17   a%=x;    /*a/x=15/11=1...4,a=4*/
18  }
```

圖 2-4 算術運算範例程式

2-3-2 關係運算子

總共有六種關係運算子，符號與功能如表 2-4 所示，關係運算主要比較、判斷兩者之間的關係，若符合則爲“眞”用“1”表示、不符合則爲“假”用“0”表示。

表 2-4　關係運算子符號與功能

運算子符號	例子	說明
>	x>y	判斷 x 是否大於 y
>=	x>=y	判斷 x 是否大於或等於 y
<	x<y	判斷 x 是否小於 y
<=	x<=y	判斷 x 是否小於或等於 y
==	x==y	判斷 x 是否等於 y
!=	x!=y	判斷 x 是否不等於 y

圖 2-5 關係運算子範例程式，程式第 2 行宣告有符號字元變數 x=10 及 y=5，第 3 行宣告位元變數 a、b、c、d、e 與 f 等，這些位元存放在 RAM20H.0 ~ RAM20H.5。只要兩者關係符合爲“1”、否則爲“0”，第 6 行判斷 x 是否大於 y、成立因此 a=1，第 8 行判斷 x 是否小於 y、不成立因此 c=0。

```
1   /*rela_1.c*/
2   char x=10,y=5;
3   bit a,b,c,d,e,f;
4   main()
5   {
6    a=(x>y);   /*10>5 成立，a=1*/
7    b=(x>=y); /*10>=5 成立，b=1*/
8    c=(x<y);   /*10<5 不成立，c=0*/
9    d=(x<=y); /*10<=5 不成立，d=0*/
10   e=(x==y); /*10==5 不成立，e=0*/
11   f=(x!=y); /*10!=5 成立，f=1*/
12  }
```

圖 2-5　關係運算子範例程式

2-3-3 邏輯運算子

總共有三種邏輯運算子，符號與功能如表 2-5 所示，邏輯運算主要比較、判斷兩邊敘述，若敘述爲“眞”用“1”表示，爲“假”則用“0”表示。

表 2-5 邏輯運算子符號與功能

運算子符號	例子	說明
&&	x&&y	將 x、y 敘述取邏輯-及(and)運算
||	x||y	將 x、y 敘述取邏輯-或(or)運算
!	!y	將 y 敘述取邏輯-反(not)運算 0 取 not 運算結果爲 1 非 0 取 not 運算結果爲 0

圖 2-6 邏輯運算子範例程式，程式第 2 行宣告有符號字元變數 x=10、y=5、z=3、w 與 m，第 3 行宣告位元變數 a、b、c 與 d 等，這些位元存放在 RAM20H.0 ~ RAM20H.3。及閘(&&)運算時，只有當兩個敘述都爲眞(“1”)的情形下、其結果才爲“1”，否則爲“0”，第 6 行 y<x (5<10)爲眞，但 y<z (5<3)爲假，並非兩個敘述都爲眞，因此 a=0。或閘(||)運算只要有一個敘述爲眞“1”，其結果必爲“1”，否則爲“0”，第 7 行進行或運算由於 y<x (5<10)爲眞，因此 b=1。第 8 行將 x 與 y 進行關係運算，x<y (10<5)不成立 c=0。第 9 行程式係將結果取反閘運算、因此 d=1。第 10 行先進行算術運算(y－5=5－5=0)後再判斷，若是“0”則取反閘運算、其值爲“1”，若是“非 0”則取反閘運算、其值爲“0”，因此 m=0x01。第 10 行先進行算術運算(x－1=10－1=9)結果爲“非 0”，再取反閘運算因此 w=0x00。

```
1    /*logi_1.c*/
2    char x=10,y=5,z=3,w,m;
3    bit a,b,c,d;
4    main()
5    {
6      a=(y<x)&&(y<z);   /*1&&0=0，a=0*/
7      b=(y<x)||(y<z);   /*1||0=1，b=1*/
8      c=(x<y);   /*10<5 不成立，c=0*/
9      d=!(x<y); /*10<=5 不成立取 not 運算，因此 d=1*/
10     m=!(y-5); /*y-5=0，0 之 not 運算爲 1，因此 m=0x01*/
11     w=!(x-1); /*x-1=9，非 0 之 not 運算爲 0，因此 w=0x00*/
12   }
```

圖 2-6 邏輯運算子範例程式

2-3-4 位元邏輯運算子

總共有六種位元邏輯運算子，符號與功能如表 2-6 所示，位元邏輯運算主要將兩邊的變數或常數，相互對應之位元進行邏輯運算。

表 2-6 位元邏輯運算子符號與功能

<table>
<tr><th>運算子符號</th><th>例子</th><th>說明</th></tr>
<tr><td>&</td><td>x&y</td><td>將 x 與 y 互相對應之位元進行邏輯-及(and)運算</td></tr>
<tr><td>|</td><td>x|y</td><td>將 x 與 y 互相對應之位元進行邏輯-或(or)運算</td></tr>
<tr><td>^</td><td>x^y</td><td>將 x 與 y 互相對應之位元進行邏輯-互斥或(xor)運算</td></tr>
<tr><td>~</td><td>~x</td><td>將 x 位元進行邏輯-反閘(not)運算，取 1 補數。</td></tr>
<tr><td>>></td><td>x>>y</td><td>將 x 之值右移 y 個位元</td></tr>
<tr><td><<</td><td>x<<y</td><td>將 x 之值左移 y 個位元</td></tr>
</table>

圖 2-7 範例程式介紹位元邏輯運算子，程式第 2 行宣告無符號字元變數 x=10、y=5 及 z=3，第 3 行宣告位無符號字元變數 a、b、c、d、e 與 f 等。及閘(&)運算只有兩個對應位元值都爲"1"時、結果才爲"1"，否則爲"0"。第 6 行 x&z 運算中 x 與 y 變數只有在位元 1 同時爲"1"，因此 a=00000010B。或閘(|)運算只要變數有一個對應位元值爲"1"，結果必爲"1"，否則爲"0"，第 7 行進行 x|z 運算由於 x 與 z 變數在位元 0、1 與 3 有一個對應位元值爲"1"，因此 b=00001011B。互斥或閘(^)運算當兩個對應位元值不一樣時，結果才爲"1"，若相同(同時爲"0"或"1")，則結果爲"0"，第 8 行 x^z 運算中 x 與 z 變數只有在位元 0 與位元 3 其對應位元值不一樣，因此 c=00001001B。

```
1   /*logi_2.c*/
2   unsigned char x=10,y=5,z=3;
3   unsigned char a,b,c,d,e,f;
4   main()
5   {
6   a=x&z;/*a=00001010B and 00000011B=00000010B*/
7   b=x|z;/*b=00001010B or    00000011B=00001011B*/
8   c=x^z;/*c=00001010B xor 00000011B=00001001B*/
9   d=~z;/*d=not(00000011B)=11111100B*/
10  e=x>>z;/*00001010B 向右移 3 位元 e=00000001B*/
11  f=x<<5;/*00001010B 向左移 5 位元 f=01000000B*/
12  }
```

圖 2-7 位元邏輯運算子範例程式

2-3-5　運算子優先順序

運算子執行之優先順序如表 2-7 所示，相同優先順序之運算子，則以由左而右順序依序執行。

表 2-7　運算子執行之優先順序

<table>
<tr><th>優先順序</th><th>運算子符號</th><th>說明</th></tr>
<tr><td>1</td><td>()</td><td>括號最優先。</td></tr>
<tr><td>2</td><td>!、+、-、++、--</td><td>“!”邏輯 not 運算。
“-”取負號運算。
“+”取正號運算。</td></tr>
<tr><td>3</td><td>*、/、%</td><td>乘、除、取餘數之算術運算</td></tr>
<tr><td>4</td><td>+、-</td><td>“-”表減運算。
“+”表加運算。</td></tr>
<tr><td>5</td><td>&、|、^、~、>>、<<</td><td>位元邏輯運算子。</td></tr>
<tr><td>6</td><td>< 、<=、>、>=、==、!=</td><td>關係運算子。</td></tr>
<tr><td>7</td><td>&&、||</td><td>邏輯運算子。</td></tr>
</table>

圖 2-8 範例程式介紹運算子執行之優先順序，程式第 2 行宣告無符號字元變數 x=10、y=5、z=3、w、m、n 與 o，第 3 行宣告位無符號字元變數 a、b、c 與 d 等。第 6 行有兩個括號(y>x/z)與(y<x%z)、括號內運算先執行，(y>x/z)括號內算術運算高於關係運算 y>x/z=5>10/3=5>3，此敘述爲眞。第 7 行主要將第 6 行之兩個括號去除，依據運算子執行之優先順序，執行結果與第 6 行一樣。第 8 行沒有括號，and 邏輯運算子(&&)順序最後切割爲左“y&60<=x/z”與右“y^49>x%z”，“y&60<=x/z”運算順序如下，5&60<=10/3(4<=3)，此敘述不成立，因此 c=0。

```
1	/*proc_1.c*/
2	char x=10,y=5,z=3,w,m,n,o;
3	bit a,b,c,d;
4	main()
5	{
6	 a=(y>x/z)||(y<x%z);   /*(5>3)||(5<1)，a=1*/
7	 b=y>x/z||y<x%z;   /*5>3||5<1，b=1*/
8	 c=y&60<=x/z&&y^49>x%z;   /*4<=3&&52>1，c=0*/
9	 w=++y*2<<z;   /* 6*2<<3=12<<3=01100000B */
10	 m=++y*2<<z|4;   /* 7*2<<3|4=14<<3|4=01110000B|4=0x74 */
11	 n=y++*2<<z|4+8;   /* 7*2<<3|12=14<<3|12=01110000B|12=0x7c */
12	 o=!x+8-y/2+x*z;/* 0+8-2+30=36 */
13	}
```

圖 2-8　運算子優先順序範例程式

2-4 程式流程控制

C 語言爲結構化程式，由模組(函式)組合而成，模組則由指令(敘述)組合而成。C 語言的指令可概分成三大類：

迴圈控制指令：for、while 與 do-while。

條件控制指令：if 與 switch-case。

無條件控制指令：goto、 break 與 continue。

2-4-1 迴圈控制指令

一、for 迴圈指令

for 指令格式如圖 2-9(a)所示，圖 2-9(b)爲流程圖，可看出程式執行架構，先設定變數之初值，判斷此變數值是否符合條件，若符合則執行大括號({,})內的指令(敘述_A)，執行後將變數依改變量作調整，重新判斷以達到迴圈控制的目的。若條件判斷不符合，則結束 for 指令動作執行下一行指令(敘述_B)。

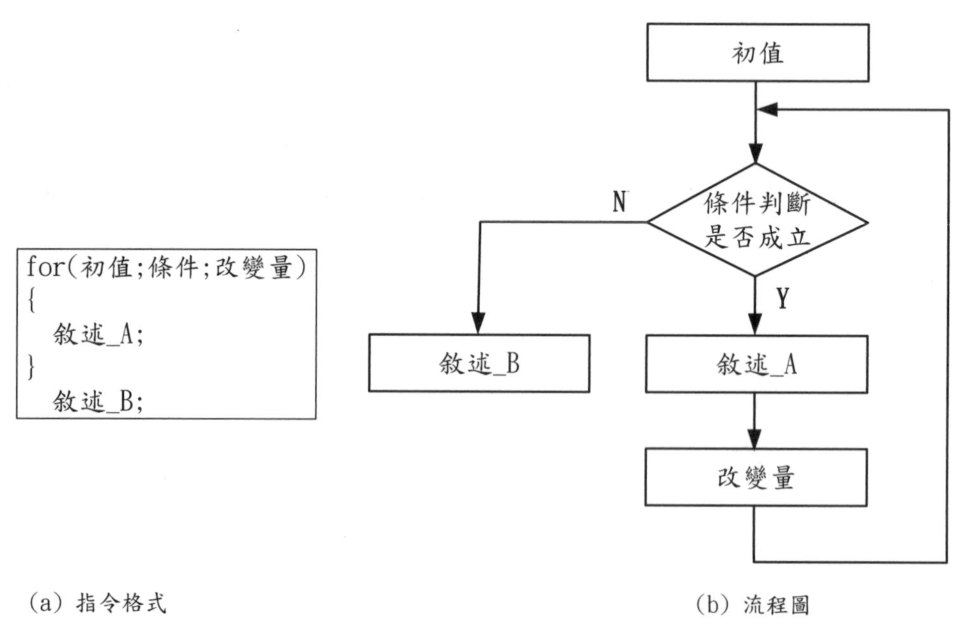

圖 2-9　for 迴圈指令格式與流程圖

圖 2-10 範例程式使用兩個 for 迴圈控制 P1 呈現跑馬燈效果，程式第 7 行 for 指令沒有初值、條件與改變量，重複執行 8~14 行之間的指令。程式第 9 行 for 指令變數 i

的初值爲 0x80，每執行一回後變數 i 值減半，若變數 i 值符合條件(i>0)，則執行第 11 行程式(敘述_A)。當變數 i 的值不符合條件(i=0 或 i<0)則結束 for 指令執行第 13 行程式(敘述_B)，因此 P2 在開機時輸出 0xff，但是當 9~12 之 for 迴圈執行後 P2 固定輸出 0x00。

若"for(; ;);"則重複執行此行指令，如同組合語言"jmp $"有異曲同工之妙。若"for(i=0x80;i>0;i=i/2);"有初值、條件與改變量，表示此行指令總共執行 8 次，主要目的用來延遲時間。

```
1     /* for.c*/
2     sfr P1=0x90;
3     sfr P2=0xa0;
4     main()
5     {
6     unsigned char i;
7       for( ; ;   )
8       {
9         for(i=0x80;i>0;i=i/2)
10        {
11          P1=i;
12        }
13        P2=i;
14      }
15    }
```

圖 2-10　for 範例程式

二、while 迴圈指令

while 指令格式如圖 2-11(a)所示，圖 2-11(b)爲流程圖，可看出程式執行架構，先進行條件判斷是否成立，若符合則執行大括號({,})內的指令(敘述_A)，再執行條件判斷以達到迴圈控制之目的。若條件判斷不符合，則結束 while 指令動作執行下一行指令(敘述_B)。

圖 2-12 範例程式使用兩個 while 迴圈控制 P1 呈現跑馬燈效果，程式第 7 行 while 指令條件判斷輸入"1"表示永遠符合，因此重複執行 8~16 行之間的指令。程式第 10 行 while 指令條件判斷變數 i 的值是否符合條件(i>0)，符合則執行第 11~14 行之間的程式(敘述_A)。當變數 i 的值不符合條件(i=0 或 i<0)則結束 while 指令執行第 15 行程式(敘述_B)，因此 P2 在開機時輸出 0xff，但是當 11~14 之 while 迴圈執行後 P2 固定輸出 0x00。若 while(1);則重複執行此行指令。

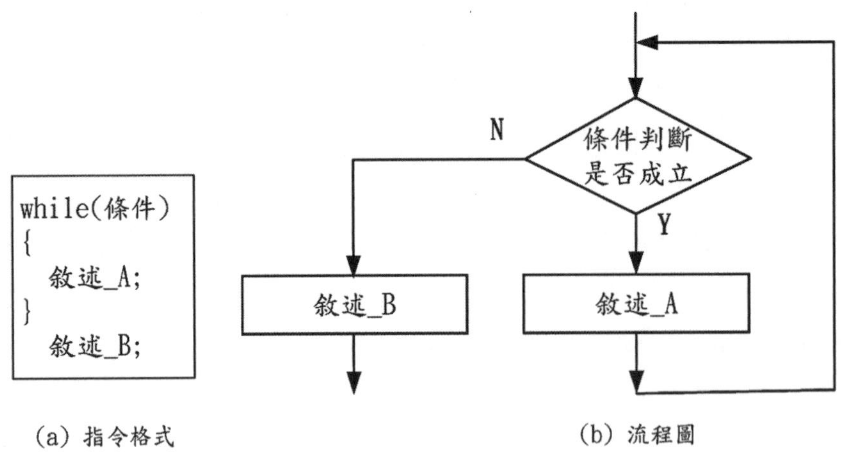

(a) 指令格式　　(b) 流程圖

圖 2-11　while 迴圈指令格式與流程圖

```
/* while.c*/
sfr P1=0x90;
sfr P2=0xa0;
main()
{
unsigned char i;
  while(1)
  {
   i=0x80;
     while (i>0)
     {
       P1=i;
   i=i/2;
     }
     P2=i;
  }
}
```

圖 2-12　while 範例程式

三、do-while 迴圈指令

do-while 迴圈指令格式如圖 2-13(a)所示，圖 2-13(b)為流程圖，可看出程式執行架構，先執行大括號({,})內的指令(敘述_A)後，才進行條件判斷是否成立，若符合則繼續執行大括號({,})內的指令(敘述_A)，達到迴圈控制的目的。若條件判斷不符合，則結束 do-while 指令動作執行下一行指令(敘述_B)。

圖 2-14 範例程式使用 while 與 do_while 迴圈控制 P1 呈現跑馬燈效果，程式第 7 行 while 指令條件判斷輸入“1”表示永遠符合，因此重複執行 8~16 行之間的指令。程式第 10 行 do 指令先執行第 12~13 行之間的程式(敘述_A)後再判斷變數 i 的值是否

符合條件(i>0)，符合則繼續執行第 12~13 行之間的程式(敘述_A)。當變數 i 的值不符合條件(i=0 或 i<0)則結束 do 指令執行第 15 行程式(敘述_B)，因此 P2 在開機時輸出 0xff，但是當 11~14 行之 do 迴圈執行後 P2 固定輸出 0x00。

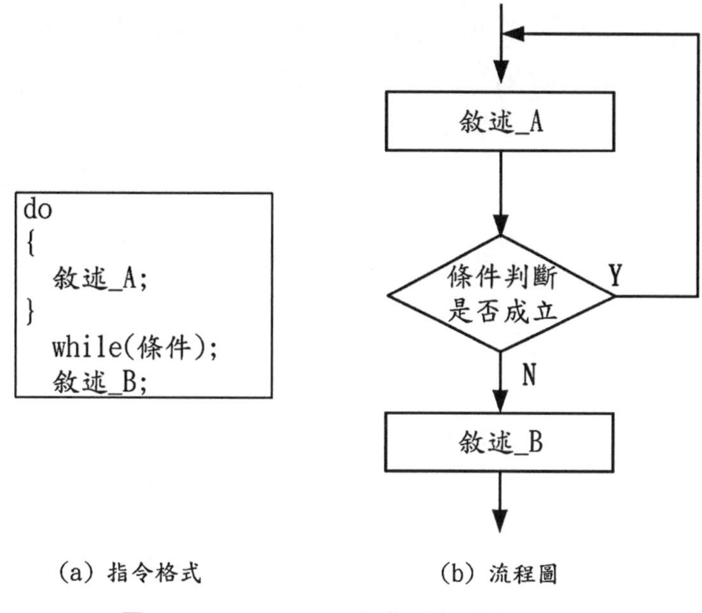

(a) 指令格式　　(b) 流程圖

圖 2-13　do-while 迴圈指令格式與流程圖

```
1    /* do.c*/
2    sfr P1=0x90;
3    sfr P2=0xa0;
4    main()
5    {
6    unsigned char i;
7    while(1)
8      {
9        i=0x80;
10       do
11         {
12          P1=i;
13        i=i/2;
14         }while (i>0);
15       P2=i;
16     }
17   }
```

圖 2-14　do-while 範例程式

2-4-2 條件控制指令

一、if 條件指令

if 指令格式如圖 2-15(a)所示，圖 2-15(b)為流程圖，可看出程式執行架構。條件判斷是否成立，若符合才執行大括號({,})內的指令(敘述_A)。不論條件成立或不成立，最終會執行下一行指令(敘述_B)。

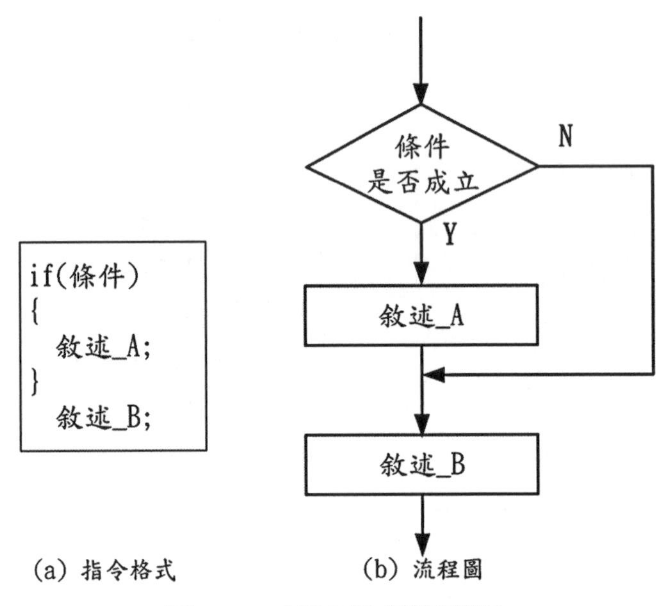

圖 2-15 if 指令格式與流程圖

二、if-else 條件指令

if-else 指令格式如圖 2-16(a)所示，圖 2-16(b)為流程圖，可看出程式執行架構。條件判斷是否成立，若符合執行敘述_A 的指令，不符合則執行敘述_B 的指令，不論條件成立或不成立，最終會執行下一行指令(敘述_C)。

圖 2-17 範例程式使用 while、if 與 if-else 迴圈控制 P1.7~P1.4 四個位元跑馬燈，程式第 6 行 while 指令條件判斷輸入“1”表示永遠符合，因此重複執行 7~16 行之間的指令。程式第 9 行 if-else 指令依據變數 i 之值作相對應處理，若條件“i!=0x80”成立則執行 10~14 行之間的指令，否則執行第 15 行 else 指令。10~14 行指令針對 i 值作調整，以達到向右旋轉跑馬燈效應，若只有一行指令“{”與“}”可省略。

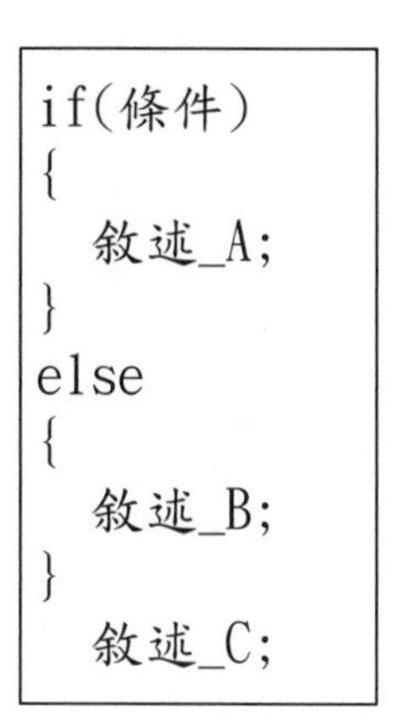

```
if(條件)
{
  敘述_A;
}
else
{
  敘述_B;
}
  敘述_C;
```

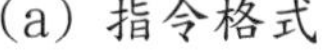

(a) 指令格式

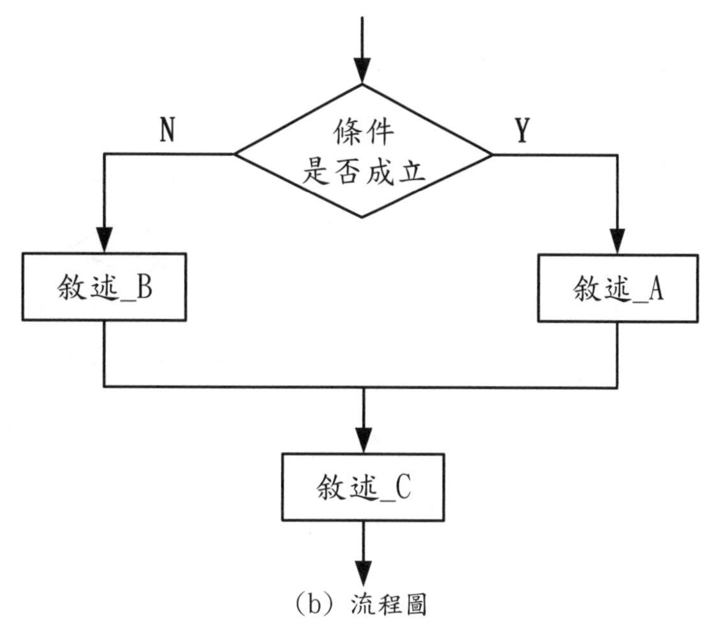

(b) 流程圖

圖 2-16　if-else 指令格式與流程圖

```
/* if.c*/
sfr P1=0x90;
main()
{
unsigned char i=0x80;
while(1)
  {
   P1=i;
   if(i!=0x80)
   {
   if (i==0x10)i=0x80;
   if (i==0x20)i=0x10;
   if (i==0x40)i=0x20;
   }
   else i=0x40;
  }
}
```

圖 2-17　if-else 範例程式

三、多重 if-else 指令(一)

多重 if-else 指令結合成 if 巢狀格式如圖 2-18(a)所示，圖 2-18(b)為流程圖。多重 if-else 指令善用“{”與“}”可將結構簡化，條件 1 判斷是否成立，若符合執行“{”與“}”之間 if(條件 2)的指令，不符合則執行敘述_B 的指令，不論條件成立或不成立，最終會執行下一行指令(敘述_C)。在“{”與“}”之間 if(條件 2)的指令繼續進行判斷，若條件 1 且條件 2 均成立，才執行敘述_2A 的指令，否則執行敘述_2B 的指令(條件 1 成立但條件 2 不成立)。

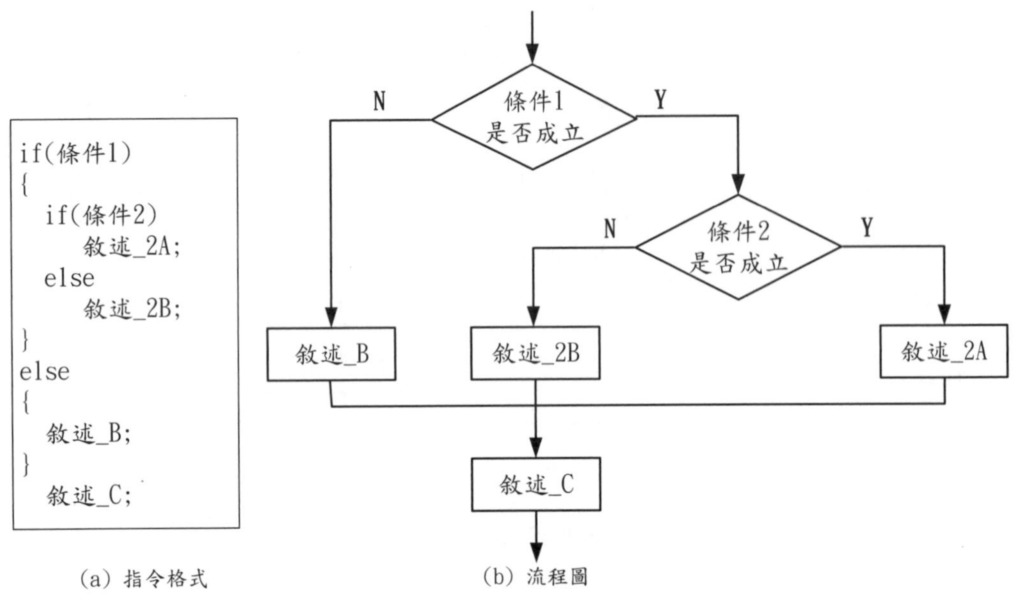
if(條件1)
{
if(條件2)
敘述_2A;
else
敘述_2B;
}
else
{
敘述_B;
}
敘述_C;
條件1
是否成立
N
Y
條件2
是否成立
N
Y
敘述_B
敘述_2B
敘述_2A
敘述_C
(a) 指令格式
(b) 流程圖

圖 2-18　多重使用 if-else (一) 指令格式與流程圖

圖 2-19 範例程式使用 while 與 if 迴圈控制 P1.7~P1.4 四個位元跑馬燈，程式第 11 行 while 指令條件判斷輸入"1"表示永遠符合，因此重複執行 12~24 行之間的指令。程式第 13~15 行使用 if 指令先判斷位元變數 P17、P16 及 P15 之值，若 P17=0、P16=0 及 P15=0 才會執行程式 16 行 P1=0x80。若 P17=0、P16=0 而 P15=1 執行程式 17~18 行 P1=0x10，17~18 行可以合併成一行指令"else P1=0x10;"。若 P17=0 但 P16=1(P15 之值爲隨意值(don't care))執行程式 19~20 行 P1=0x20，19~20 行可以合併成一行指令"else P1=0x20;"。若 P17=1(P16 與 P15 之值爲隨意值(don't care))執行程式 21~22 行 P1=0x40，21~22 行可以合併成一行指令"else P1=0x40;"。不論 P17~P15 之值爲何一定會執行 23 行指令，將 P1 的值移到 P2。在此範例中刻意不使用"{"與"}"(節省版面)，多重 if-else 指令一定是成雙成對出現，並且 else 與放置在上方最接近的 if 成對，例如 17 行的 else 與 15 行的 if、19 行的 else 與 14 行的 if 及 21 行的 else 與 13 行的 if，把握此原則並在撰寫程式時使用縮排方式，以提高閱讀性。

```
/* if_if.c*/
sfr   P1=0x90;
sfr   P2=0xa0;
sbit P17=P1^7;
sbit P16=0x90^6;
sbit P15=0x95;
sbit P14=0x94;
main()
{
P1=0x80;
while(1)
  {
if(P17==0)
   if(P16==0)
      if(P15==0)
      P1=0x80;
      else
      P1=0x10;
   else
      P1=0x20;
else
   P1=0x40;
P2=P1;
  }
}
```

圖 2-19　多重 if-else 指令(一)範例程式

四、多重 if-else 指令(二)

多重 if-else 指令結合成另一種 if 巢狀格式如圖 2-20(a)所示，圖 2-20(b)爲流程圖。多重 if-else 指令善用“{”與“}”可將結構簡化，圖中顯示先判斷條件 1 是否成立，若成立執行敘述_A 的指令，若不成立則執行“{”與“}”之間 if(條件 2)的指令，不論條件 1 是否成立，最終會執行下一行指令(敘述_C)。在“{”與“}”之間 if(條件 2)的指令繼續進行判斷，若條件 1 不成立且條件 2 也不成立的情況下，才執行敘述_2A 的指令，否則執行敘述_2B 的指令(條件 1 不成立但條件 2 卻成立)。將圖 2-18 與圖 2-20 對照比較發現一個很強烈的對比關係，圖 2-18 當條件 1 成立且條件 2 成立時，才會執行敘述_2A，而圖 2-20 則呈現條件 1 不成立且條件 2 不成立時，才會執行敘述_2A。

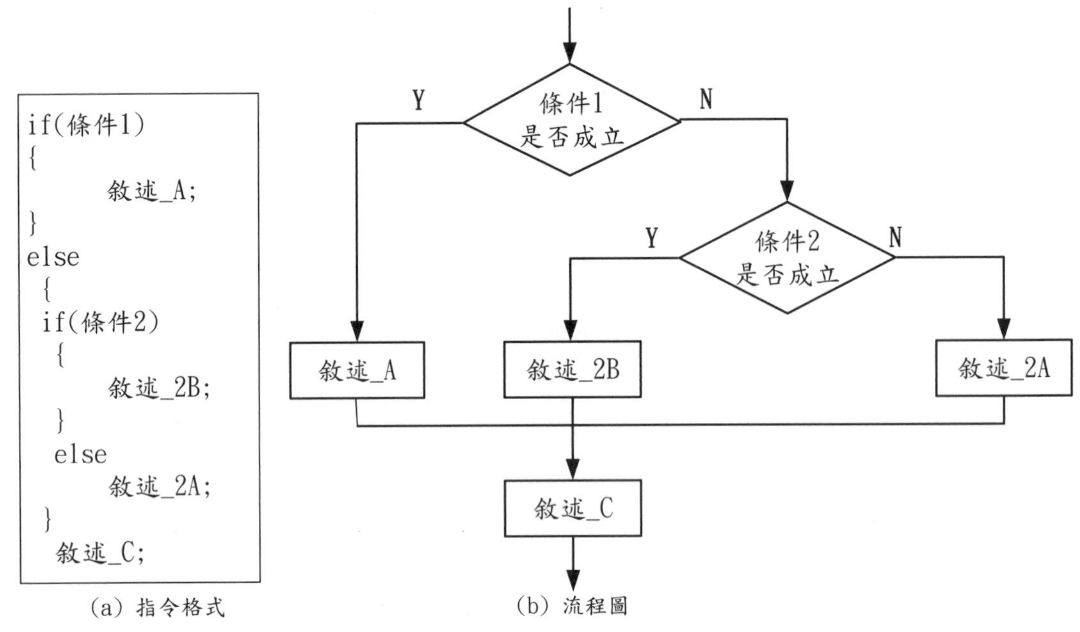
if(條件1)
{
敘述_A;
}
else
{
if(條件2)
{
敘述_2B;
}
else
敘述_2A;
}
敘述_C;
(a) 指令格式
Y
N
條件1
是否成立
條件2
是否成立
敘述_A
敘述_2B
敘述_2A
敘述_C
(b) 流程圖

圖 2-20　多重使用 if-else 指令(二)格式與流程圖

圖 2-21 範例程式使用 for 與 if-else 迴圈控制 P1.7~P1.4 四個位元跑馬燈，程式第 11 行 for 迴圈指令，沒有初始值、條件與改變量表示無窮迴圈，因此重複執行 12~24 行之間的指令。程式第 13~15 行使用 if 指令先判斷位元變數 P17 之值，若條件成立(P17=1)，立即執行程式 14 行 P1=0x40，若不成立則進行程式 15。程式第 16~17 行在條件(P17==1)不成立下，若 P16=1 則執行程式 17 行 P1=0x20。程式第 18~20 行在條件(P17==1)不成立且(P16==1)不成立下情況下，若 P15=1 則執行程式 20 行 P1=0x10，換句話說，當 P17=0、P16=0 及 P15=1 時執行程式 17 行 P1=0x20。程式第 21~22 行，當 P17=0、P16=0 及 P15=0 時才會執行程式 22 行 P1=0x80。不論 P17~P15 之值爲何一定會執行 23 行指令，將 P1 的值移到 P2。多重 if-else 指令一定是成雙成對出現，並且 else 與放置在上方最接近的 if 成對，例如(15,13)、(18,16)與(21,19)等。圖 2-21 範例(a)與(b)兩者功能相同，提供讀者做個比較對照。

```
/* if_else_if1.c*/
sfr   P1=0x90;
sfr   P2=0xa0;
sbit P17=0x90^7;
sbit P16=P1^6;
sbit P15=0x90^5;
sbit P14=P1^4;
main()
{
P1=128;
for(;;)
  {
  if(P17==1)
  P1=0x40;
  else
     if(P16==1)
     P1=0x20;
     else
        if(P15==1)
        P1=0x10;
     else
        P1=0x80;
  P2=P1;
  }
}
```

(a)

```
/* if_else_if.c*/
sfr   P1=0x90;
sfr   P2=0xa0;
sbit P17=0x97;
sbit P16=0x96;
sbit P15=P1^5;
sbit P14=0x90^4;
main()
{
P1=128;
for(;;)
  {
  if(P17==1)P1=0x40;
     else if(P16==1)P1=0x20;
     else if(P15==1)P1=0x10;
        else P1=0x80;
  P2=P1;
  }
}
```

(b)

圖 2-21 多重使用 if-else 指令(二)範例程式

五、switch-case 指令格式

switch-case 指令格式如圖 2-22(a)所示，圖(b)為流程圖、可看出程式執行架構。switch 內的變數只能儲存整數或字元資料，變數資料同時並行檢查符合 case 中何種條件，若符合條件 A1、則執行敘述_A1 指令，若符合條件 A2、則執行敘述_A2 指令，依此類推。若條件判斷均不符合時，則執行 default 敘述_AM 指令，執行後隨即結束 switch 指令動作、執行下一行指令(敘述_B)。case 中的敘述必須要有 break 指令方能正常工作，default 可有可無視情形而定。

圖 2-23 範例程式使用 while 與 switch 迴圈控制 P1.7~P1.4 四個位元跑馬燈，程式第 7 行 while 指令條件判斷輸入“1”表示永遠符合，因此重複執行 8-31 行之間的指令。程式第 9 行 switch 指令依據變數 i 之值作相對應處理，若變數 i 為整數時、如 i=1 執行程式 12~14 行，執行 14 行 break 指令後結束 switch 指令而執行程式 30 行(如流程圖中的敘述_B)，P1=0x80 而 P2=0x02。當 i=2 則執行程式 16~18 行，P1=0x40 而 P2=0x31。若變數 i 為字元資料時如 i=“1”=0x31 執行程式 20~22 行，P1=0x20 而 P2=0x41。當

i="A"=0x41 執行程式 24~26 行，P1=0x10 而 P2=0x01。若 i 值非上述四個值，則執行程式 28 行將 i 值設定爲 1。

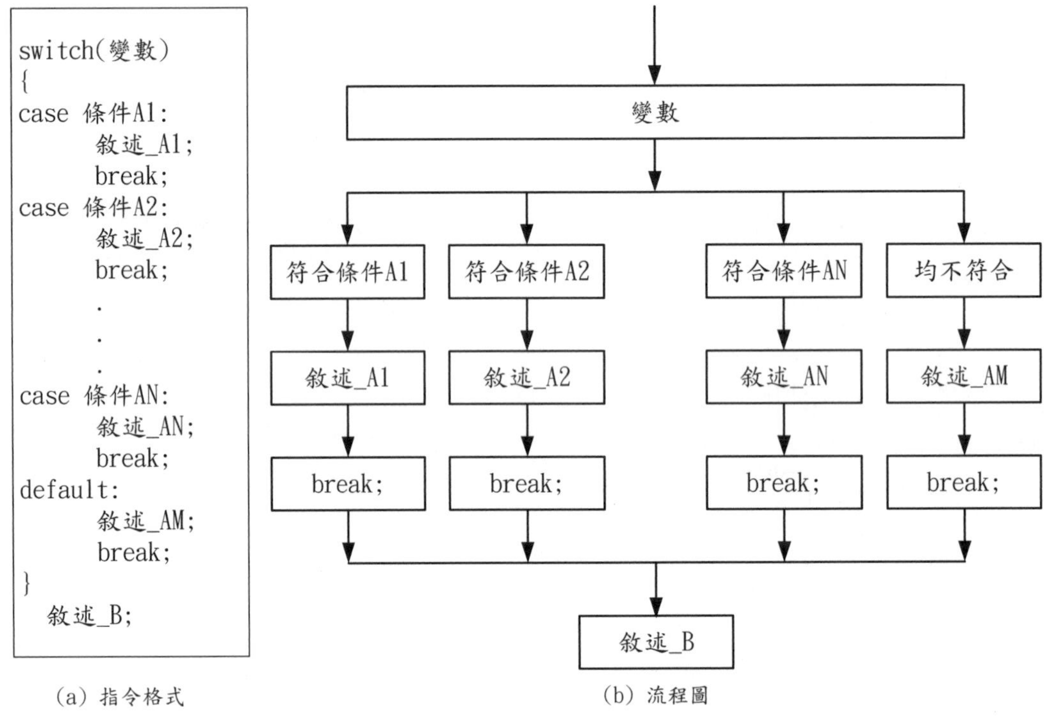

(a) 指令格式　　(b) 流程圖

圖 2-22 switch-case 指令格式與流程圖

```
1   /* switch.c*/
2   sfr P1=0x90;
3   sfr P2=0xa0;
4   main()
5   {
6   unsigned char i=1;
7   while(1)
8     {
9       switch(i)
10        {
11  case 1:
12      P1=0x80;
13      i=2;
14      break;
15  case 2:
16      P1=0x40;
17      i='1';
18      break;
19  case '1':
```

圖 2-23　switch 範例程式

```
            P1=0x20;
            i='A';
            break;
        case 'A':
            P1=0x10;
            i=1;
            break;
        default :
            i=1;
              }
              P2=i;
          }
        }
```

圖 2-23　switch 範例程式(續)

2-4-3 無條件控制指令

一、goto 無條件跳躍指令

goto 為無條件跳躍指令，goto 指令格式語法如下，必須搭配標記(label)。標記名稱命名方式與變數一樣(請參考 2-2 章節)、但後面必須以“：”作結尾。

goto 標記名稱;

二、break 無條件終止指令

break 指令用在封閉迴圈中，當執行 break 指令時無條件終止封閉迴圈的程式。在 switch-case 指令中，一定要有 break 指令才能正常工作。

三、continue 無條件繼續指令

continue 指令用在封閉迴圈中，當執行 continue 指令時無條件跳開封閉回圈內的指令而繼續進行封閉迴圈的下一回合動作。

圖 2-24 範例程式控制 P1.7~P1.4 四個位元跑馬燈，圖 2-24 (a)範例程式第 13 行 goto 指令，配合第 6 行標記形成無窮迴圈，因此重複執行 7~12 行之間的指令。程式第 8~12 行使用 for 迴圈指令，控制執行 10~11 行間指令總共 254 次。程式第 10 行使用 if 指令判斷條件(P1==0x10)，若成立則終止 for 迴圈，執行第 13 行 goto 指令。圖 2-24(b)範例程式與 2-24(a)雷同，程式第 10 行使用 if 指令判斷條件(P1==0x10)，若成立則使用 goto 指令終止 for 迴圈外並直接跳到第 6 行。

```
1   /* goto.c*/
2   sfr P1=0x90;
3   main()
4   {
5   unsigned char i;
6   again:
7   P1=0x80;
8     for(i=1;i<255;i++)
9     {
10    if (P1==0x10) break;
11    P1>>=1;
12    }
13  goto again;
14  }
```

(a)

```
1   /* goto_1.c*/
2   sfr P1=0x90;
3   main()
4   {
5   unsigned char i;
6   again:
7   P1=0x80;
8     for(i=1;i<255;i++)
9     {
10    if (P1==0x10) goto again;
11    P1>>=1;
12    }
13  }
```

(b)

圖 2-24　goto 指令範例程式

圖 2-25 範例程式控制 P1.7~P1.4 四個位元跑馬燈，圖 2-25 範例主要將圖 2-24(a) 範例程式第 10 行修改成“if (P1==0x10) continue;”，在此由範例中當變數 i=j=4 時條件(P1==0x10)會成立，而執行 continue 指令，此時 12~13 行指令不執行，停止執行 10~14 之間指令乙次。for 迴圈進行下一輪(i=5)，同樣條件(P1==0x10)會成立，而執行 continue 指令，停止執行 10~14 之間指令乙次。此種現象一直持續到 i=8 結束 for 迴圈，執行第 15 行 goto 指令後重新開始。continue 指令適合於封閉迴圈。

```
1   /* continue.c*/
2   sfr P1=0x90;
3   main()
4   {
5   unsigned char i,j;
6   again:
7   P1=0x80;
8   j=1;
9     for(i=1;i<8;i++)
10    {
11    if (P1==0x10) continue;
12    P1>>=1;
13    j++;
14      }
15  goto again;
16  }
```

圖 2-25　continue 指令範例程式

2-5 函式

在撰寫程式時，考量方便維護與閱讀，將達到某種功效之敘述包裝在一起，使用一個名稱表示，此即爲函式(function)。C 語言的函式分成：主函式與一般函式總共兩大類。圖 2-26 範例程式中 4~11 行爲主函式，12~16 行爲一般函式，其函式名稱爲 delay。

```
1   /*func_1.c*/
2   sfr P1=0x90;
3   void delay(void);
4   main()
5   {
6   while(1)
7     {
8     P1=P1-1;
9     delay();
10    }
11  }
12  void delay(void)
13  {
14  unsigned int i;
15  for(i=0;i<65535;i++);
16  }
```

圖 2-26　函式範例程式(一)

2-5-1 主函式(main)

主函式固定用 main 表示，系統開機時先執行主函式，其格式如下所示。比對圖 2-26 範例程式，4~11 行爲主函式，在第 5 行左大括號“{”與第 11 行右大括號“}”之間稱爲敘述。解讀此敘述(6~10 行)，使用一個 while 無窮迴圈，將 P1 值遞減後呼叫 delay 函式。

主函式格式

```
main()
{
敘述;
敘述;
}
```

2-5-2 一般函式

除了主函式外，其餘都爲一般函式，依據傳回值與參數傳入可分成四大類別：

一、無傳回值與無參數傳入之函式格式

```
void 函式名稱(void)
{
敘述;
敘述;
}
```

圖 2-26 範例程式第 3 行宣告 delay 函式，前面“void”表示無傳回值，後面“(void)”表示無參數傳入。12~16 行爲 delay 函式，在第 13 行左大括號“{”與第 16 行右大括號“}”之間都爲敘述。解讀此敘述(14~15 行)，宣告無符號整數(16 位元)之區域變數 i，使用一個 for 迴圈，控制 CPU 執行 65535 次(i=0~65534)，達到時間延遲效果。

二、無傳回值與有參數傳入之函式格式

```
void 函式名稱(參數 1, 參數 2,…)
{
敘述;
敘述;
}
```

圖 2-27 範例程式第 3 行宣告 delay 函式，前面“void”表示無傳回值，後面“(int j)”表示有一個參數傳入，j 參數爲有符號整數值(－32768~＋32767)。第 9 行呼叫 delay 函式，傳入參數值 j (=32766)。12~16 行爲 delay 函式，在第 13 行左大括號“{”與第 16 行右大括號“{”之間都爲敘述。解讀此敘述(14~15 行)，使用一個 for 迴圈控制 CPU 執行第 15 行指令達到 0~32766=32767 次，達到時間延遲效果。

```
/*func_2.c*/
sfr P1=0x90;
void delay(int j);
main()
{
while(1)
  {
  P1=P1-1;
  delay(32766);
  }
}
void delay(int j)
{
unsigned int i;
for(i=0;i<=j;i++);
}
```

圖 2-27 函式範例程式(二)

三、有傳回值與有參數傳入之函式格式

資料型態 函式名稱(參數 1, 參數 2,…)

{

敘述;

return … ;

}

```
/*func_3.c*/
sfr P1=0x90;
sfr P2=0xa0;
unsigned char m=0;
unsigned char delay(char j,unsigned char k);
main()
{
while(1)
  {
  P1=P1-1;
  P2=delay(127,255);
  }
}
unsigned char delay(char j,unsigned char k)
{
char i;
unsigned char n;
for(i=0;i<j;i++)
    {
  for(n=0;n<k;n++);
    }
  m++;
  return m;
}
```

圖 2-28 函式範例程式(三)

圖 2-28 範例程式第 5 行宣告 delay 函式，前面“unsigned char”表示傳回無符號字元值，後面“(char j,unsigned char k)”表示有兩個參數傳入，j 參數爲有符號字元值(－128~127)，k 參數爲無符號字元值(0~255)。第 11 行呼叫 delay 函式其傳入參數值(j=127,k=255)並將傳回值直接由 P2 輸出。14~24 行爲 delay 函式，在第 15 行左大括號“{”與第 24 行右大括號“{”之間都爲敘述。解讀此敘述(18~21 行)，使用兩個 for 迴圈產生巢狀迴圈、控制CPU執行第20行指令達到127(i=0~126)*255(n=0~254)=32385次，達到時間延遲效果。第 22~23 行指令計數執行 delay 函式次數並回傳主程式。

三、有傳回值與無參數傳入之函式格式

```
資料型態 函式名稱(void)
{
敘述;
return … ;
}
```

```
/*func_4.c*/
sfr P1=0x90;
sfr P2=0xa0;
char m=0;
char delay(void);
main()
{
while(1)
  {
  P1=P1-1;
  P2=delay();
  }
}
char delay(void)
{
char i;
unsigned char n;
for(i=0;i<127;i++);
for(n=0;n<255;n++);
  m++;
  if (m>0) return m;
  else return 0;
}
```

圖 2-29 函式範例程式(四)

圖 2-29 範例程式第 5 行宣告 delay 函式，前面“char”表示傳回有符號字元值，後面“(void)”表示無參數傳入。第 11 行呼叫不用傳入參數，但有傳回值之 delay 函式，直接由 P2 輸出。14~23 行爲 delay 函式，在第 15 行左大括號“{”與第 23 行右大括號“{”之間都是敘述。解讀此敘述(16~22 行)，使用兩個 for 迴圈，for 迴圈彼此獨立，因此 CPU 執行第 18 行指令只有 127(i=0~126)次，執行第 19 行指令只有 *255(k=0~254)次，此範例之時間延遲效果遠小於圖 2-27 的 delay 函式。第 20 行指令計數執行 delay 函式次數，由於第 4 行宣告參數“m”爲“char”預設爲有符號，其範圍爲－128~127 之間，因此程式第 21~22 行當 0<m<=127 時，m 值回傳到主程式，當 m 爲負數時，則回傳“0”到主程式　。

2-6 陣列

一般變數只能開啓一個記憶體位址，陣列適用於將相同性質的變數集合在一起共同使用一個名稱表示，利用索引值(從 0 開始連續的整數)分別指定不同記憶體位址。

2-6-1 一維陣列

一維陣列宣告格式：一維陣列 X 長度可以省略。

一、沒有初始值之陣列宣告

資料型態　變數名稱　[X 長度];

二、有初始值陣列宣告

資料型態　變數名稱　[X 長度]={資料 1，資料 2，…，資料 N};

圖 2-30 範例程式使用一維陣列方式配合 for 迴圈控制 P1 呈現跑馬燈效果，程式第 3 行宣告一維陣列 light 存放 8 筆無符號字元資料，light[0]=0x80、light[1]=0x40、…、light[7]=0x01，使用 for 指令依序將 light[0]、light[1]、…、light[7]之陣列資料送到 P1 呈現跑馬燈效果。

```
1   /* array_1.c*/
2   sfr P1=0x90;
3   unsigned char light[8]={0x80,0x40,0x20,0x10,0x08,0x04,0x02,0x01};
4   main()
5   {
6   unsigned char i;
7    while(1)
8    {
9    for(i=0;i<8;i++)
10      {
11       P1=light[i];
12      }
13   }
14  }
```

圖 2-30　一維陣列範例程式

一維陣列範例程式補充說明如下：

1. 程式第 3 行可將長度省略如下表示，功能一樣。

   unsigned char light[]={0x80,0x40,0x20,0x10,0x08,0x04,0x02,0x01};

2. 若第 3 行改成如下：

   unsigned char light[8]={0x80,0x40,0x20,0x10,0x08,0x04,0x02,0x01,0x00};

   主要是初始值增加 0x00 總共有 9 筆資料比長度 8 要多 1，因此產生錯誤。

3. 若第 3 行改成如下：

   unsigned char light[8]={0x80,0x40,0x20,0x10,0x08,0x04,0x02};

   主要是初始值刪除 0x01 總共有 7 筆資料比長度 8 少 1，初始值不夠時自動用 0 添補，因此 light[7]=0x00。

2-6-2　二維陣列

二維陣列宣告格式如下：二維陣列 X 長度，Y 長度不能省略。

一、沒有初始值之陣列宣告

資料型態　變數名稱　[X 長度] [Y 長度];

二、有初始值陣列宣告

資料型態　變數名稱　[X 長度] [Y 長度]={資料 1，資料 2，…，資料 N };

圖 2-31 範例程式使用二維陣列方式，配合 for 迴圈控制 P1 呈現跑馬燈效果，程式第 3 行宣告二維陣列 light 存放 8 筆無符號字元資料，light[0][0]=0x80、 light[0][1]=0x40 、… 、light[0][3]=0x10 、light[1][0]=0x08 、light[1][1]=0x04 、… 、light[1][3]=0x01，使用兩組 for 指令依序將 light[0][0]、light[0][1]、…、light[0][3]、light[1][0]、…、light[1][3]之二維陣列資料送到 P1 呈現跑馬燈效果。

```
1   /* array_2.c*/
2   sfr P1=0x90;
3   unsigned char light[2][4]={0x80,0x40,0x20,0x10,0x08,0x04,0x02,0x01};
4   main()
5   {
6   unsigned char x,y;
7     while(1)
8     {
9     for(x=0;x<2;x++)
10        {
11   for(y=0;y<4;y++)
12          P1=light[x][y];
13        }
14    }
15  }
```

圖 2-31　二維陣列範例程式

二維陣列範例程式補充說明如下：

1. 程式第 3 行不可將長度省略如下表示，程式無法執行。

   unsigned char light[][]={0x80,0x40,0x20,0x10,0x08,0x04,0x02,0x01};

2. 若第 3 行改成如下：

   unsigned char light[2][4]={0x80,0x40,0x20,0x10,0x08,0x04,0x02,0x01,0x00};

   主要是初始值增加 0x00 總共有 9 筆資料比長度[2]*[4]=8 要多 1，因此產生錯誤。

3. 若第 3 行改成如下：

   unsigned char light[2][4]={0x80,0x40,0x20,0x10,0x08,0x04,0x02};

   主要是初始值刪除 0x01 總共有 7 筆資料比長度[2]*[4]=8 少 1，初始值不夠時自動用 0 添補，因此 light[1][3]=0x00。

2-7 指標

指標如同變數但其內容是表示某個變數的位址，簡單表示其功能如同組合語言之間接定址法，配合指標運算子“&”與“＊”使用。

指標變數宣告格式：

資料型態　＊變數名稱 ；

1. unsigned char ＊id;

   宣告 id 爲指標變數，指標變數指向某個變數的位址，並且此位址的資料型態爲無符號字元(8 位元)。

2. unsigned int ＊point;

   宣告 point 爲指標變數，指標變數指向某個變數的位址，並且此位址的資料型態爲無符號整數(16 位元)。

3. 指標運算子“&”放置在變數前面，表示該變數之位址。
4. 指標運算子“＊”放置在指標變數前面，表示以指標變數之值當作位址，存放在該位的資料。

圖 2-32 範例程式引用一維陣列範例搭配指標，讓 P1 呈現跑馬燈效果。程式第 3 行宣告 id 爲指標變數，其資料型態爲無符號字元資料，第 4 行宣告一維陣列 light 存放 8 筆無符號字元資料，light[0]=0x80(存放在 RAM 位址 08H 處)，light[7]=0x01(存放在 RAM 位址 0FH 處)。第 8 行使用指標運算子“&”宣告變數 light[0]之位址(08H)放入指標變數(id)中。第 13 行使用指標運算子“＊”表示以指標變數(id)之值當作位址，存放在該位的資料放到 P1 顯示，當 i=0 時 P1=(RAM(08H+0))=light[0]=0x80，當 i=7 時 P1=(RAM(08H+7))=(RAM(0FH))= light[7]=0x01。

```
1    /* point_1.c*/
2    sfr P1=0x90;
3    unsigned char *id;
4    unsigned char light[8]={0x80,0x40,0x20,0x10,0x08,0x04,0x02,0x01};
5    main()
6    {
7    unsigned char i;
8    id=&light[0];
9      while(1)
10     {
11     for(i=0;i<8;i++)
12         {
13          P1=*(id+i);
14         }
15     }
16   }
```

圖 2-32　指標範例程式(一)

圖 2-33 範例程式第 3 行宣告 point 爲指標變數，其資料型態爲無符號整數(16 位元)資料，第 4 行宣告一維陣列 light 存放 4 筆無符號整數(16 位元)資料，light[0]=0x8040(低位元組 0x40 存放在 RAM 位址 08H 處，高位元組 0x80 存放在 RAM 位址 09H 處)。第 8 行使用指標運算子“&”宣告變數 light[0]之位址(08H)放入指標變數(point)中。第 13 行使用指標運算子“*”表示以指標變數(point)之值當作位址，將存放在該位址的資料(16 位元)取出高位元組資料放到 P1 顯示，第 14 行表示取出低位元組資料放到 P1 顯示。

```
1     /* point_2.c*/
2     sfr P1=0x90;
3     unsigned int *point;
4     unsigned int light[4]={0x8040,0x2010,0x0804,0x0201};
5     main()
6     {
7     unsigned char i;
8     point=&light[0];
9       while(1)
10      {
11      for(i=0;i<4;i++)
12          {
13        P1=*(point+i)>>8;
14          P1=*(point+i);
15          }
16      }
17    }
```

圖 2-33　指標範例程式(二)

圖 2-34 範例程式與前兩個範例雷同，主要介紹第 5 行宣告一維陣列 light 存放 8 筆無符號字元(8 位元)資料，陣列名稱 light 就是一個指標變數、並指向 light[0]之位址(08H)。第 9 行宣告變數 light 之位址值(08H)放入指標變數(point)中、強調不需使用指標運算子“&”。第 13、15 行使用指標變數(point)與陣列名稱 light，兩種方式功能均相同。

```
/* point_3.c*/
sfr P1=0x90;
sfr P2=0xa0;
unsigned char *point;
unsigned char light[8]={0x80,0x40,0x20,0x10,0x08,0x04,0x02,0x01};
main()
{
unsigned char i;
point=light;
  while(1)
  {
  for(i=0;i<8;i++)
    {
      P1=*(point+i);
      P2=*(light+i);
    }
  }
}
```

圖 2-34　指標範例程式(三)

2-8 前置命令

前置命令以“#”作開端，但是在尾端不可以加“;”。常見的前置命令有“#define”與“#include”兩種，前置命令可以放在程式任何地點，但通常放置在程式最前面。

一、#define 前置命令

1. 常數或字串的宣告

   #define 變數名稱 常數(或字串)

2. 巨集的宣告

   #define 巨集函數名稱(引數 1,引數 2,…)運算式

二、#include 前置命令

1. 載入標頭檔檔案資料(檔案名稱.H)

   #include <檔案名稱.H>

2. 載入標頭檔檔案資料(檔案名稱.H)

   #include “檔案名稱.H”

將 2-5 函式章節的圖 2-28 範例程式，修改成圖 2-35 範例程式，若圖 2-28 與圖 2-35 範例程式作對照比較效果更好。將第 2 行使用前置命令“#include <AT89X51.H>”，因此省略圖 2-28 範例程式中使用 sfr 宣告 P1 與 P2。第 3 行使用前置命令“#define un_ch unsigned char”定義使用 un_ch 表示無符號字元(unsigned char)，之後第 5、6、16 與 19 行均使用 un_ch 宣告無符號字元。第 4 行使用前置命令“#define add(m,k) m+k”定義一個名叫 add 巨集，總共有 m 與 k 兩個引數，在此巨集會將 m 與 k 兩個引數進行加的運算。程式第 13 行進行 add 巨集後，將 m 與 k 兩個引數值之和經由 P3 輸出。

```
1   /*func_3A.c*/
2   #include <AT89X51.H>
3   #define un_ch unsigned char
4   #define add(m,k) m+k
5   un_ch m=0,k=3;
6   un_ch delay(char j,un_ch k);
7   main()
8   {
9   while(1)
10    {
11    P1=P1-1;
12    P2=delay(127,255);
13    P3=add(m,k);
14    }
15  }
16  un_ch delay(char j,un_ch k)
17  {
18  char i;
19  un_ch n;
20  for(i=0;i<j;i++)
21  {
22    for(n=0;n<k;n++);
23  }
24    m++;
25    return m;
26  }
```

圖 2-35 前置命令範例程式

前置命令範例程式補充說明如下：

1. 程式第 2 行<AT89X51.H>與“AT89X51.H”之差別。

假設 AT89X51.H 檔案有兩組，一個存在系統路徑，而另一個則存在工作目錄，路徑如下：

系統路徑 c:\Keil\C51\INC\ATMEL\AT89X51.H

工作目錄路徑：d:\test\AT89X51.H

#include <AT89X51.H>

先從系統路徑搜尋是否有 AT89X51.H 檔案，若找不到才從工作目錄路徑搜尋，因此必定讀取到系統路徑的檔案 c:\Keil\C51\INC\ATMEL\AT89X51.H。

#include"AT89X51.H"

搜尋順序工作目錄路徑優先，其次才是系統路徑，因此是 d:\test\AT89X51.H 而非 c:\Keil\C51\INC\ATMEL\AT89X51.H 的檔案。

2. 巨集與函式之差別。

　　第 4 行定義一個名叫 add 巨集，第 13 行進行 add 巨集，巨集佔程式記憶體空間但執行速度快。第 16~26 行爲 delay 函式，12 行呼叫函式，函式則是節省程式記憶體空間，但執行速度較慢，主要是函式(有如組合語言副程式)呼叫時，會將下一行指令位址堆疊到堆疊區，函式結束時會到堆疊區將指令位址取回。

chapter 3

C 語言發展流程與操作演練

MCS-51/52 應用系統本身包含硬體電路與軟體程式兩個部份，因此在規劃設計時，先依據系統需求規劃設計硬體電路，再依此電路規劃軟體程式，緊接著硬體電路製作測試與軟體程式的撰寫模擬，直到軟體與硬體搭配下，符合系統的規格需求才算告一段落。規劃軟體程式使用組合語言與 C 語言兩種，此本書主要以 C 語言爲主。

3-1 C 語言發展流程

C 語言發展流程圖如圖 3-1 所示，主要經過下列三個階段：

1. 編輯程式
2. 組譯程式
3. 連結程式

一、編輯程式

程式是以 ASCII 碼格式儲存，可以使用文書編輯軟體(Word 或 WordPad)編輯程式，存檔時附加檔名以 C 表示，有關程式指令格式及注意事項請參考第二章。

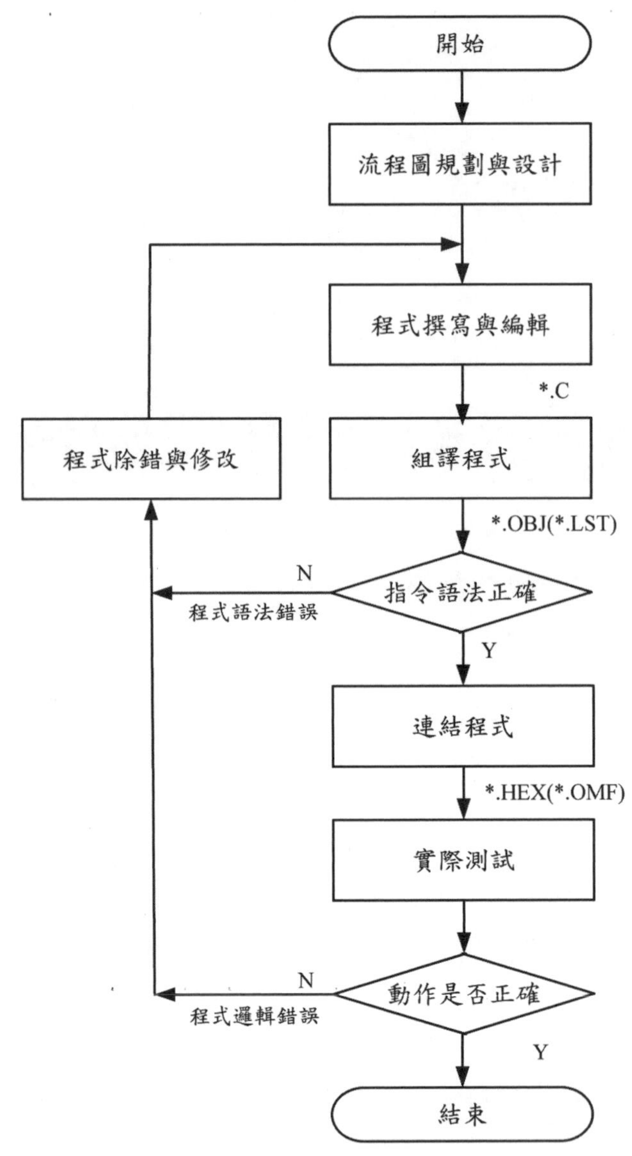

圖 3-1　C 語言發展流程

二、組譯程式

將附加檔名*.C 之原始程式經組譯後產生*.OBJ，若指令語法錯誤，例如指令“while”誤標示爲“whole”，在此過程會檢查出來並告知錯誤。

三、連結程式

經組譯後產生*.OBJ 檔 CPU 無法執行，必須經過連結過程產生*.HEX 檔方能燒錄到 CPU 內。

3-2 KEIL μVision3 軟體下載與安裝

KEIL 公司提供一套整合性開發軟體，結合編輯器、組譯器、連結器及程式模擬除錯等功能並以專案管理方式呈現，並且提供免費的評估版，軟體下載程序說明如下：

3-2-1 KEIL μVision3 軟體下載

步驟 1： 連線到 KEIL 官方網站(http://www.keil.com/)，點選網頁左中“Evaluation Software”鈕。如圖 3-2 所示。

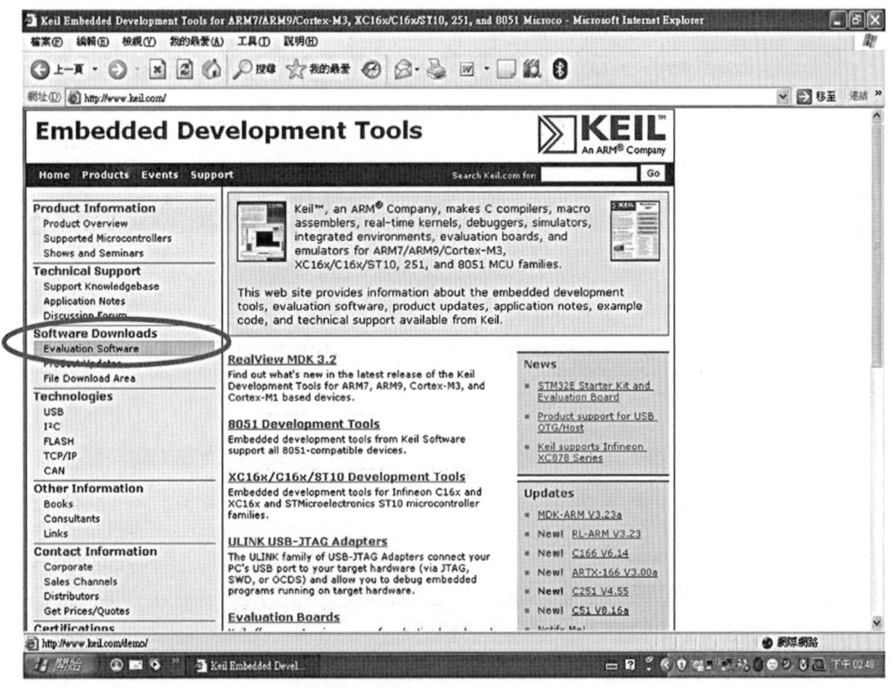

圖 3-2　KEIL 官方網站網頁

步驟 2：點選 Evaluation Software 網頁左上方“C51”鈕。如圖 3-3 所示。

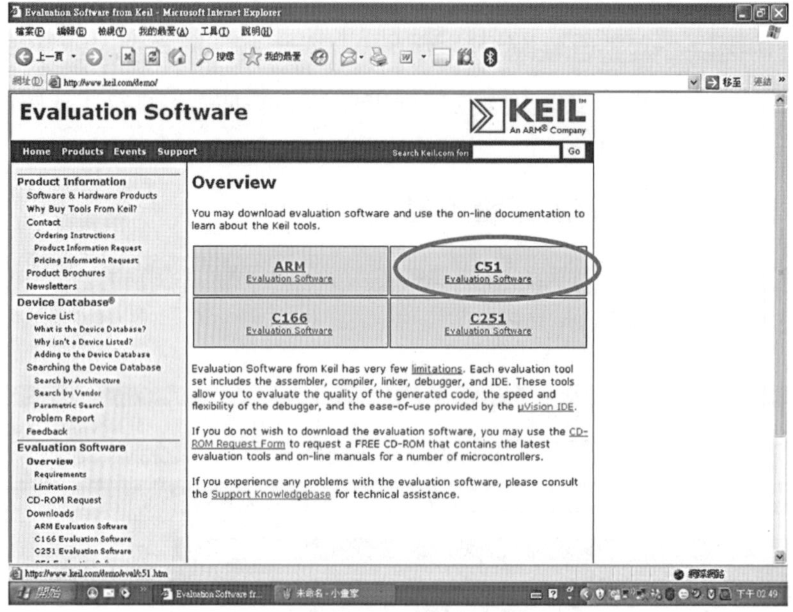

圖 3-3　Evaluation Software 網頁

步驟 3：進入 C51 Evaluation Software 網頁後要求輸入使用者資料，加黑標示欄位必填。如圖 3-4 所示。

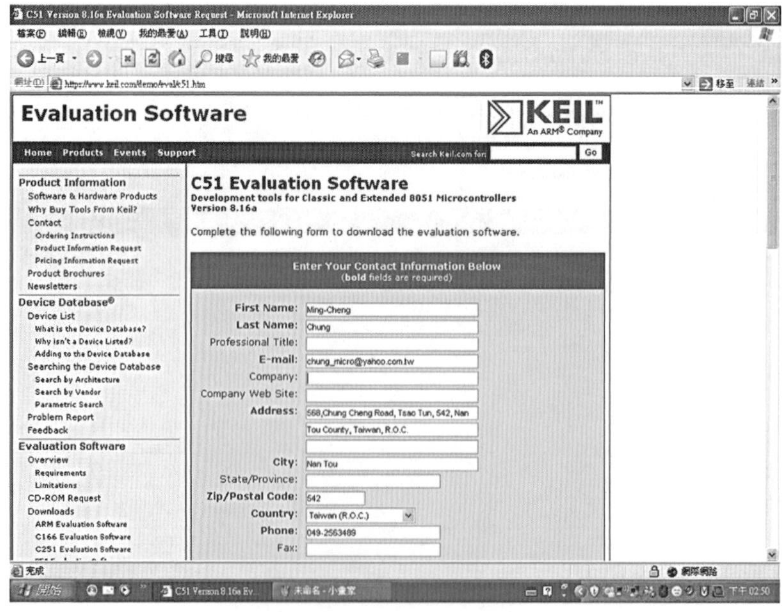

圖 3-4　使用者資料表

步驟 4：填寫使用者資料後下拉視窗點選“Submit”鈕送出。如圖 3-5 所示。

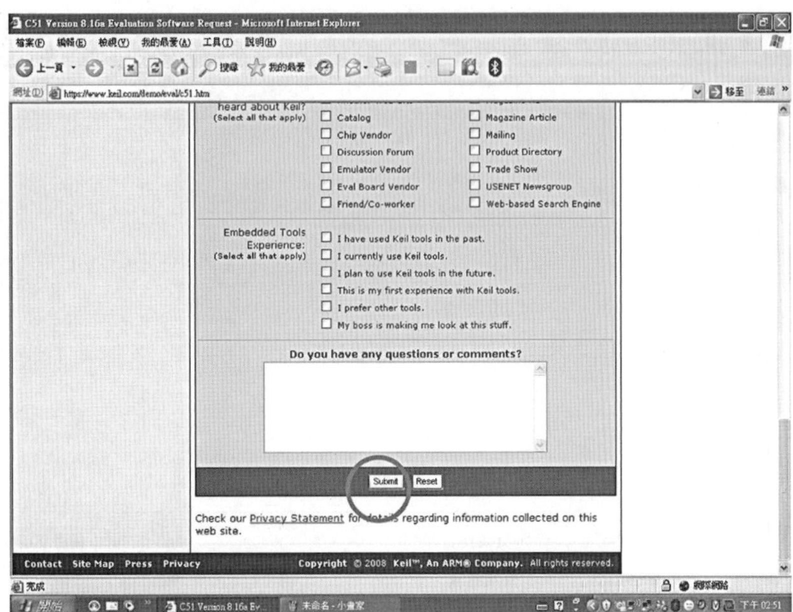

圖 3-5　點選“Submit”鈕送出使用者資料

步驟 5：點選網頁中間“C51V816A.EXE”開始下載檔案，“C51V816A.EXE”檔案名稱並非固定會隨時更新而更改。如圖 3-6 所示。

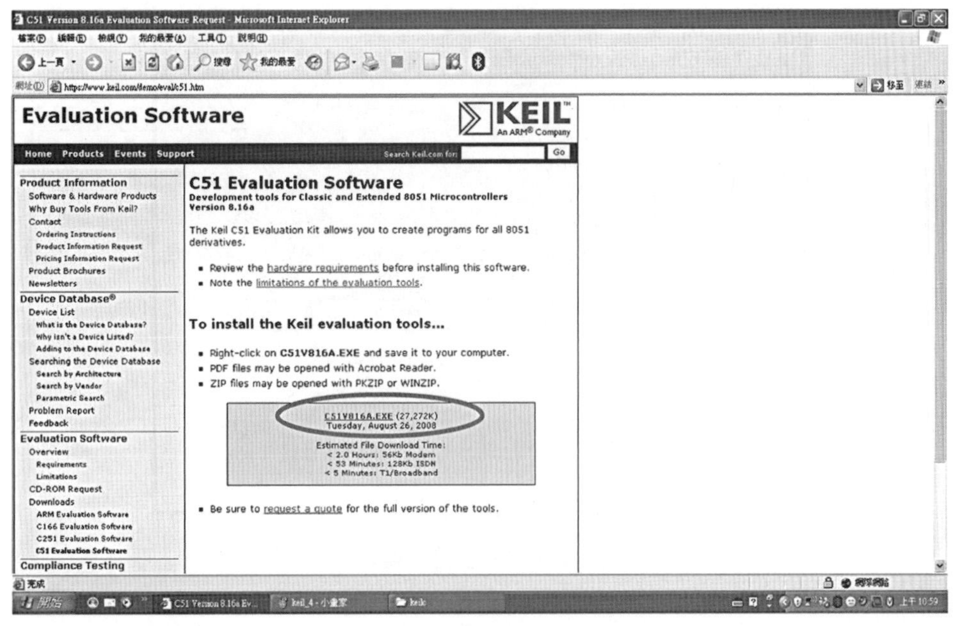

圖 3-6　點選軟體程式

步驟 6： 儲存程式畫面如圖 3-7 所示。到此軟體下載已告一段落。

圖 3-7　儲存程式畫面

3-2-2　KEIL μVision3 軟體安裝

步驟 1： 執行 c51v816a.exe 檔案出現圖 3-8 畫面，點選“執行(R)”鈕。

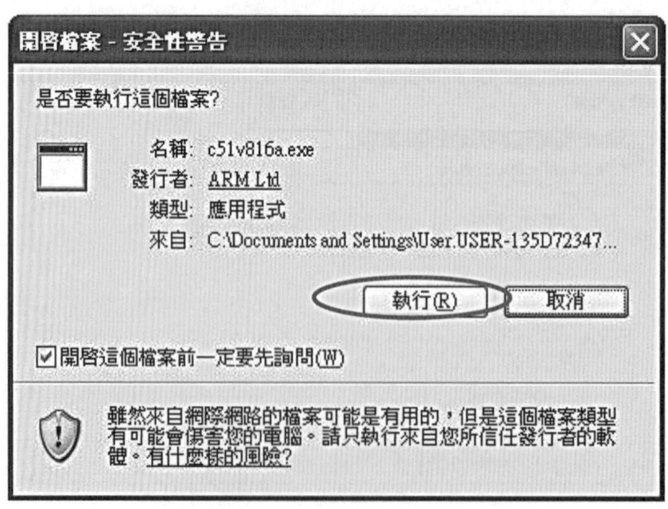

圖 3-8　開啓檔案畫面

步驟 2：點選圖 3-9 之"Next>>"鈕。

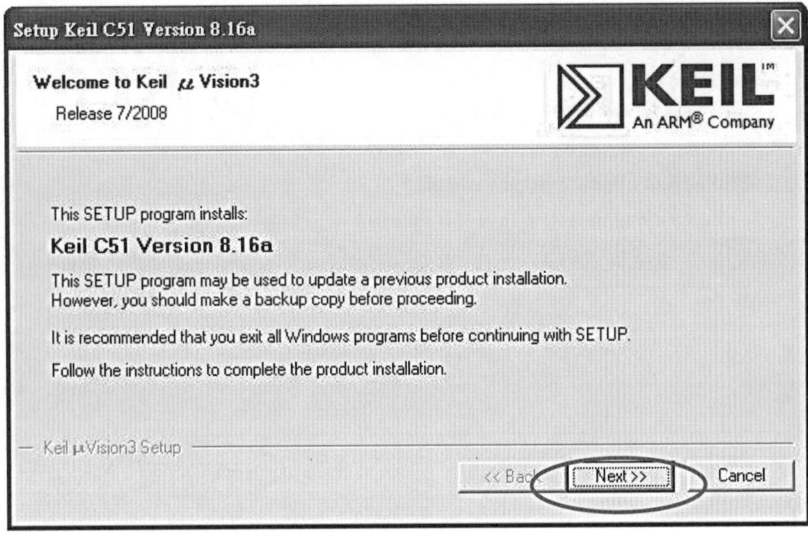

圖 3-9

步驟 3：先點選左側同意再點選"Next>>"鈕。如圖 3-10。

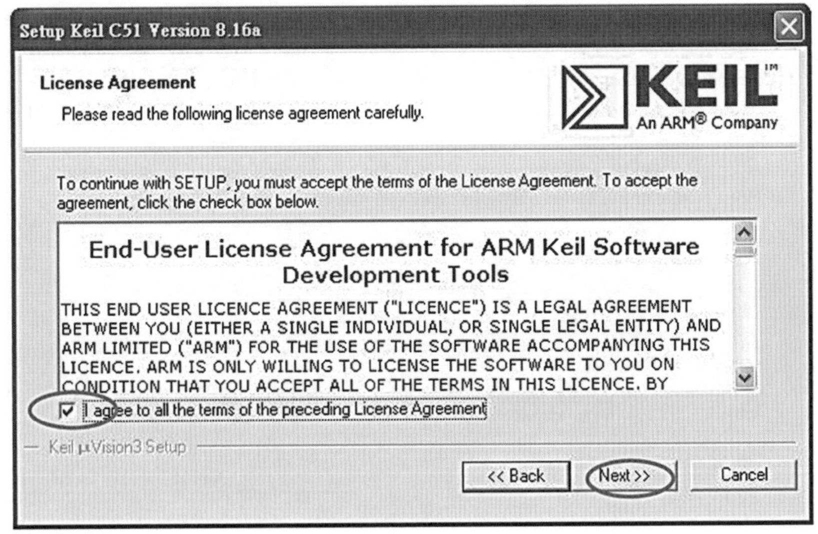

圖 3-10

步驟 4：指定安裝路徑。圖 3-11 爲預設路徑。

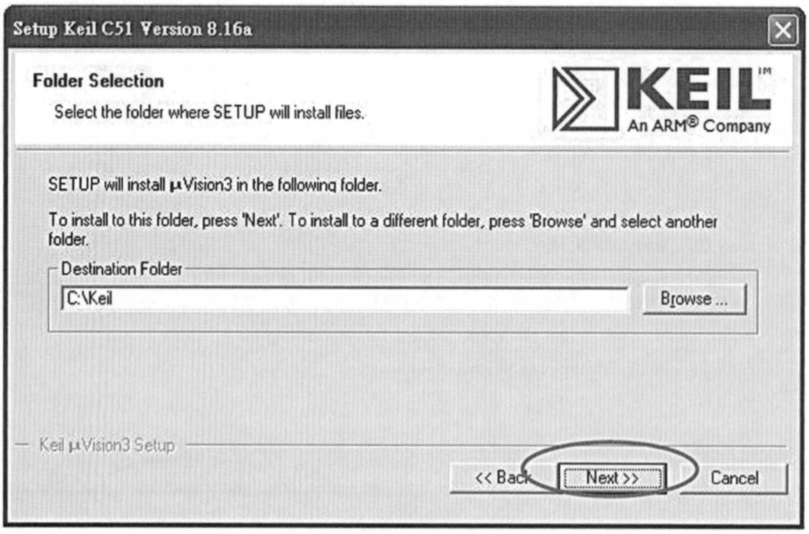

圖 3-11

步驟 5：輸入使用者資料。如圖 3-12 所示。

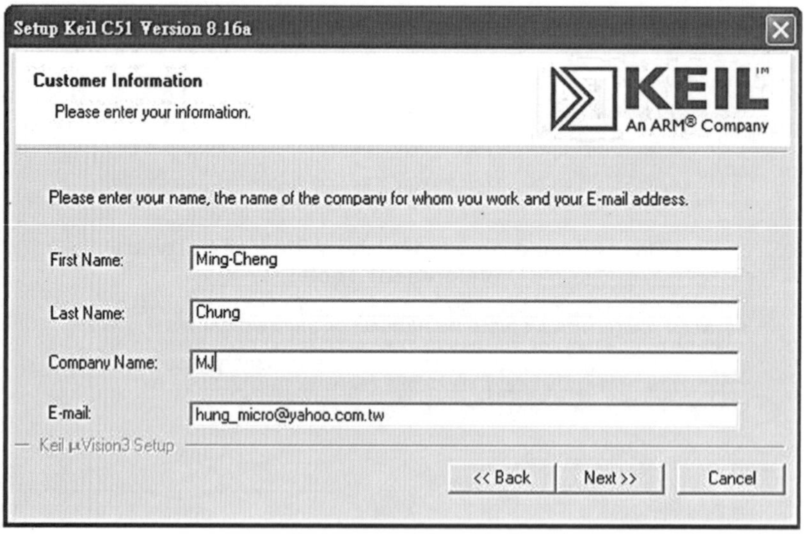

圖 3-12

步驟 6：軟體安裝中畫面如圖 3-13。

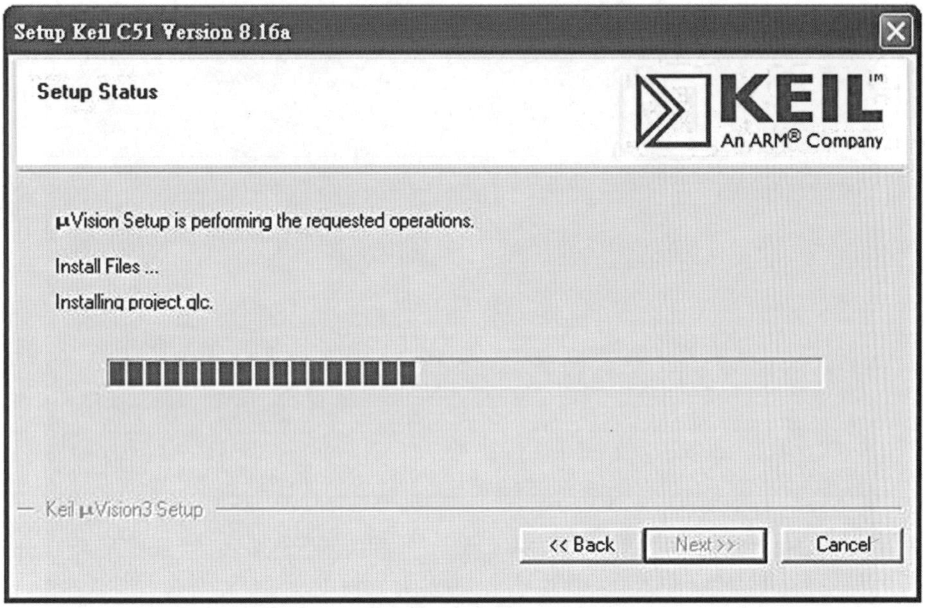

Setup Keil C51 Version 8.16a

Setup Status

KEIL™ An ARM® Company

µVision Setup is performing the requested operations.

Install Files ...

Installing project.qlc.

Keil µVision3 Setup

<< Back　Next >>　Cancel

圖 3-13

步驟 7：安裝完成如圖 3-14 所示，按“Finish”鈕。

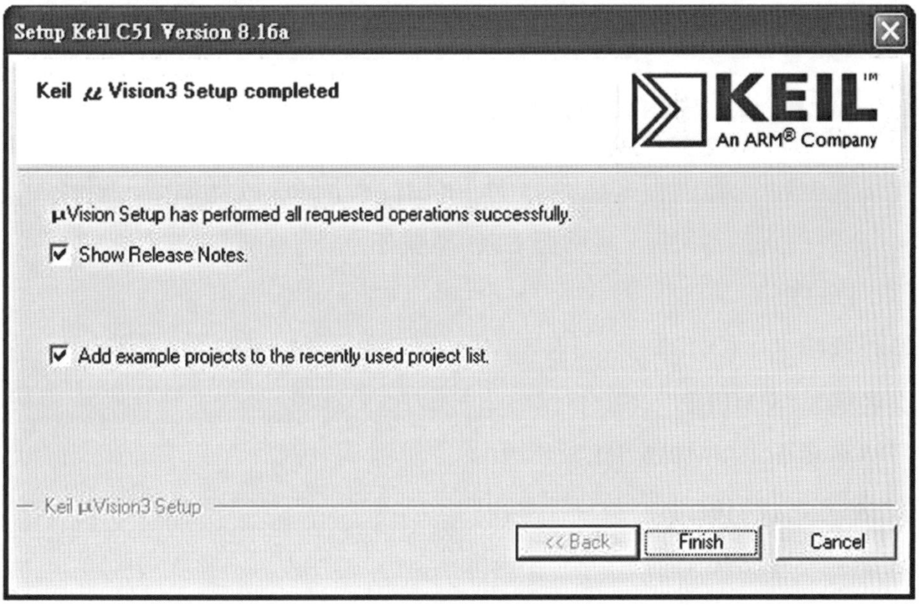

Setup Keil C51 Version 8.16a

Keil µVision3 Setup completed

KEIL™ An ARM® Company

µVision Setup has performed all requested operations successfully.

☑ Show Release Notes.

☑ Add example projects to the recently used project list.

Keil µVision3 Setup

<< Back　Finish　Cancel

圖 3-14

步驟 8：安裝完成桌面顯示如圖 3-15 所示。

圖 3-15

3-3 KEIL μVision3 軟體操作

在此以圖 3-16 之範例程式爲例，介紹 KEIL μVision3 軟體編輯、組譯與連結的操作步驟，有關程式儲存路徑、名稱與 CPU 型號如下：

1. 路徑：D:\TEST
2. 原始程式檔名：EX1.C
3. 專案名稱："SIMPLE"
4. 執行檔案名稱：SIMPLE.HEX
5. CPU 廠家：ATMEL
6. CPU 型號：AT89C51

```
sfr P1=0x90;
void delay(void);
main()
{
while(1)
        {
        P1--;
        delay();
        }
}
void delay(   void)
{
unsigned   int   i;
for (i=0;i<10000;i++);
}
```

圖 3-16　範例程式

3-3-1　專案建立

在此章節將導引介紹專案的建立，在步驟 1 到步驟 6 完成下列事項：

1. 建立一個專案，專案名稱為“SIMPLE”。
2. 使用“ATMEL”公司編號“AT89C51”之晶片。

步驟 1：點選圖 3-15 畫面的 KEIL µVision3，開啓 KEIL µVision3 視窗畫面如圖 3-17 所示。點選 Project\New µVision Project 進入新專案名稱視窗。

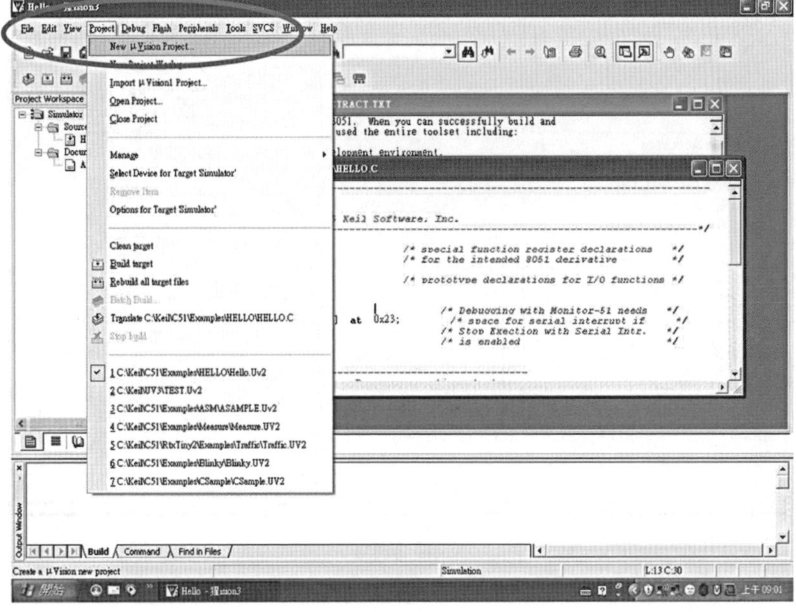

圖 3-17

步驟 2：圖 3-18 輸入新專案名稱“SIMPLE”點選“儲存”鈕。

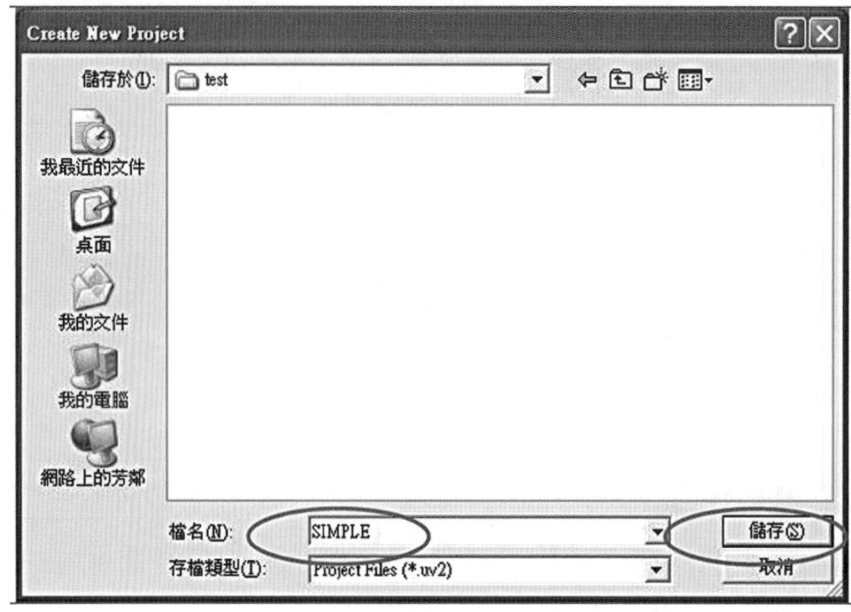

圖 3-18

步驟 3：點選新專案 CPU 廠商名稱爲“ATMEL”後展開如圖 3-20 視窗。

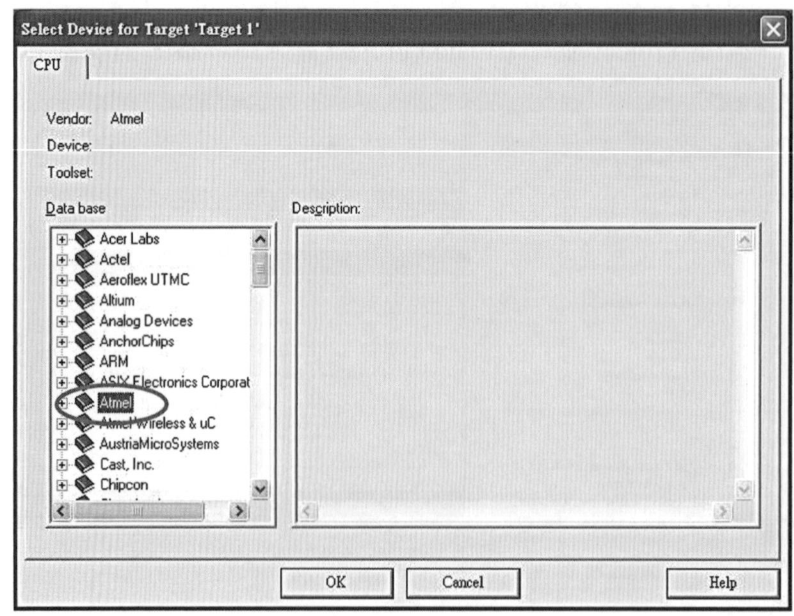

圖 3-19

步驟 4： 點選新專案 CPU 編號爲“AT89C51”後按“OK”鈕。

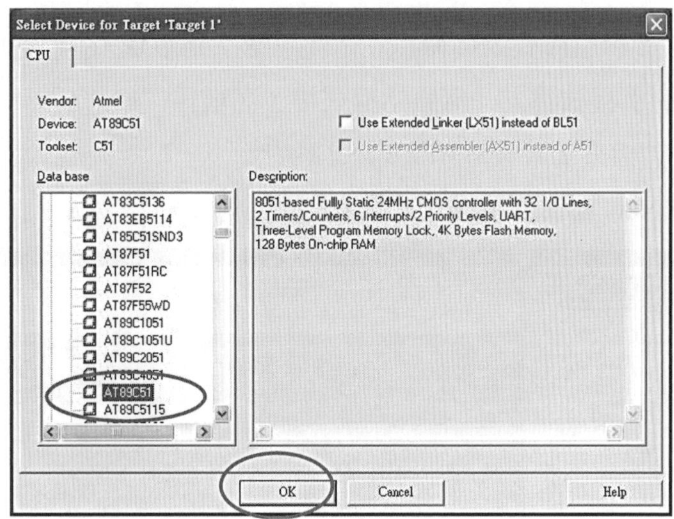

圖 3-20

步驟 5： 點選圖 3-21 之“否(N)”鈕。

圖 3-21

步驟 6： 專案名稱“SIMPLE”出現在圖 3-22 左上方。

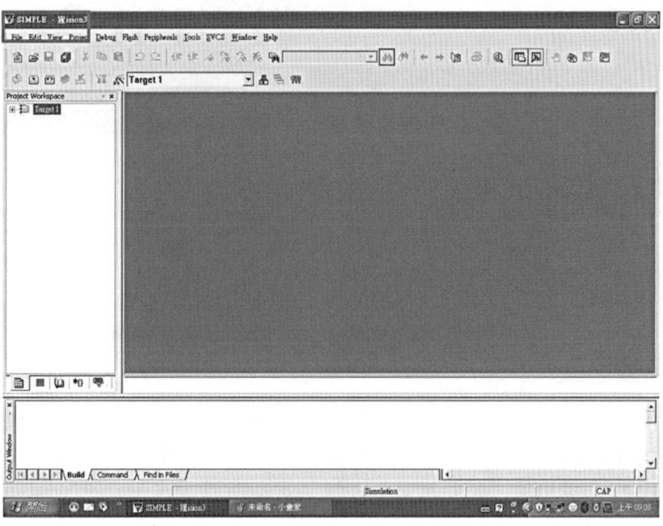

圖 3-22

3-3-2 程式編輯

在此章節中主要導引程式的編輯建立，在步驟 7 到步驟 16 完成下列事項：

1. 依據圖 3-16 範例程式建立一個原始程式檔，名稱為“EX1.C”。
2. 介紹將“EX1.C”檔案加入“SIMPLE”專案中。

步驟 7：點選 File\New 編輯原始程式。

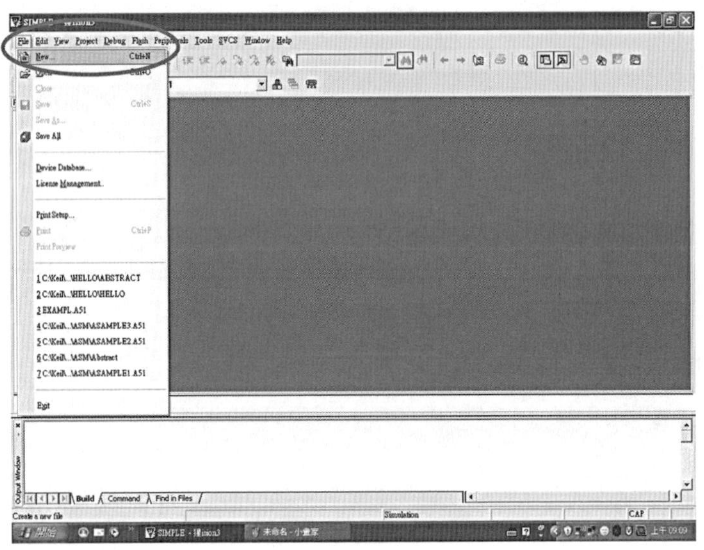

圖 3-23

步驟 8：參考第二章指令格式在編輯視窗輸入指令。

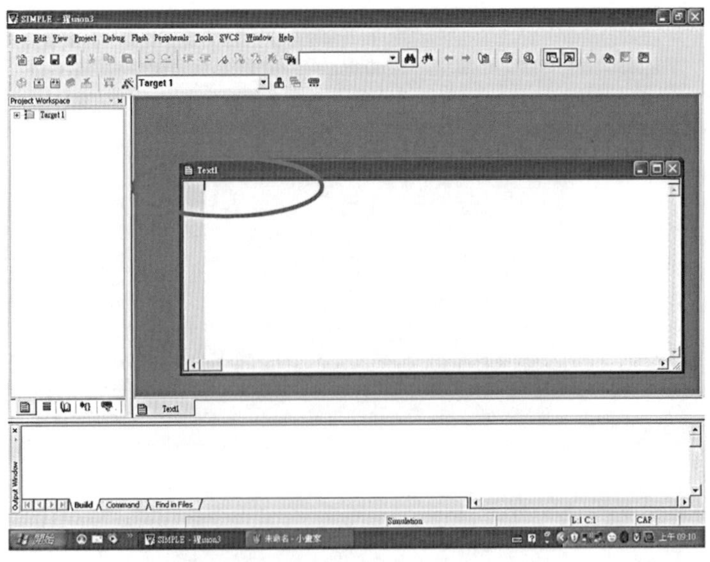

圖 3-24

步驟 9：將圖 3-16 之範例程式輸入到編輯視窗。

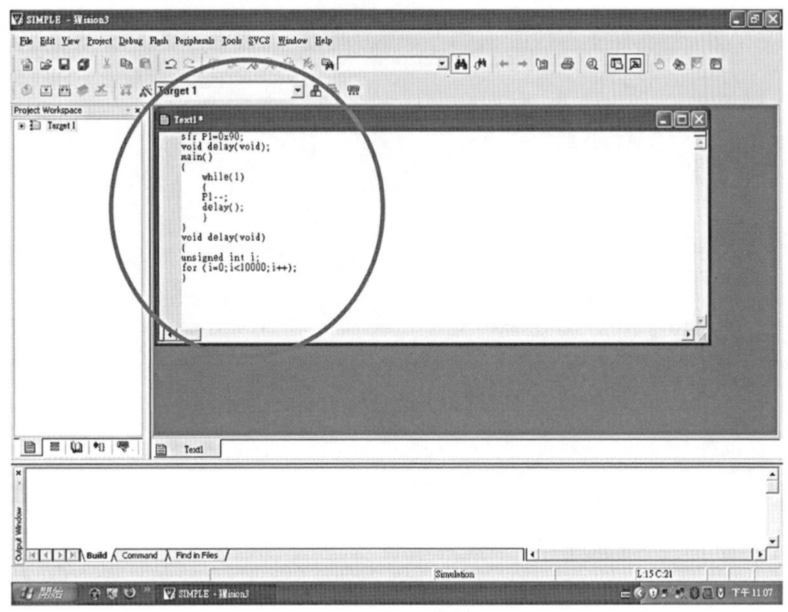

圖 3-25

步驟 10：File\Save As... 儲存原始程式檔案。

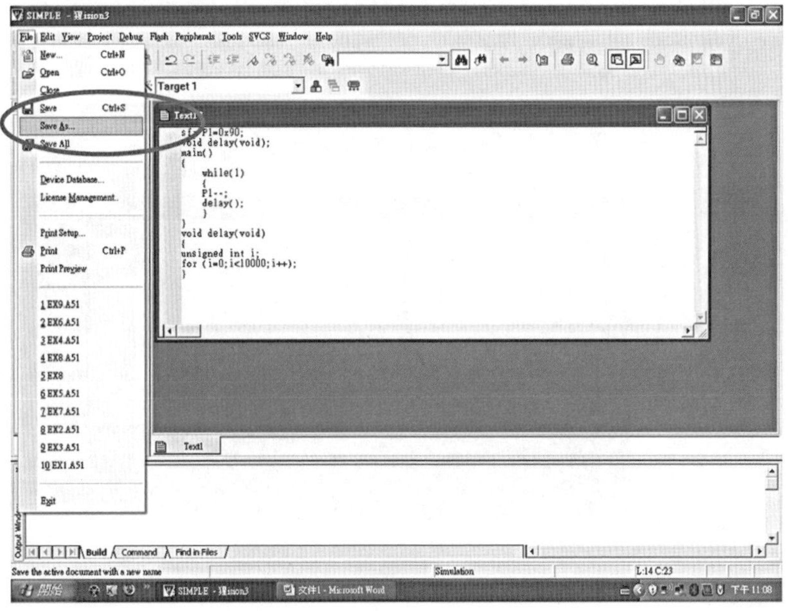

圖 3-26

步驟 11：原始程式檔名爲“EX1.C”。

圖 3-27

步驟 12：與圖 3-25 相對比較，圖 3-25 爲編輯一般文字呈現方式，圖 3-28 爲 C 語言程式(檔名爲 EX1.C)。標示指令行號外，保留字自動以黑色加粗標示外、數字部份則會用紫色標示。

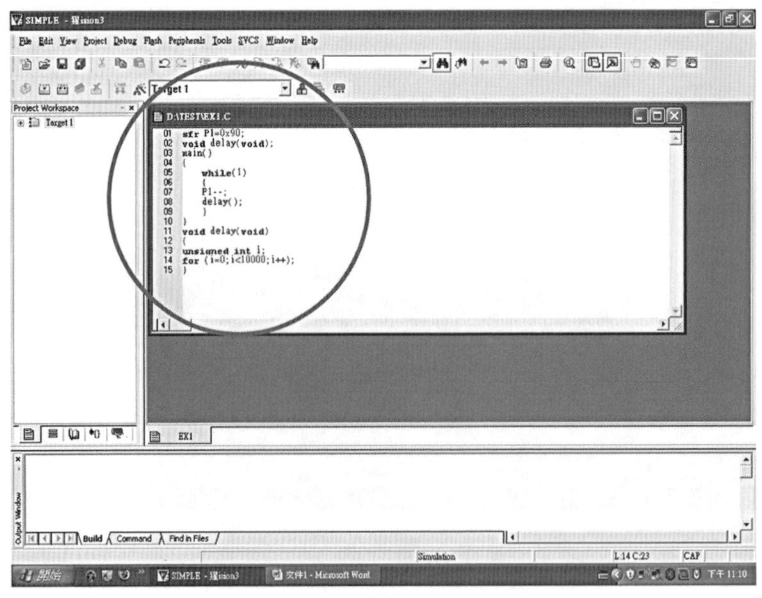

圖 3-28

步驟 13： 檢視 D:\TEST 資料夾下存在“EX1.C”檔案。

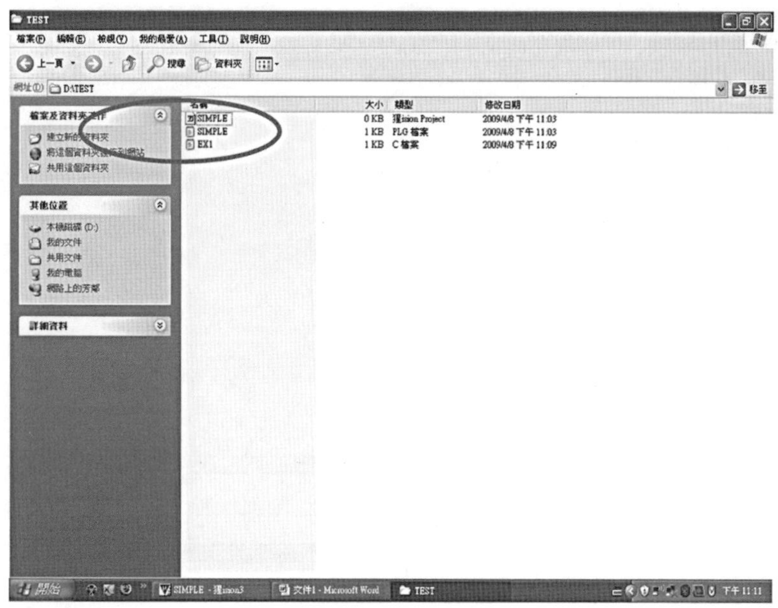

圖 3-29

步驟 14： 在“Source Group1”處點選滑鼠右鍵，開啓下拉視窗。在下拉視窗“Add Files to …”按左鍵兩次開啓圖 3-31 視窗畫面。

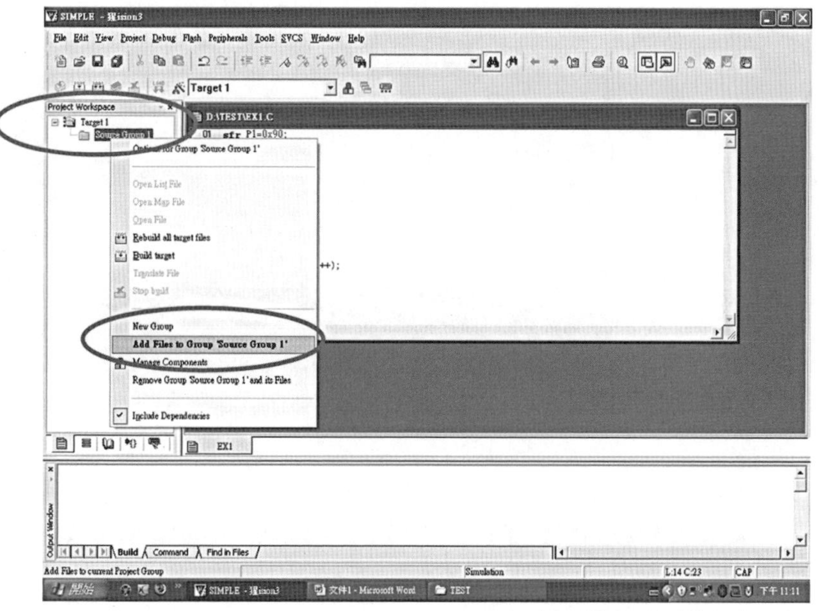

圖 3-30

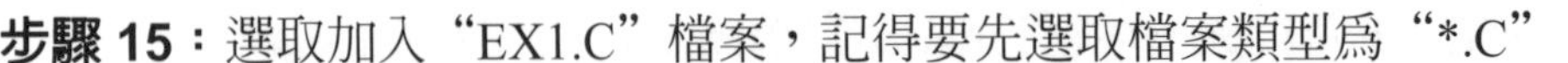

步驟 15：選取加入“EX1.C”檔案，記得要先選取檔案類型爲“*.C”。

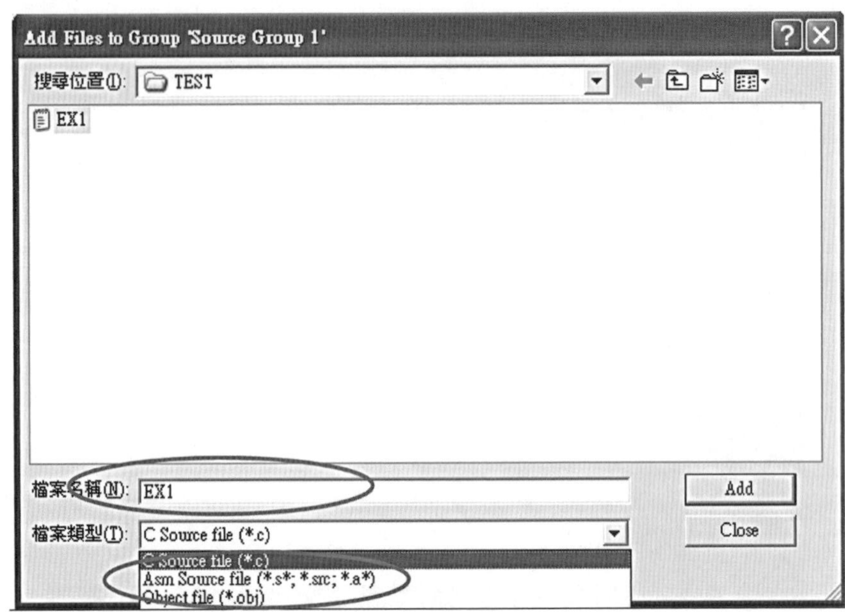

圖 3-31

步驟 16：加入“EX1.C”檔案後，在 Project Workspace 標示情形。

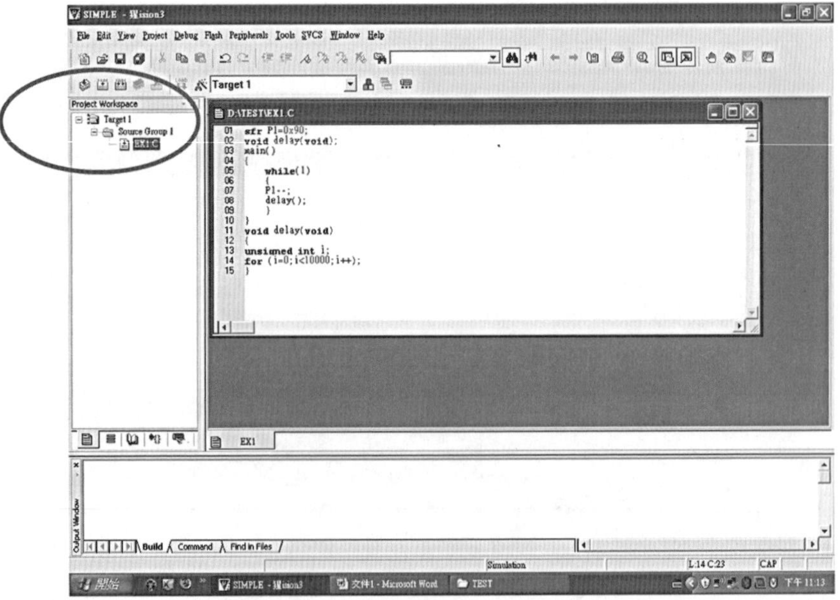

圖 3-32

3-3-3　程式組譯連結

在此章節中主要導引程式的組譯連結，在步驟 17 到步驟 23 完成下列事項：

1. 設定模擬時振盪頻率爲 12MHz。
2. 組譯連結後產生“SIMPLE.HEX”檔案。

步驟 17：檢視參數設定情形。

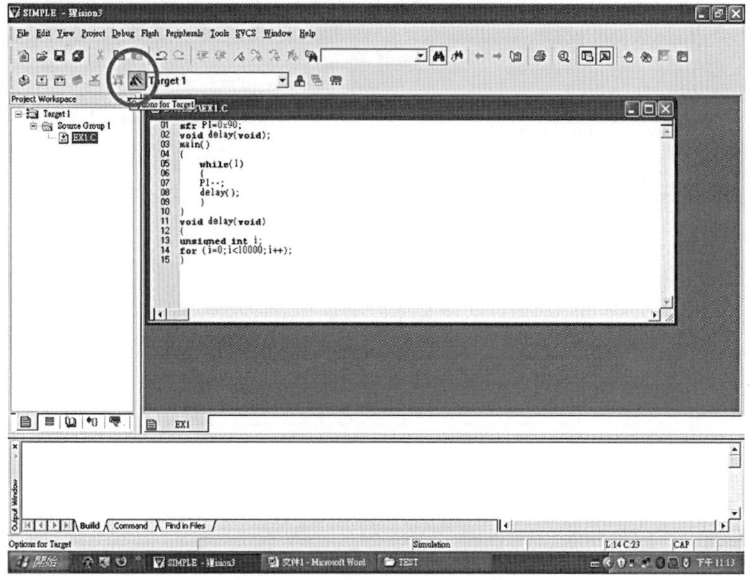

圖 3-33

步驟 18：檢視“Target”選項中振盪頻率參數爲 12MHz。

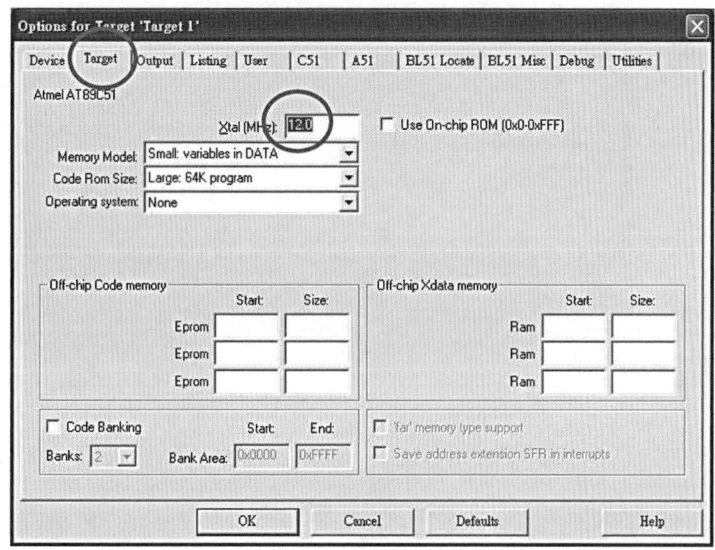

圖 3-34

步驟 19：檢視"Output"選項中勾選"Create HEX File"。

圖 3-35

步驟 20：點選圖 3-36 之"Rebuild all target files"鈕進行組譯連結。

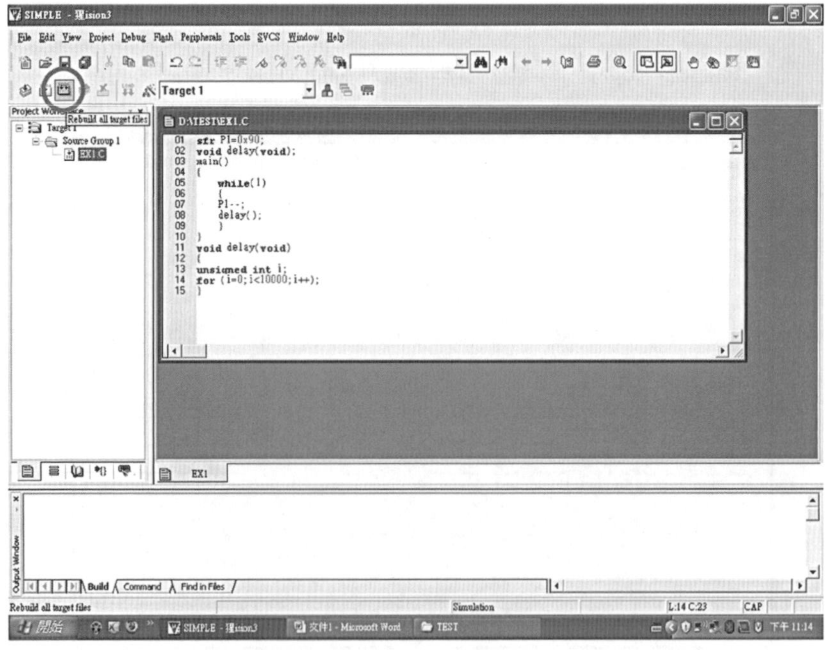

圖 3-36

步驟 21：組譯連結顯示"0 Error(s) 0 Warning(s)"表示成功，並產生"SIMPLE.HEX"檔案。

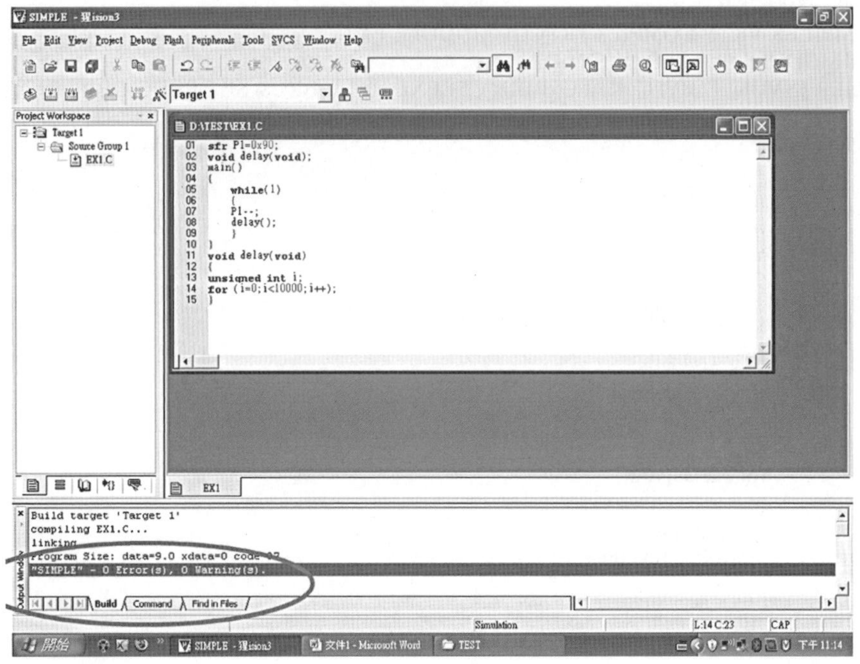

圖 3-37

步驟 22：檢視 D:\TEST 資料夾下存在"EX1.LST"與"SIMPLE.HEX"等檔案。

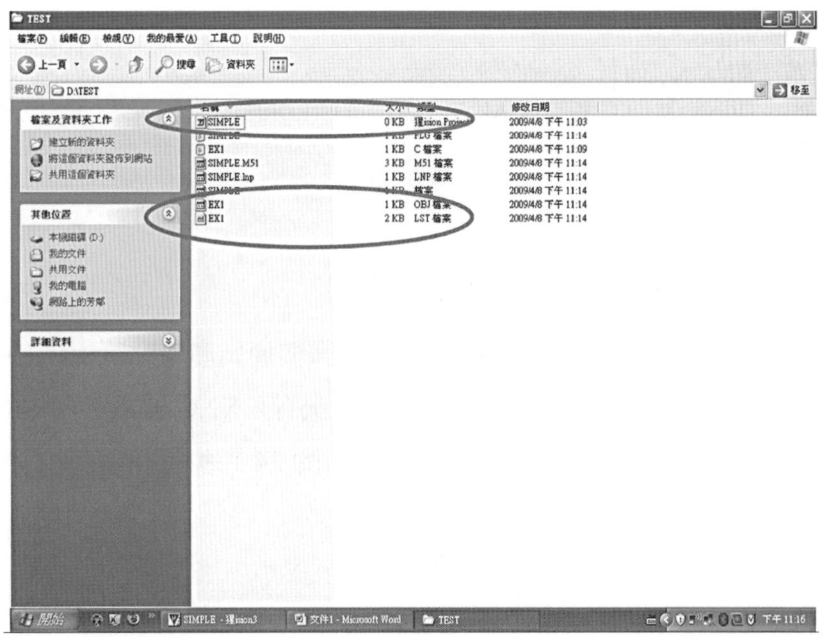

圖 3-38

步驟 23：列表參考檔“EX1.LST”內容如圖 3-39 所示。

```
C51 COMPILER V8.16      EX1
04/08/2009 23:14:25 PAGE 1
C51 COMPILER V8.16, COMPILATION OF MODULE EX1
OBJECT MODULE PLACED IN EX1.OBJ
COMPILER INVOKED BY: C:\Keil\C51\BIN\C51.EXE EX1.C BROWSE DEBUG OBJECTEXTEND

line level    source

   1          sfr P1=0x90;
   2          void delay(void);
   3          main()
   4          {
   5    1             while(1)
   6    1             {
   7    2             P1--;
   8    2             delay();
   9    2             }
  10    1     }
  11          void delay(void)
  12          {
  13    1     unsigned int i;
  14    1     for (i=0;i<10000;i++);
  15    1     }

MODULE INFORMATION:   STATIC OVERLAYABLE
   CODE SIZE        =     22    ----
   CONSTANT SIZE=         ----  ----
   XDATA SIZE       =     ----  ----
   PDATA SIZE       =     ----  ----
   DATA SIZE        =     ----  ----
   IDATA SIZE       =     ----  ----
   BIT SIZE         =     ----  ----
END OF MODULE INFORMATION.
C51 COMPILATION COMPLETE.  0 WARNING(S),  0 ERROR(S)
```

圖 3-39

3-3-4 編輯既有程式

從步驟 1 到步驟 23 已完整介紹程式編輯，組譯與連結產生執行檔(*.HEX)之過程，緊接著介紹使用既有程式 EX1.C 修改部份內容後另存 EX2.C 檔案，在“SIMPLE”專案下移除“EX1.C”檔案改成“EX2.C”檔案。在步驟 24 到步驟 30 完成下列事項：

1. 增加“EX2.C”檔案。
2. 組譯連結後產生“SIMPLE.HEX”檔案。

“EX1.C”與“EX2.C”檔案兩者差異處如表 3-1 所示。

表 3-1

EX1.C		EX2.C	
13	unsigned int i;	13	unsigned char i,j;
14	for (i=0;i<10000;i++);	14	for (i=0;i<100;i++)
		15	for (j=0;j<100;j++);

步驟 24：練習將既有程式“EX1.C”修改圖中行號 13~15 總共三行程式並另存“EX2.C”檔案。

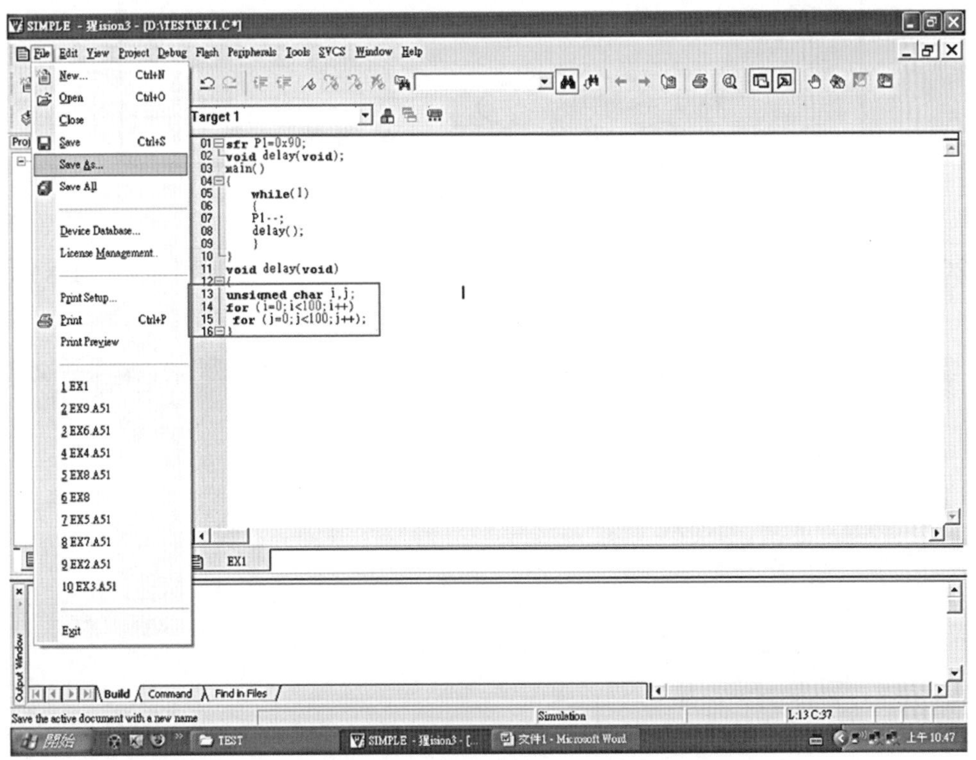

圖 3-40

步驟 25：將圖 3-40 修改後的程式存入“EX2.C”檔案。

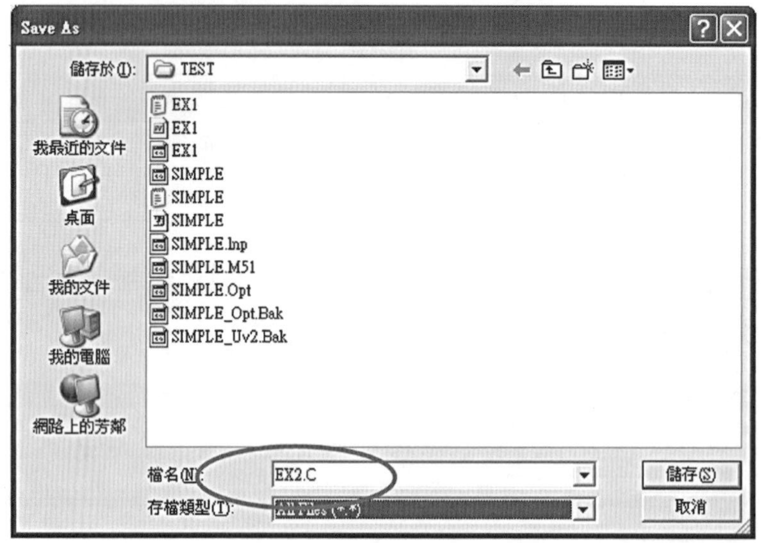

圖 3-41

步驟 26：練習將“SIMPLE”專案內的“EX1.C”程式移除。移動滑鼠到“EX1.C”處按滑鼠右鍵開啟下拉視窗，選擇“Remove File EX1.C”。

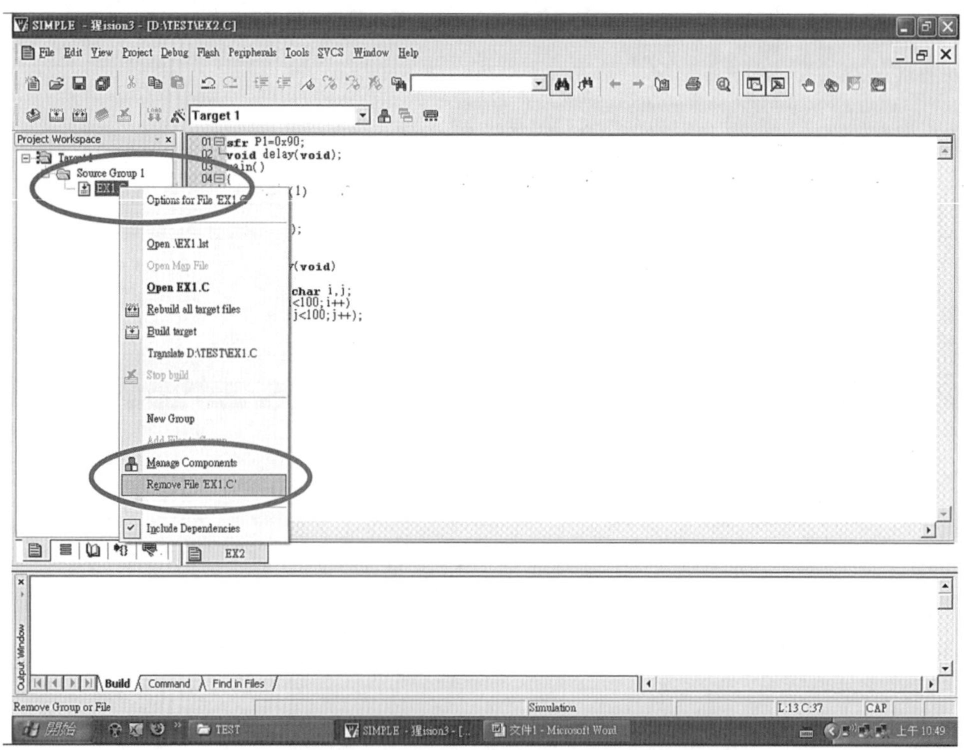

圖 3-42

步驟 27：點選圖 3-43 之"是(Y)"鈕以確認要移除檔案。

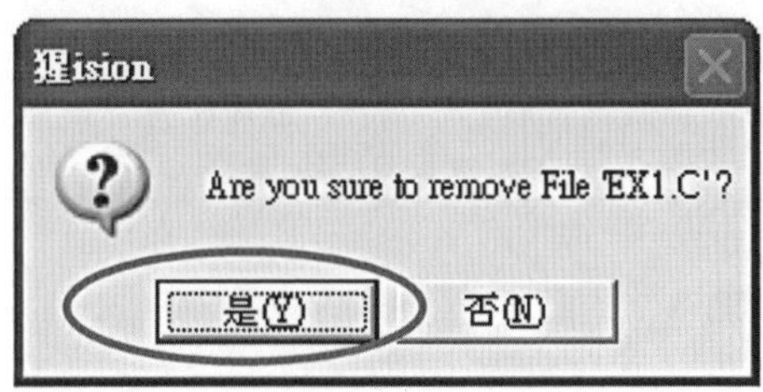

圖 3-43

步驟 28：將"EX2.C"檔案加入到"SIMPLE"專案內(參考圖 3-30 與圖 3-31)。

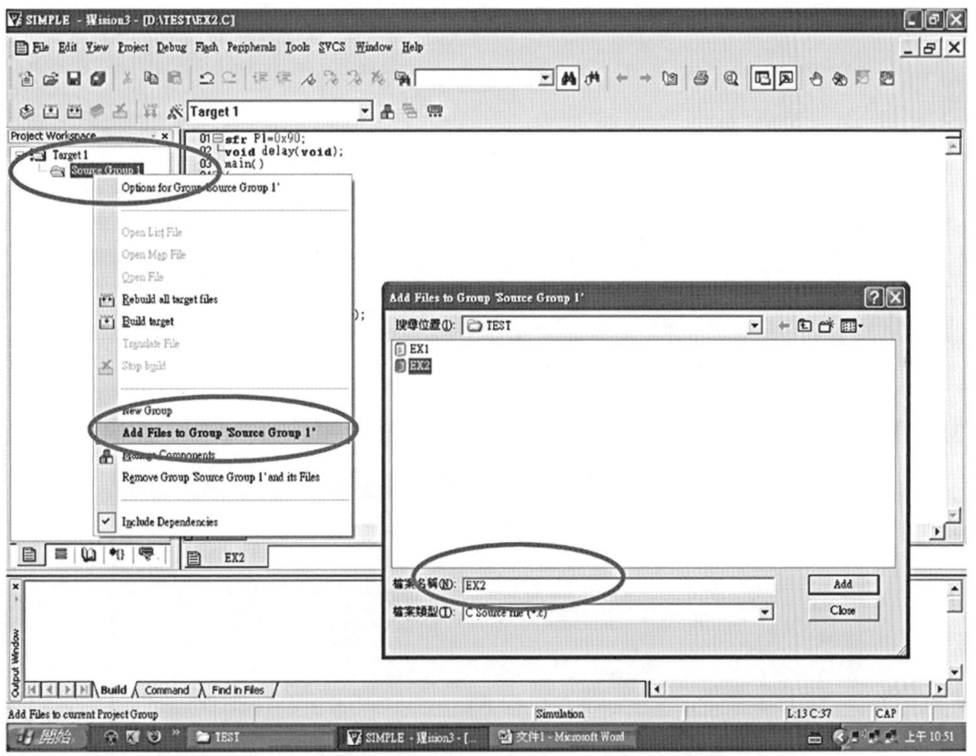

圖 3-44

步驟 29：執行組譯連結(參考圖 3-36)。

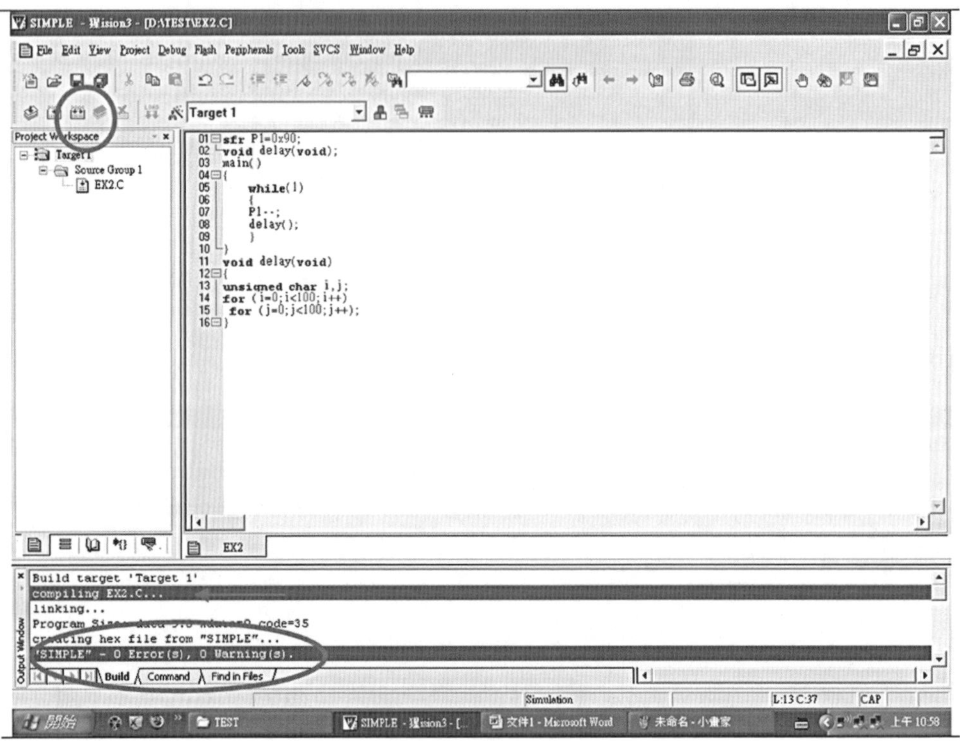

圖 3-45

步驟 30：檢視 D:\TEST 路徑，產生“EX2.*”相關檔案，但只有產生“SIMPLE.HEX”。

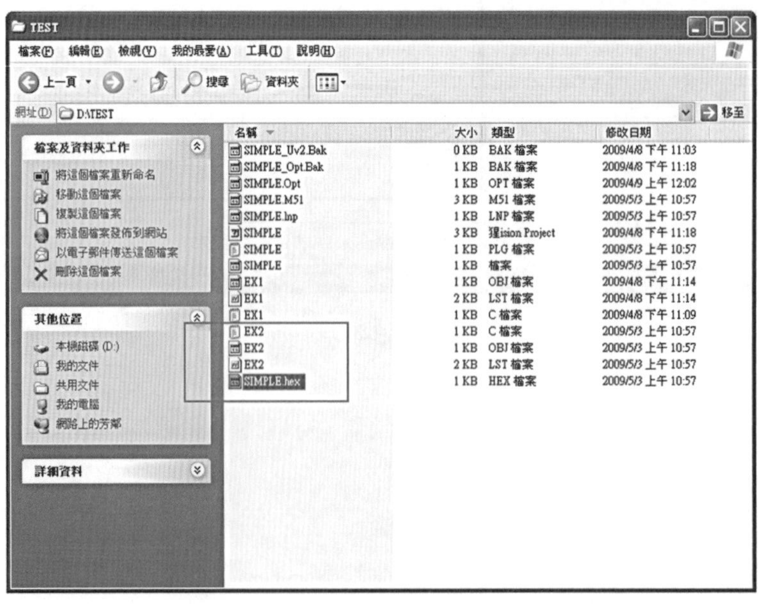

圖 3-46

3-3-5 程式語法錯誤訊息

在此章節中主要導引介紹語法錯誤之訊息，使用 3-3-4 修改既有程式之技巧，將 EX2.C 修改部份內容後另存 EX3.C 檔案，在“SIMPLE”專案下移除“EX2.C”檔案改成“EX3.C”檔案。在步驟 24 到步驟 30 完成下列事項：

1. 增加“EX3.C”檔案。
2. 組譯連結後產生“SIMPLE.HEX”檔案。

“EX1.C”與“EX2.C”檔案兩者差異處如表 3-2 所示。

表 3-2

EX2.C	EX3.C
7　　　　　P1--;	7　　　　　p1--;

第一行程式“sfr P1=0x90;”宣告埠 1(Port 1)使用大寫 P1 表示，EX2.C 刻意將大寫“P1”誤打成小寫的“p1”，組譯連結後顯示“EX3.C(7):error C202:’p1’:undefined identifier”表示在 EX3.C 檔案中第 7 行程式錯誤，在錯誤訊息處點選，則在編輯視窗行號 9 處會有箭頭標示(參考圖 3-47)。

步驟 31：語法錯誤訊息。

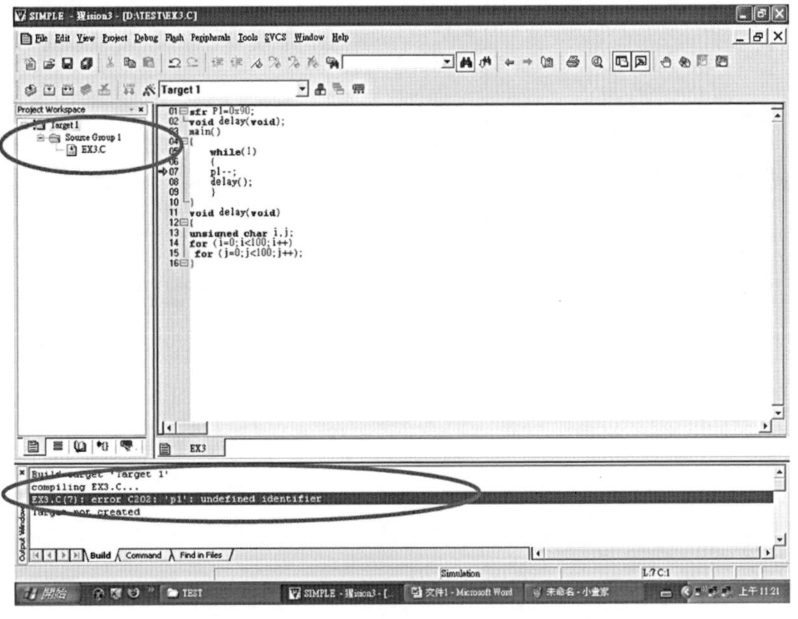

圖 3-47

3-3-6 產生另一個 HEX 檔

在此章節中主要導引介紹建立另外一個專案，使用既有程式 EX2.C 檔案，組譯連結後產生新的 HEX 檔。在步驟 32 到步驟 34 完成下列事項：

1. 新增"EASY"專案。
2. 組譯連結後產生"EASY.HEX"檔案。

產生"EASY.HEX"檔案與步驟 29(圖 3-45)產生"SIMPLE.HEX"檔案，內容一樣只是檔案名稱不同。

步驟 32：Project\New μVision Project 增加一個新專案，專案名稱爲"EASY"。

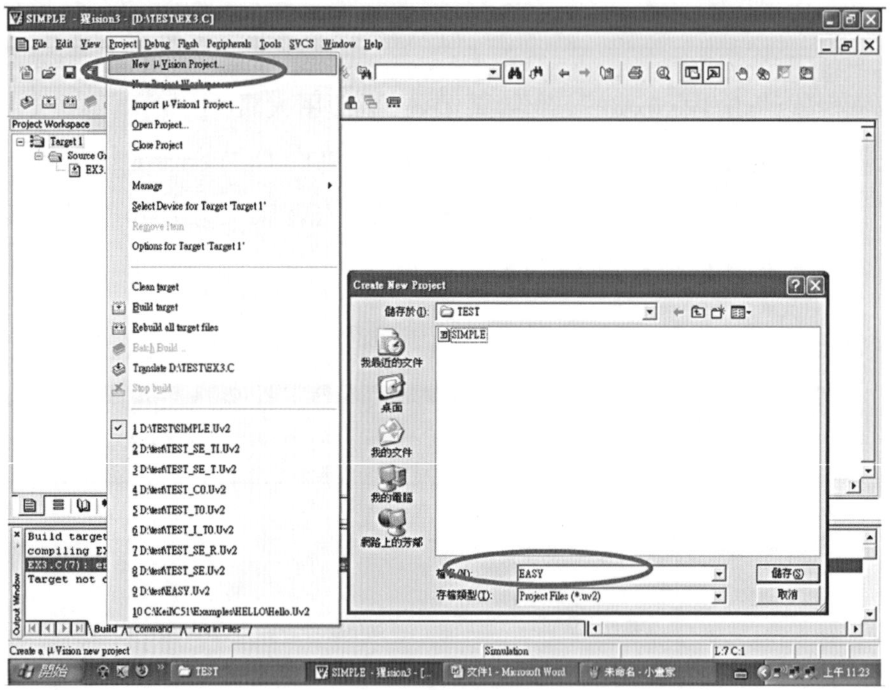

圖 3-48

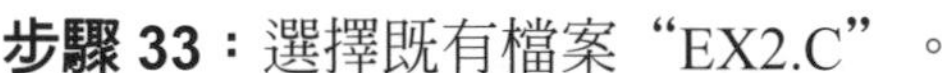

步驟 33： 選擇既有檔案“EX2.C”。

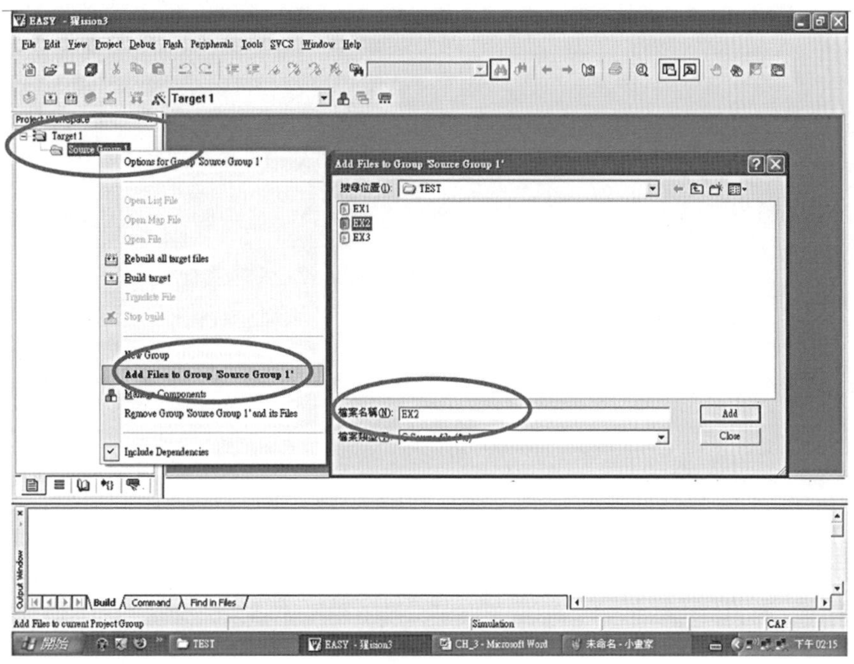

圖 3-49

步驟 34： 組譯連結後產生“EASY.HEX”。

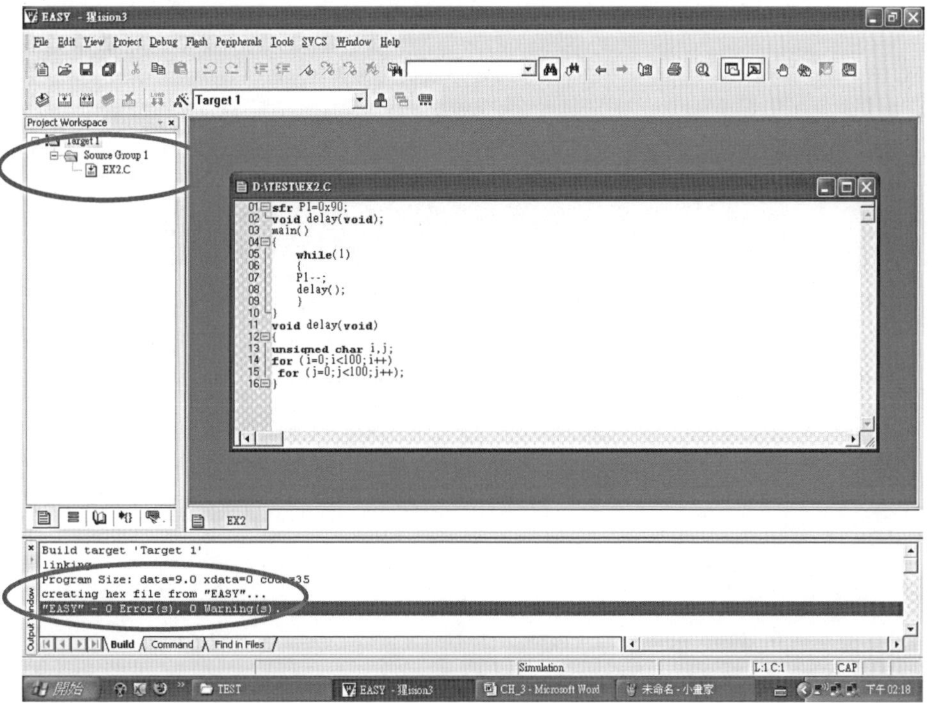

圖 3-50

chapter 4

MCS-51/52 功能簡介

4-1 MCS-51/52 輸入/輸出埠

MCS-51/52 的四個埠具備輸入/輸出功能，每一個埠的每一位元均有一個門鎖器、輸出驅動器及輸入緩衝器，每一個埠依其功能性質之差異，相對應之結構也有所不同。埠 0(P0)位元接腳內部架構示意圖如圖 4-1 所示，使用 D 型正反器當門鎖器。

CPU 執行埠輸出相關指令如“P0=i;”，輸出資料透過內部匯流排送出，並且送出一個寫入門鎖脈波信號到 D 正反器的時脈(CL)端，將內部匯流排的資料安置在 D 正反器的 Q 端。由於埠 0 具備一般輸入/輸出功能外，並能提供低 8 位元資料匯流排(D_7~D_0)/位址匯流排(A_7~A_0)信號線，當作一般輸入/輸出使用時，控制信號送出“0”，促使編號 Q_1 的 FET 關閉而編號 Q_2 的 FET 閘極則連接到 $\overline{Q}$。當內部匯流排送出“0”(Q =“0”、$\overline{Q}$ =“1”)、編號 Q_2 的 FET 導通呈現開汲極，使得 P0.X 的位元接腳為低電位“0”。同理，送出“1”(Q =“1”、$\overline{Q}$ =“0”)，編號 Q_2 的 FET 關閉使得 P0.X 的位元腳浮接，因此設計電路時，埠 0 規劃為輸入/輸出使用時，必須外接提昇電阻 (4.7 ~ 10 kΩ)。

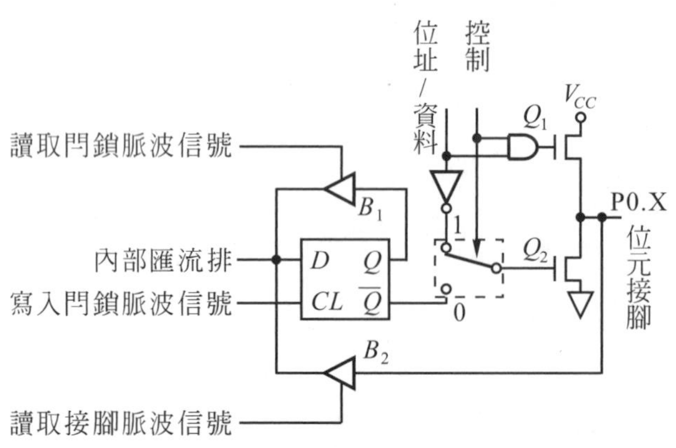

圖 4-1　埠 0(P0)位元接腳內部架構示意圖

CPU 執行埠輸入等相關指令時，如“i=P0;”，必須先送出高電位“1”，經由內部匯流排送出，配合寫入門鎖脈波信號使得 D 正反器之 Q = “1”($\overline{Q}$ = “0”)，編號 Q_2 的 FET 關閉。若送出低電位“0” ($\overline{Q}$ = “1”)因此編號 Q_2 的 FET 導通，則 P0.X 位元接腳信號固定爲低電位，無法正確讀取位元接腳信號。當執行埠輸入相關指令時，CPU 送出讀取接腳脈波信號，P0.X 位元接腳信號經過編號 B_2 的緩衝閘進入內部匯流排。

CPU 執行讀取埠值狀態-修改-輸出等相關指令如“P0=~P0;”，此種指令直接讀取 D 正反器之 Q 腳信號，並非讀取位元接腳的信號。CPU 送出讀取門鎖脈波信號，D 正反器之 Q 腳信號經過編號 B_1 的緩衝閘，進入內部匯流排，經過 CPU 運算調整後，再經由內部匯流排送出，CPU 送出一個寫入門鎖脈波信號到 D 正反器的時脈(CL)端，將內部匯流排的資料安置在 D 正反器的 Q 端。

當埠 0 提供低 8 位元資料匯流排/位址匯流排功能時，控制信號送出“1”，Q_2 的 FET 其閘極經過多工器連接到位址/資料信號線，利用編號 Q_1 與 Q_2 的 FET 以分時多工方式送出 8 位元資料信號與 8 位元位址信號。

埠 1(P1)位元接腳內部架構示意圖如圖 4-2，埠 1 結構較簡單，埠 1(P1)輸出低電位信號“0”(Q = “0”、$\overline{Q}$ = “1”)時、編號 Q_2 的 FET 導通，因此 P1.X 爲低電位“0”。同理，若送出“1”(Q = “1”、$\overline{Q}$ = “0”)時，則編號 Q_2 的 FET 關閉，V_{CC} 經過提昇電阻使得 P1.X 爲高電位“1”。

埠 2(P2)位元接腳內部架構示意圖如圖 4-3，埠 3(P3)位元接腳內部架構示意圖如圖 4-4。由圖 4-1 到圖 4-4 得知唯有埠 0 沒有內部提昇電阻，若規劃埠 0 爲輸入/輸出時，切記！一定要加提昇電阻(通常使用 9 支腳的排阻)。

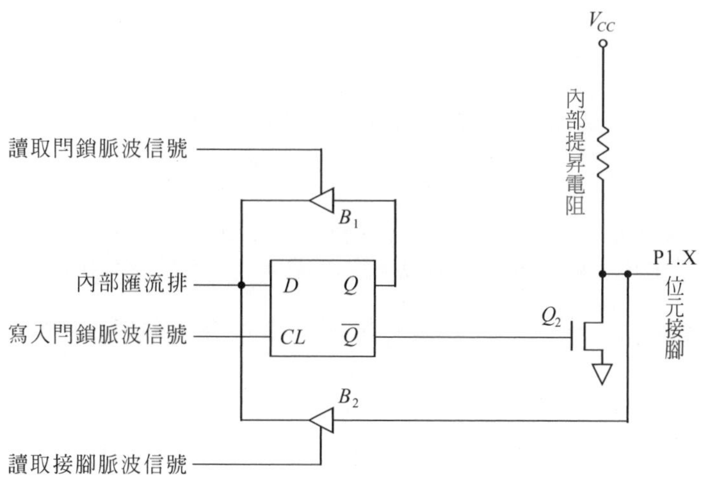

圖 4-2　埠 1(P1)位元接腳內部架構示意圖

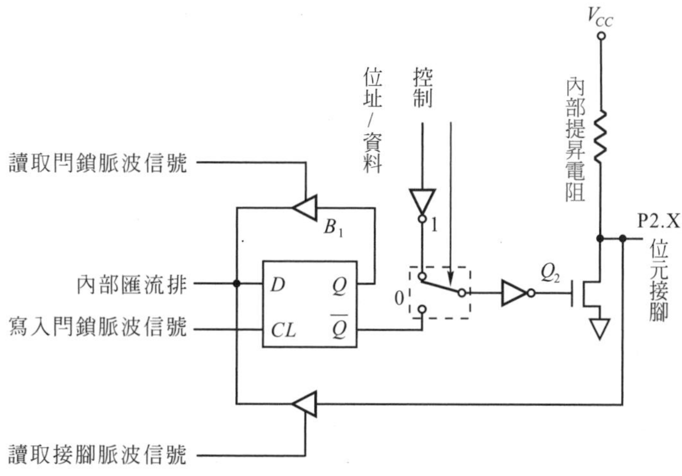

圖 4-3　埠 2(P2)位元接腳內部架構示意圖

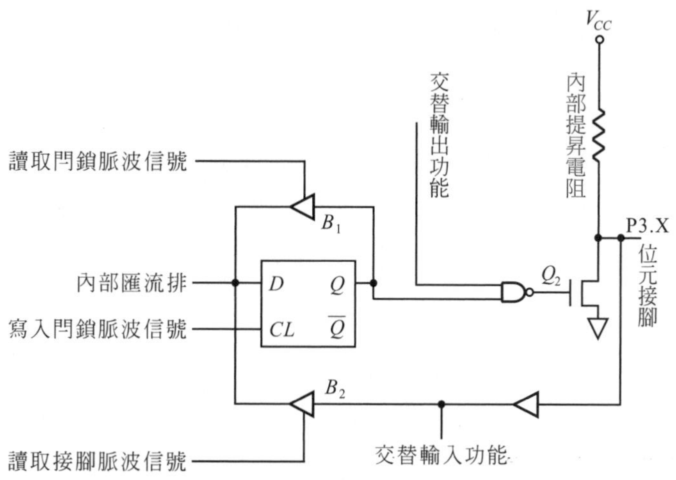

圖 4-4　埠 3(P3)位元接腳內部架構示意圖

4-1-1 埠腳輸入介面電路

當埠腳規劃爲輸入時，必須先將該位元接腳設定爲高電位，設定高電位後，圖 4-5(a)爲輸入位元的等效電路。圖 4-5(b)規劃爲低電位作動之按鍵電路，若按鍵則導通接地，位元接腳電位爲低電位，未按鍵則位元接腳電位爲高電位。圖 4-5(c)規劃爲高電位作動之按鍵電路，若按鍵則導通，電阻 R_1 端電壓爲高電位，因此位元接腳電位爲高電位，未按鍵時，電阻 R_1 與內部提昇電阻呈現分壓效應，則位元接腳電位爲低電位。

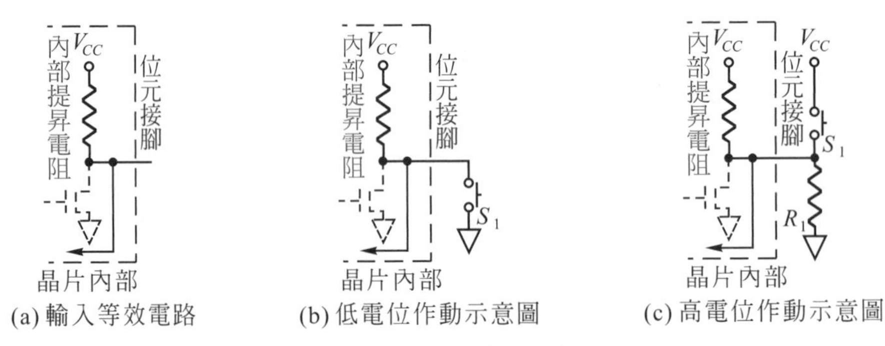

圖 4-5 輸入介面電路

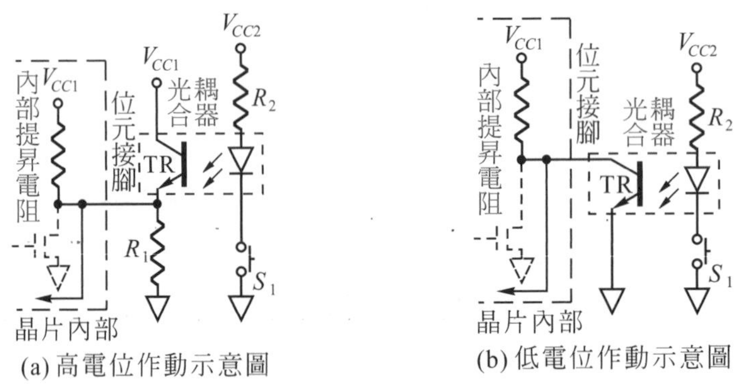

圖 4-6 光耦合器輸入介面電路

在實際應用場合，當介面電路的電源與微處理機的電源系統不同，或是刻意防止電源干擾的考量時，往往借助光耦合器作隔離。圖 4-6(a)爲高電位作動示意圖，當按鍵 S_1 未按時，光耦合器內的 LED 未發光，光電晶體(TR)不導通，電阻 R_1 與內部提昇電阻呈現分壓效應，則位元接腳電位爲低電位。當按鍵 S_1 按下時，光耦合器內的 LED 發光，光電晶體(TR)導通，電阻 R_1 端電壓呈現高電位。圖 4-6(b)爲低電位作動示意圖，當按鍵 S_1 未按時，光耦合器內的 LED 未發光，光電晶體(TR)不導通，位元接腳電位為高電位。當按鍵 S_1 按下時，光耦合器內的 LED 發光，光電晶體(TR)導通，位元接腳電位呈現低電位。

4-1-2 埠腳輸出介面電路

埠腳規劃為輸出時其等效電路及規格如圖 4-7 所示。圖 4-7(a)為輸出高電位等效電路，埠腳輸出電位為 2.4 V 以上，電流方向為由內往外，其單位為微安培(μA)。圖 4-7(b)為輸出低電位等效電路，埠腳輸出電位為 0.45 V 以下，電流方向為由外往內，其單位為毫安培(mA)。輸出高電位時的電流單位為微安培(μA)，而輸出低電位時，電流單位為毫安培(mA)，兩者差距甚大，輸出電路設計時盡量規劃成低電位驅動較合宜。

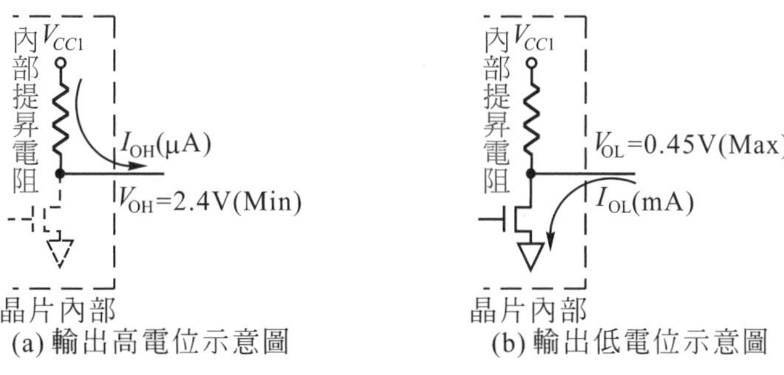

圖 4-7　輸出等效電路

圖 4-8 為小電流負載輸出驅動介面電路。圖 4-8(a)為輸出高電位驅動電路，由於電流單位為微安培(μA)，因此借助電晶體或晶片(IC)以增加驅動能力。圖 4-8(b)為輸出低電位驅動電路，考量電流單位為毫安培(mA)採取直接驅動方式，或使用緩衝器當作驅動器。

圖 4-9 為大電流負載輸出驅動介面電路。圖 4-9(a)為輸出高電位驅動電路，由於電流單位為微安培(μA)，因此使用兩個 NPN 型電晶體，建立達零頓電路，以驅動大電流負載。若負載為電感性元件如馬達時，必須要並接飛輪二極體防止感應電動勢(如圖標示 D_1)。圖 4-9(b)為輸出低電位驅動電路。可以直接使用 ULN2003 或 2803 等達零頓電路晶片驅動大電流負載。

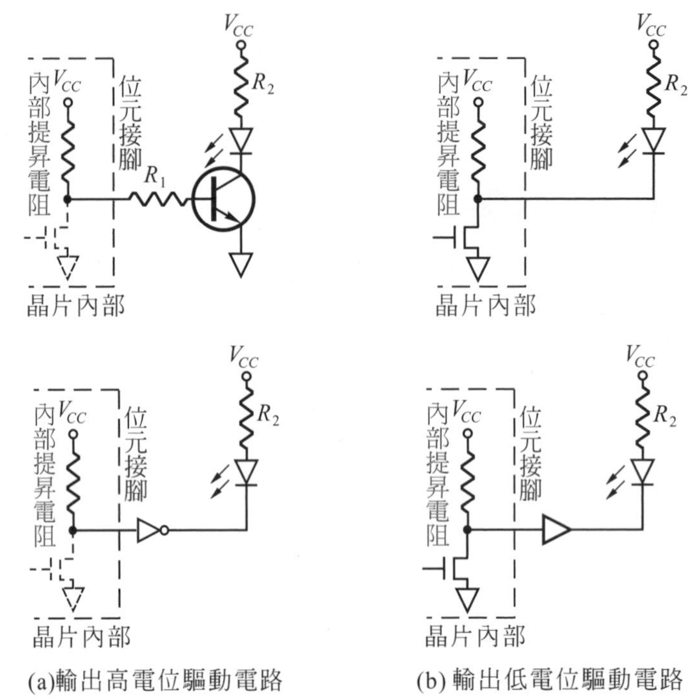

圖 4-8 小電流負載輸出驅動介面電路

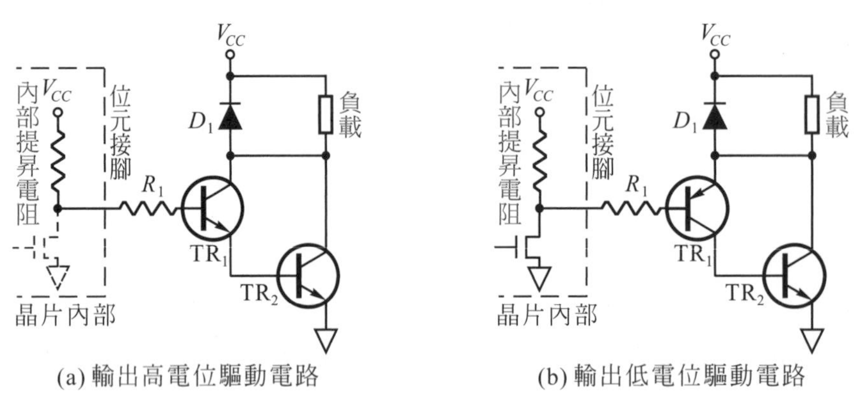

圖 4-9 大電流負載輸出驅動介面電路

4-2 MCS-51/52 計時/計數器

MCS-51 本身具備計時/計數器 1 與計時/計數器 0，兩組 16 位元可規劃執行計時器功能或計數器功能，而 MCS-52 除了上述兩組外，增加計時/計數器 2 總共 3 組。規劃計時/計數器時，會使用到計時/計數器模式控制暫存器 (TMOD)、計時/計數器控制暫存器(TCON)、TH 與 TL 等四個暫存器，各暫存器功能說明如下：

4-2-1 計時/計數器模式控制暫存器(TMOD)

TMOD 格式與位元功能如表 4-1 所示，此暫存器不能位元定址，分成兩組格式一模一樣的四位元，高四位元(B_7 ~B_4)負責規劃管控計時/計數器 1，而低四位元(B_3 ~B_0)規劃管控計時/計數器 0，其中 GATE 位元規劃啓動方式、$C/\overline{T}$ 位元規劃計數器 ($C/\overline{T}=1$) 或計時器 ($C/\overline{T}=0$) 、(M1、M0)位元規劃四種工作模式。

表 4-1 TMOD 暫存器位元功能表

TMOD：計時/計數器模式控制暫存器(Timer/Counter Mode Control Register)。
位址：89H、不可位元定址。

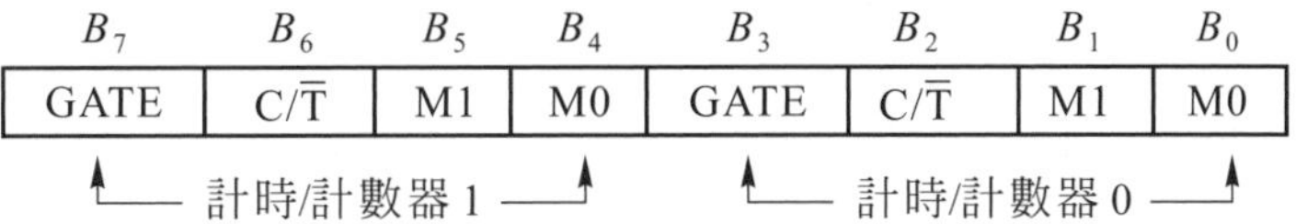

GATE： 計時/計數器啓動方式選擇位元。
GATE = 0 由 TCON 暫存器之 TRX 控制啓動。
GATE = 1 由 TRX 位元與輸入接腳 $\overline{INTX}$ 共同啓動。

$C/\overline{T}$ ：計時器或計數器功能規劃選擇位元。
$C/\overline{T}=0$ 規劃爲計時器功能。
$C/\overline{T}=1$ 規劃爲計數器功能。

(MI , M0)：計時/計數器操作模式選擇位元。

M1	M0	操作模式。	
0	0	模式 0	13 位元。
0	1	模式 1	16 位元。
1	0	模式 2	8 位元自動載入。
1	1	模式 3	(1)計時/計數器 0 分成兩組獨立 8 位元。 TL0 由 TR0 位元控制啓動與停止。 TH0 由 TR1 位元控制啓動與停止。(TH0 只有計時功能) (2)計時/計數器 1 進入模式 3，則停止工作。

4-2-2 計時/計數器控制暫存器(TCON)

TCON 格式與位元功能如表 4-2 所示，TR1(TR0)位元規劃計時/計數器 1(0)啓動位元，若計時/計數器 1(0)溢位時，會將 TF1(TF0)位元設定爲 1。IT1(IT0)位元規劃外部中斷 1(0)信號觸發型態，若位元清除爲“0”表示外部中斷信號在低電位時會觸發中斷，若位元設定“1”表示外部中斷信號在負緣時會觸發中斷。若外部中斷 1(0)觸發時，會將 IE1(IE0)位元設定爲 1。

表 4-2　TCON 暫存器位元功能表

TCON：計時/計數器控制暫存器((Timer/Counter Control Register)。
位址：88H、可位元定址。

B_7	B_6	B_5	B_4	B_3	B_2	B_1	B_0
TF1	TR1	TF0	TR0	IE1	IT1	IE0	IT0

TFX(X；1/0)：計時/計數器 X(l/0)之溢位旗號，溢位時硬體自動設定為 1。
溢位旗號設定時，必須使用程式加以清除。
執行計時/計數器中斷服務程式，硬體會自動清除溢位旗號。

TRX(X；l/0)：計時/計數器 X(1/0)之啟動位元。
當該位元設定為 1 時啟動、清除為 0 則停止。
請參考 TMOD 之 GATE 位元。

IEX(X；1/0)：外部中斷 X(l/0)之中斷旗號。
當偵測到外部中斷 $\overline{\text{INT0}}$ (P3.2)或 $\overline{\text{INT1}}$ (P3.3)信號時，硬體會將 IE0 或 IE1 中斷旗號設定為 1。
執行外部中斷服務程式，硬體會自動清除中斷旗號。

ITX(X；1/0)：外部中斷 X(l/0)信號觸發型態設定位元。
ITX = 0 當外部中斷 $\overline{\text{INT0}}$ ($\overline{\text{INT1}}$)信號為低準位時觸發。
ITX = 1 當外部中斷 $\overline{\text{INT0}}$ ($\overline{\text{INT1}}$)信號為負緣(1→0)時觸發。

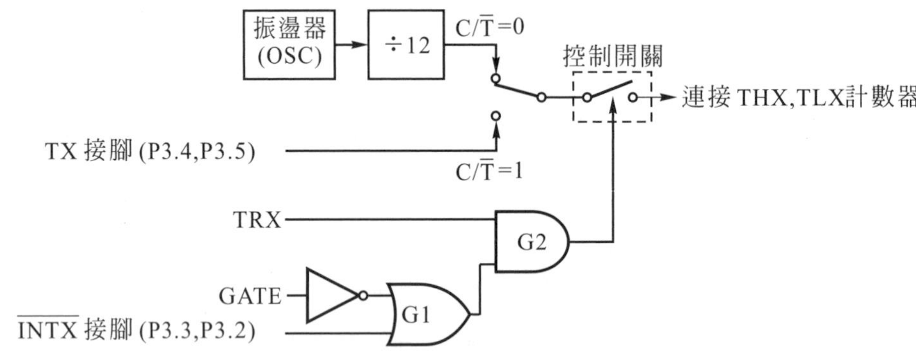

圖 4-10　計時/計數器邏輯控制電路

表 4-3　計時/計數器邏輯控制電路真值表

TRX	GATE	$\overline{\text{INTX}}$	C/$\overline{\text{T}}$	控制開關	功　　能
0	×	×	×	OFF	停止計時/計數工作
1	0	×	0	ON	執行計時工作
1	0	×	1	ON	執行計數工作
1	1	0	×	OFF	停止計時/計數工作
1	1	1	0	ON	執行計時工作
1	1	1	1	ON	執行計數工作

4-2-3 計時/計數器控制邏輯電路

TMOD 暫存器與 TCON 暫存器組合的邏輯電路如圖 4-10 所示，表 4-3 爲邏輯電路之眞値表。表 4-3 第一列若 TRX = 0 的情況下停止計時/計數工作，由圖 4-10 確定編號 G2 之及閘，其輸出一定爲“0”，控制開關爲“OFF”狀態，不論其它信號如何，一定停止計時/計數工作。

表 4-3 第二、三列若 TRX = 1 且 GATE = 0 的情況下，由圖 4-10 可以得知不論 $\overline{\text{INTX}}$ 信號爲“0”或“1”，確定編號 G2 之及閘，其輸出一定爲“1”，控制開關爲“ON”狀態，當 $C/\overline{T} = 0$ 則進行計時動作，若 $C/\overline{T} = 1$ 則進行計數工作。表 4-3 第四列若 TRX = 1 且 GATE = 1 的情況下，由圖 4-10 可以得知 $\overline{\text{INTX}} = 0$ 時，確定編號 G1 的或閘，其輸出一定爲“0”，造成編號 G2 的及閘，其輸出一定爲“0”，控制開關爲“OFF”狀態，停止計時/計數工作。

表 4-3 第五、六行若 TRX = 1 GATE = 1 且 $\overline{\text{INTX}} = 1$ 的情況下，編號 G1 或閘之輸出爲“1”，編號 G2 及閘之輸出也一定爲“1”，控制開關爲“ON”狀態，當 $C/\overline{T} = 0$ 時進行計時動作，若 $C/\overline{T} = 1$ 則進行計數工作。第五、六列主要在量測外部信號的週期或頻率，先設定 TRX = 1 及 GATE = 1 後，由 $\overline{\text{INTX}}$ (P3.2/P3.3)接腳控制啓動計時/計數工作。

執行計時工作時 ($C/\overline{T} = 0$)，信號源來自振盪器。計時器以機械週期爲單位，1 個機械週期等於 12 個振盪週期，因此圖 4-10 標示振盪信號經過除 12 的方塊。若振盪器的頻率爲 12 MHz，則計時器的計時單位爲 1 微秒(μS) (頻率爲 1 MHz)。

執行計數工作時 ($C/\overline{T} = 1$)，信號源來自 TX(P3.4/P3.5)接腳信號。TX 接腳輸入信號頻率最高不能超過 fosc/24，並且輸入信號之高、低準位必須維持 1 個機械週期(12 個振盪週期)。若振盪器的頻率爲 12 MHz 時，TX 接腳輸入信號頻率最高不能超過 500 kHz，且輸入高、低電壓準位必須維持 1 微秒(μS)。

綜合以上的分析說明，表 4-3 與圖 4-10 可以整理出兩項結論：

一、計時/計數脈波源的選擇：(圖 4-10 左上方部分)

1. $C/\overline{T} = 0$ (TMOD 暫存器)：選擇計時脈波，脈波頻率爲 fosc/12。
2. $C/\overline{T} = 1$ (TMOD 暫存器)：選擇計數脈波，計數 T0 (或 T1)之脈波頻率。

二、計時/計數器啓動方式之選擇：(圖 4-10 左下方部分)

1. 軟體方式啓動

(1) 將 TMOD 暫存器之 GATE 位元清除爲 0。

(2) 當 TCON 暫存器之 TRX 位元設定爲 1 時啓動。

2. 外部輸入信號啓動

(1) 將 TMOD 暫存器之 GATE 位元設定爲 1。

(2) 將 TCON 暫存器之 TRX 位元設定爲 1。

(3) 當外部($\overline{\text{INTX}}$)接腳信號由低電位到高電位時啓動。

4-2-4 計時/計數器的四種工作模式

由 TMOD 暫存器中 M1 與 M0 位元可規劃出四種工作模式(請參考表 4-1)，四種工作模式說明如下：

一、模式 0

模式 0 爲 13 位元上數計數器其結構圖如圖 4-11 所示，圖中左半部控制邏輯電路與圖 4-10 雷同，圖 4-10 是泛稱計時/計數器 X (X 表示 0 或 1)，而圖 4-11 明確標示爲計時器 1，當控制開關 ON，脈波信號進入由 TL1 與 TH1 暫存器組成 13 位元上數計數器計數，一直等到計數器溢位時，將溢位旗號(TF1)設定爲 1。程式設計者是利用設定 13 位元上數計數器之初始値，達到所需要的計數次數或時間。13 位元上數計數器可以計數到 2^{13} = 8192 次，初值設定若將 TL1 與 TH1 暫存器清除爲 0，則可計數 8192 次才會溢位，但是若設定 TL1 (=11111B)、TH1 (=11111111B)只可計數 1 次則溢位，溢位時 TL1 與 TH1 暫存器清除爲 0，並將 TF1 設定爲 1 表示計數完成。若要計數 2500 次，則初值爲 8192 − 2500 = 5692，由於 TL1 只有 5 位元，計數範圍爲 0~31 共 32，因此 5692÷32 = 177 餘 28，初値爲 TL1 (=28)、TH1 (=177)。

圖 4-12 爲針對圖 4-11 之標示，規劃計時器 1 計時 2500 單位時間(若振盪頻率爲 12 MHz，單位時間爲 1 μS)程式指令寫法，圖 4-12(a)爲軟體啓動方式，圖 4-12(b)爲外部輸入信號啓動方式，必須等待外部(P3.3)信號爲正緣(低→高)電位時方可啓動。

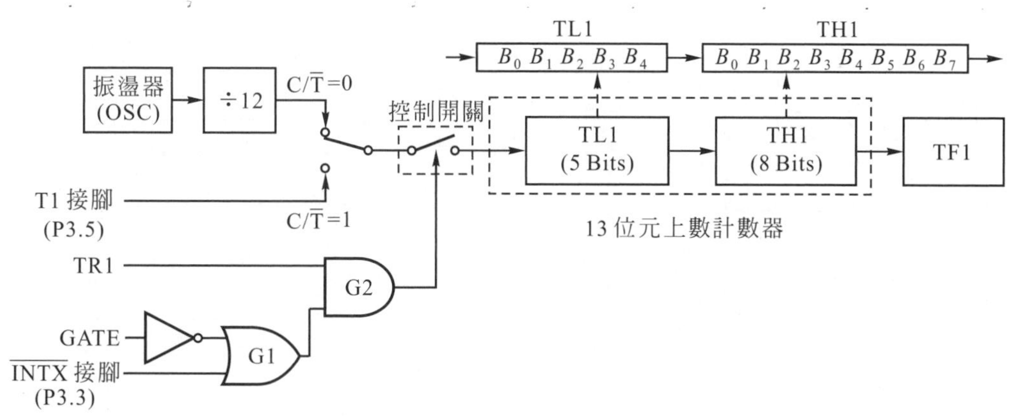

圖 4-11　計時器 1 模式 0 結構圖

```
TMOD=0x00;//*T1M0,T0M0
TL1=28;
TH1=177;
TCON=0x40;//*TR1=1
```

(a) 軟體啓動

```
TMOD=0x80;/*T1M0,T0M0*/
TL1=(8192-2500)%32;
TH1=(8192-2500)/32;
TCON=0x40;/*TR1=1*/
```

(b) 外部輸入信號啓動

圖 4-12　計時器 1 模式 0 計時 2500 單位時間程式寫法

二、模式 1

模式 1 爲 16 位元上數計數器其結構圖如圖 4-13 所示，圖 4-13 明確標示爲計數器 0，當控制開關 ON，脈波信號進入由 TL0 與 TH0 暫存器組成 16 位元上數計數器計數，一直等到計數器溢位時，將溢位旗號(TF0)設定爲 1。16 位元上數計數器可以計數到 $2^{16}=65536$ 次，初值設定若將 TL0 與 TH0 暫存器清除爲 0 則可計數 65536 次才會溢位，但是若設定 TL0(= 11111111B)，TH0(= 11111111B)只可計數 1 次則溢位，溢位時 TL0 與 TH0 暫存器清除爲 0，並將 TF0 設定爲 1 表示計數完成。若要計數 2500 次，則初值爲 $65536-2500=63036$，由於 TL 爲 8 位元，計數範圍爲 0~255 共 256，因此 $63036\div256=246$ 餘 60，初值爲 TL0 (=60=0x3c)、TH0 (=246=0xf6)。

圖 4-14 爲針對圖 4-13 之標示，使用計數器 0 計數由 T0 (P3.4)接腳信號 2500 次程式指令寫法，圖 4-14(a)爲軟體啓動方式，圖 4-14(b)爲外部輸入信號啓動方式，必須等待外部(P3.2)信號爲正緣(低→高)電位時方可啓動。

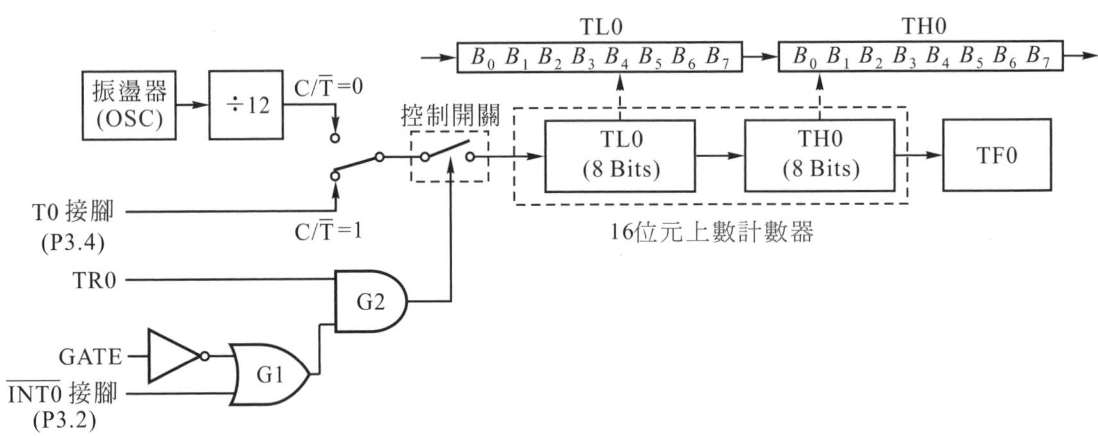

圖 4-13　計數器 0 模式 1 結構圖

```
TMOD=0x05;//*T1M0,C0M1          TMOD=0x0d;/*T1M0,C0M1*/
TL0=0x3c;                       TL0=(65536-2500)%256;
TH0=0xf6;                       TH0=(65536-2500)/256;
TR0=1;                          TCON=0x10;//*TR0=1
```

(a) 軟體啓動　　　　(b) 外部輸入信號啓動

圖 4-14　計數器 0 模式 1 計數 2500 單位程式寫法

三、模式 2

模式 2 爲 8 位元上數計數器其結構圖如圖 4-15 所示，當溢位時將存放在 THX 暫存器的值自動載入到 TLX 暫存器中，此種自動載入功能可以提高計時/計數的精確度，串列傳輸時使用此模式規劃鮑率。圖 4-15 明確標示爲計時器 0，當控制開關 ON，脈

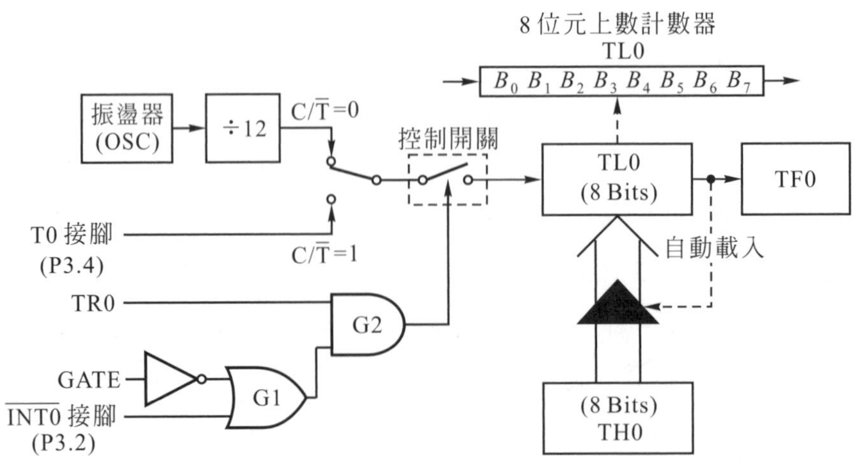

圖 4-15　計時器 0 模式 2 結構圖

波信號進入由 TL0 暫存器組成 8 位元上數計數器計數，一直等到計數器溢位時，將溢位旗號(TF0)設定為 1。8 位元上數計數器可以計數到 $2^8 = 256$ 次，初值設定若將 TL0 與 TH0 暫存器清除為 0，則可計數 256 次才會溢位，但是若設定 TL0 (=11111111B)、TH0 (=11111111B)只可計數 1 次則溢位，溢位時將 TF0 設定為 1 表示計數完成外，另外將 TH0 暫存器的值直接載入到 TL0 中。若要計數 250 次，則 256 − 250 = 6，初值為 TL0 (= 6)、TH0 (= 6)。

四、模式 3

模式 3 結構圖如圖 4-16 所示，計時/計數器 0 切割為兩組 8 位元上數計數器，(a)圖標示 TL0 與 TR0 搭配，可規劃成計時器或計數器使用，溢位時將溢位旗號(TF0)設定為 1。(b)圖標示 TH0 與 TR1 搭配，只能劃成計時器使用，溢位時將溢位旗號(TF1)

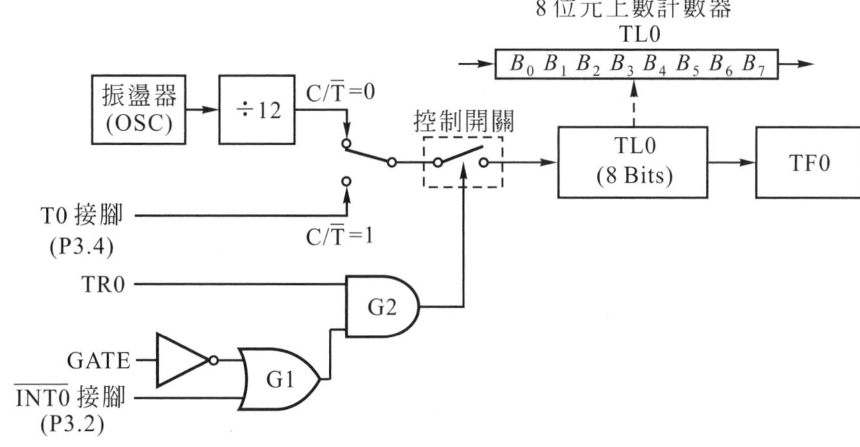

(a)TL0與 TR0組成8位元計時/計數器

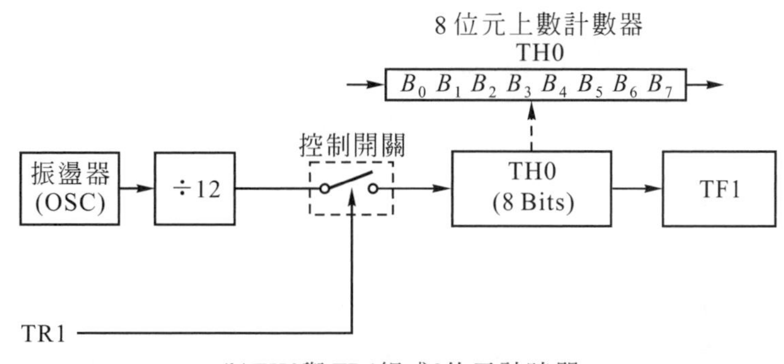

(b)TH0與 TR1組成8位元計時器

圖 4-16　計時/計數器 0 模式 3 結構圖

設定為 1。以上兩組均可執行中斷請求動作。雖然 TR1 與 TF1 規劃搭配計時/計數器 0 使用，但 TH1 與 TL1 尚可規劃為計時器或計數器使用，只是無溢位旗號，當然不能執行中斷請求動作。計時/計數器 1 以進入(離開)模式 3 的方式來停止(啓動)計時/計數工作。

4-3 串列埠

MCS-51/52 提供一組全雙工(Full Duplex)串列埠，在同一時間可以傳送與接收資料。規劃串列傳輸時會使用到串列埠控制暫存器(SCON)、功率控制暫存器(PCON)與串列緩衝暫存器(SBUF)等暫存器，各暫存器功能說明如後。

4-3-1 串列緩衝暫存器(SBUF)

執行串列傳輸時，不論是進行接收資料或是傳送資料，均透過串列緩衝暫存器。串列緩衝暫存器(SBUF)總共有兩個，一個負責傳送資料，另一個則負責接收資料。

執行接收動作時，每接收到一個位元組資料時、會先存放在接收緩衝暫存器內，並將串列埠控制暫存器(SCON)的接收完畢中斷旗號(RI)設定為“1”，通知等待 CPU 讀取。在讀取之前若外界繼續傳送資料，此時仍會繼續接收串列資料，當接收完下一個位元組資料前，CPU 尚未讀取存放在串列緩衝器的資料，則此筆資料將會被覆蓋掉。

傳送資料時，CPU 會將要傳送的資料，放入傳送緩衝器中再進行串列傳送，當傳送完畢會將串列埠控制暫存器(SCON)的傳送完畢中斷旗號(TI)設定為“1”。

4-3-2 串列埠控制暫存器(Serial Port Control Register, SCON)

SCON(Serial Port Control Register)格式與位元功能如表 4-4 所示，可位元定址，經由(SM0、SM1)位元規劃串列埠的四種工作模式，SM2 位元主要在多處理機通訊用途。REN 為接收致能位元，必須要先將 REN 位元設定為“1”才可以接收串列資料，若清除為“0”則接收禁止。TB8 位元為模式 2 (或 3)時，傳送資料中的第 9 位元，此位元值經由軟體設定或清除。RB8 位元為模式 2 (或 3)時，接收串列資料中的第 9 位元會存放在此。TI 為傳送完畢中斷旗號，進行串列傳送時，CPU 會將等待傳送的資料放入傳送緩衝器中再進行串列傳送，當傳送完畢會將傳送完畢中斷旗號(TI)設定爲“1”。RI 爲接收完畢中斷旗號，進行串列接收時，每接收到一個位元組資料會先存放在接收緩衝暫存器內，並將接收完畢中斷旗號(RI)設定爲“1”。

表 4-4　SCON 暫存器位元功能表

SCON：串列埠控制暫存器(Serial Port Control Register)。
位址：98H、可位元定址。

B_7	B_6	B_5	B_4	B_3	B_2	B_1	B_0
SM0	SM1	SM2	REN	TB8	RB8	TI	RI

(SM0，SMI)：串列埠操作模式選擇位元。

SM0	SM1	操作模式	功能	鮑率
0	0	模式 0	移位暫存器	Fosc/12
0	1	模式 1	8 位元 UART	可變
1	0	模式 2	9 位元 UART	Fosc/64 或 Fosc/32
1	1	模式 3	9 位元 UART	可變

SM2：多處理機通訊功能致能位元。
工作在模式 0 時，SM2 = 0 (將 SM2 清除爲 0)。
工作在模式 1 時，若 SM2 = 1 表示要收到有效的停止位元後，才設定接收中斷旗標(RI = l)。
工作在模式 2 (或 3)時，若 SM2 = 1 表示當第 9 位元(RB8 = l)，才設定接收中斷旗標(RI = l)。
工作在模式 2 (或 3)時，若 SM2 = 0 表示不受 RB8 值影響，均會設定接收中斷旗標(RI = l)。

REN：接收致能位元，可由軟體設定/清除。
REN = 1 時接接致能，REN = 0 時設接收禁止。

TB8：工作在模式 2(或 3)時，傳送資料中的第 9 位元，可由軟體設定/清除。

RB8：工作在模式 2 (或 3)時，接收資料中的第 9 位元。
工作在模式 0 時，RB8 位元不使用。
工作在模式 1 時，若 SM2 = 1 則 RB8 位元爲停止位元。

TI：傳送完畢中斷旗號，TI 位元必須由軟體清除。

RI：接收完畢中斷旗號，RI 位元必須由軟體清除。

4-3-3 功率控制暫存器(Power Control Register, PCON)

PCON(Power Control Register)格式與位元功能如表 4-5 所示，不可位元定址。此暫存器只有 SMOD 位元與串列傳輸有關，若設定 SMOD = 1 則可將模式 1、2 與 3 之傳輸鮑率加倍。

表 4-5　PCON 暫存器位元功能表

PCON；電源控制暫存器(Power Control Register)。
位址：87H、不可位元定址。

B_7	B_6	B_5	B_4	B_3	B_2	B_1	B_0
SMOD	–	–	–	GF1	GF0	PD	IDL

SMOD：雙倍鮑率位元。
–：保留將來使用。
GF1：一般用途。
GF0：一般用途。
PD：電源下降位元，當 PD = 1 則進入電源下降模式。
IDL：怠速位元，當 IDL = 1 則進入怠速模式。
註：若 PD 與 DL 兩位元同時作動，則以 PD 優先。

4-3-4　串列傳輸位元格式

串列傳送時位元格式如圖 4-17 所示，平時維持高電位，當傳送時先傳送起始位元(Start bit)，起始位元固定爲低電位，並維持一個位元寬度，之後由 b_0 位元到 b_7 位元依序傳送，同位位元緊接著在 b_7 位元之後傳送，同位位元爲可選擇由軟體設定，因此用虛線表示，最後爲停止位元(Stop bit)。傳送資料時，每一個位元寬度均一樣，位元寬度大小則由鮑率決定。

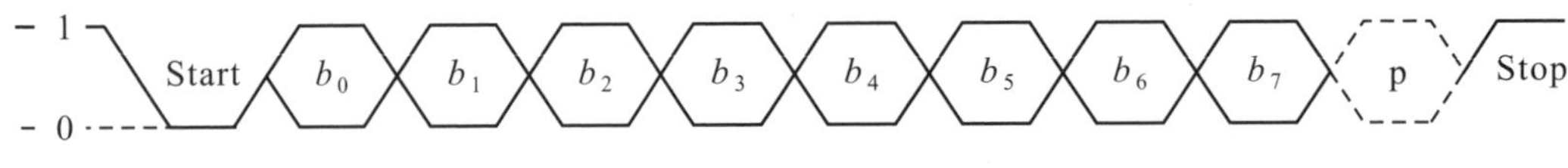

圖 4-17　串列傳輸資料位元格式

4-3-5　鮑率(Baud Rate)

串列傳輸時表示位元傳送的速度稱爲鮑率(Baud Rate)，例如鮑率 9.6 K 表示每秒鐘傳送 9600 位元，也就是說，每一個位元的寬度爲 1/9600 = 104.2 (μS)，鮑率也可以使用 9600 BPS (Bit Per Second)表示。MCS-51/52 串列埠有四種模式，模式 0 與模式 2 鮑率固定，模式 1 與模式 3 鮑率可經由 PCON 暫存器之 SMOD 位元調整，各種模式說明如下：

一、模式 0 介紹

$$鮑率 = \frac{振盪頻率\ (fosc)}{12}$$

若振盪頻率爲 12 MHz，則鮑率= 12 MHz/12 = 1 MHz、每秒鐘傳送 10^6 位元。模式 0 中資料的傳送與接收固定由 RXD (P3.0)接腳負責，TXD (P3.1)接腳負責提供時脈信號。

1. 傳送資料

使用敘述"SBUF=i;"將資料寫入串列緩衝器(SBUF)後經由 RXD 腳送出，當資料傳送完畢，傳送中斷旗號(TI)自動設定爲"1"表示完成傳送工作。可經由串進並出(serial in parallel out, SIPO)暫存器，如編號 74LS164，將串列傳送出去的資料轉成並列方式顯示，如點矩陣電路常用此種方式設計。

2. 接收資料

模式 0 接收資料利用並進串出(parallel in serial out, PISO)暫存器，如編號 74LS165，將並列轉成串列方式進入 CPU，可以擴充輸入接腳。進行接收資料時必須先將表 4-4 之 SCON 暫存器中 REN 位元設定爲"1"與 RI 位元清除爲"0"，TXD 接腳每送出一個脈波，RXD 接腳則接收一個位元資料，每收到 8 個位元資料後存入 SBUF 暫存器，並將接收中斷旗號(RI)自動設定爲"1"表示完成接收工作。

二、模式 1 介紹

MCS-51 可以使用計時器 1 規劃設計鮑率，MCS-52 則可以使用計時器 1 與計時器 2 規劃。底下介紹使用計時器 1 產生鮑率的公式如下：

$$\begin{aligned}鮑率 &= \frac{2^{SMOD}}{32} \times (\text{計時器1的溢位率}) \\ &= \frac{2^{SMOD}}{32} \times \frac{振盪頻率\ (fosc)}{12 \times (256 - TH1)}\end{aligned}$$

計時器 1 使用模式 2 去規劃鮑率，而 PCON 暫存器中的 SMOD 位元可以調整鮑率的倍數。若振盪頻率爲 12 MHz、SMOD = 0 的前提下，要規劃鮑率爲 9.6K 則 TH1 計算值如下：

$$9600 = \frac{2^0}{32} \times \frac{12 \times 10^6}{12 \times (256 - TH1)}$$

$$(256 - TH1) = \frac{2^0}{32} \times \frac{12 \times 10^6}{12 \times 9600} = 3.25$$

$$TH1 = 256 - 3.25 = 252.75\ (\text{為 0FDH} - \text{0FCH 之間})$$

若振盪頻率爲 11.059MHz、SMOD = 0 的前提下，要規劃鮑率爲 9.6 K 則 TH1 計算值如下：

$$9600 = \frac{2^0}{32} \times \frac{11.059 \times 10^6}{12 \times (256 - TH1)}$$

$$(256 - TH1) = \frac{2^0}{32} \times \frac{11.059 \times 10^6}{12 \times 9600} = 2.99$$

$$TH1 = 256 - 2.99 = 253.01\ (\text{較接近 0FDH})$$

由上述振盪頻率使用 12 MHz 與 11.059 MHz 兩相比較結果，串列傳輸時振盪頻率使用 11.059 MHz 可以得到較精確的鮑率，如有使用串列傳輸時通常會選用 11.059 MHz。表 4-6 爲計時器 1 模式 2 常用鮑率規劃表。

表 4-6　計時器 1 模式 2 常用鮑率規劃表

鮑率	振盪頻率	SMOD	TH1 載入值(十進制)	TH1 載入值(十六進制)
19.2K	11.059 MHz 11.059 MHz 12.000 MHz 13.000 MHz	0 1 0 1	254.5 253.0 254.3 252.7	0FEH 0FDH 0FEH 0FDH
9.6K	11.059 MHz 11.059 MHz 12.000 MHz 12.000 MHz	0 1 0 1	253.0 250.0 252.7 249.4	0FDH 0FAH 0FDH 0F9H
4.8K	11.059 MHz 11.059 MHz 12.000 MHz 12.000 MHz	0 1 0 1	250.0 244.0 249.4 242.9	0F0H 0F4H 0F0H 0F3H
2.4K	11.059 MHz 11.059 MHz 12.000 MHz 12.000 MHz	0 1 0 1	244.0 232.0 242.9 229.9	0F4H 0E8H 0F3H 0E6H
1.2K	11.059 MHz 11.059 MHz 12.000 MHz 12.000 MHz	0 1 0 1	232.0 208.0 229.9 203.9	0E8H 0D0H 0E6H 0CBH

模式 1 的資料位元格式沒有同位位元，1 個起始位元、8 個資料位元與 1 個停止位元總共爲 10 位元，請參考圖 4-17。資料固定經由 TXD 接腳傳送、由 RXD 接腳接收。

1. 傳送資料

   使用敘述“SBUF=i;”將資料寫入串列緩衝器(SBUF)後經由 TXD 腳送出，當 8 個資料位元與 1 個停止位元傳送完畢，傳送中斷旗號(TI)自動設定爲“1”表示完成傳送工作。

2. 接收資料

   進行接收資料時，必須先將表 4-4 之 SCON 暫存器中，REN 位元設定爲“1”與 RI 位元清除爲“0”，RXD 接腳負責接收串列資料，每收到 8 個位元資料後，存入 SBUF 暫存器，並將接收中斷旗號(RI)自動設定爲“1”，表示完成接收工作。

三、模式 2 介紹

模式 2 的鮑率相較於模式 1 單純很多，公式如下所示：

$$鮑率=\frac{2^{SMOD}}{64}\times 振盪頻率\ (fosc)$$

$$當\ SMOD=0，則鮑率=\frac{1}{64}\times 振盪頻率\ (fosc)$$

$$當\ SMOD=1，則鮑率=\frac{1}{32}\times 振盪頻率\ (fosc)$$

模式 2 的資料位元格式包含同位位元總共有 11 個位元，1 個起始位元、8 個資料位元、1 個可規劃的第 9 個位元資料與 1 個停止位元，請參考圖 4-17。資料固定經由 TXD 接腳傳送，由 RXD 接腳接收。傳送資料時第 9 個位元由軟體直接設定 SCON 暫存器之 TB8 位元，接收資料時第 9 個位元資料直接放置在 SCON 暫存器之 RB8 位元。

1. 傳送資料

   使用敘述“SBUF=i;”時，除了將資料寫入串列緩衝器(SBUF)外也將 TB8 位元值一併傳送，經由 TXD 腳送出，當 8 個資料位元、TB8 位元與 1 個停止位元傳送完畢，傳送中斷旗號 (TI) 自動設定爲“1”表示完成傳送工作。

2. 接收資料

   進行接收資料時，必須先將表 4-4 之 SCON 暫存器中，REN 位元設定爲“1”與 RI 位元清除爲“0”，RXD 接腳負責接收串列資料，所接收到 8 個位元資料存入

SBUF 暫存器，而第 9 位元存放在 SCON 暫存器之 RB8 位元，並將接收中斷旗號 (RI) 自動設定為“1”表示完成接收工作。

四、模式 3 介紹

模式 3 的鮑率與模式 1 一樣可規劃鮑率，鮑率公式請參考模式 1 介紹。模式 3 的資料位元格式與模式 2 一樣，1 個起始位元、8 個資料位元、1 個可規劃的第 9 個位元資料與 1 個停止位元總共有 11 個位元請參考圖 4-17。

4-3-6 多處理機通訊

串列模式 2 與模式 3 的資料位元格式總共有 11 個位元，除了 1 個起始位元、8 個資料位元與 1 個停止位元外，增加 1 個可規劃的第 9 個位元資料，利用此額外的位元可以進行一個主處理機與多個副處理機之間的通訊，架構圖如圖 4-18 所示。圖中顯示主微處理機的 TXD 接腳，連接到三個副微處理機的 RXD 接腳，三個副微處理機的 TXD 接腳，連接到主微處理機的 RXD 接腳，表示當主(副)微處理機扮演傳送端時，而副(主)微處理機則扮演接收端，利用 SCON 暫存器之 TB8、RB8 與 SM2 三個位元即可完成此項任務。底下假設主微處理機與位址碼 BBH 之副微處理機通訊為例，介紹其動作原理。

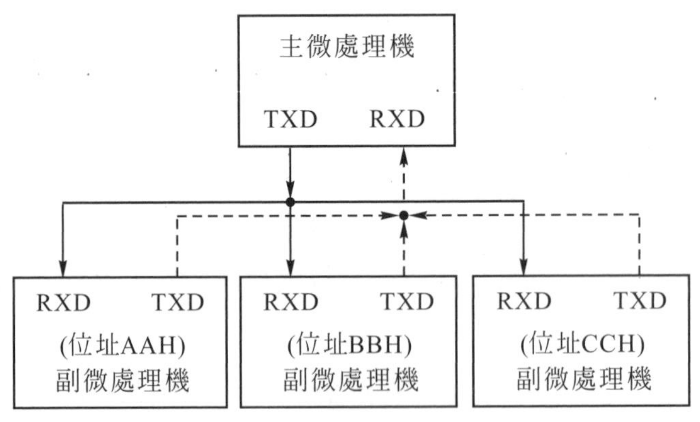

圖 4-18　多微處理機通訊架構圖

一、初始狀態

1. 主微處理機與三個副微處理機規劃在相同模式且鮑率一樣。
2. 三個副微處理機 SM2 位元設定為 1 (SM2 = 1)。

二、主微處理機傳送副微處理機位址

1. 主微處理機 TB8 位元設定為 1 (TB8＝1)。
2. 主微處理機傳送位址碼 BBH。

三、副微處理機接收對應動作

1. 當三個副微處理機之 RB8＝1 時，RI＝1。
2. 讀取主微處理機傳送位址碼 BBH。
3. 位址碼 BBH 之副微處理機將 SM2 位元清除為 0 (SM2＝0)。
4. 其餘副微處理機將 SM2 位元維持為 1 (SM2＝1)。

四、主微處理機與位址 BBH 副微處理機專線建立

1. 主微處理機 TB8 位元清除為 0 (TB8＝0)。
2. 主微處理機與位址 BBH 副微處理機專線建立互傳資料。
3. 其餘副微處理機不受任何影響。

4-4 中斷

MCS-51 系列晶片提供 5 種中斷，MCS-52 系列則額外增加計時/計數器 2 中斷總共有 6 種。中斷架構圖如圖 4-19 所示，圖中可以瞭解規劃中斷時，只使用到中斷致能暫存器(IE)與中斷優先暫存器(IP)。

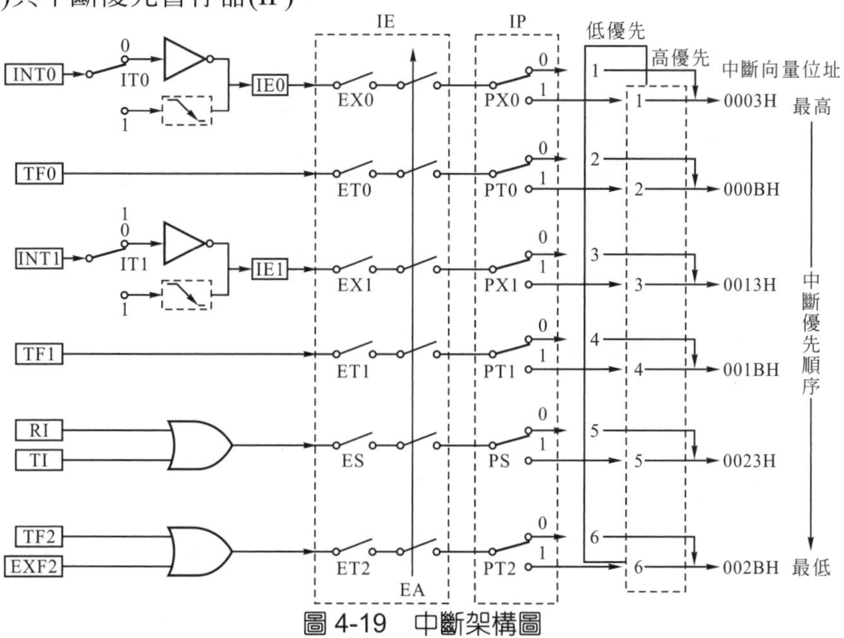

圖 4-19　中斷架構圖

4-4-1 中斷致能暫存器(Interrupt Enable Register, IE)

中斷致能暫存器(Interrupt Enable Register, IE)格式與位元功能如表 4-7 所示，可位元定址。由表 4-7 與圖 4-19 得知，IE 暫存器之 EA 位元控制所有中斷致能信號，若 EA=0 表示禁止中斷，不受理中斷要求，EA=1 表示致能(允許)中斷，受理中斷請求。在 EA=1 的前提下，每一個中斷分別由相對應之控制位元設定，例如，若 ET0=0 表示計時/計數器 0 中斷禁止，即使 TF0=1 也無法執行計時/計數器 0 中斷服務程式，而 ET0=1 則當 TF0=1 時，立即執行計時/計數器 0 中斷服務程式。

表 4-7　IE 格式與位元功能表

IE：中斷致能暫存器(Interrupt Enable Register)。
位址：A8H、可位元定址。

B_7	B_6	B_5	B_4	B_3	B_2	B_1	B_0
EA	–	ET2	ES	ET1	EX1	ET0	EX0

EA：所有中斷致能/禁能位元。
EA =1：所有中斷致能，EA = 0：所有中斷禁能。
–：此位元保留未使用。
ET2：計時/計數器 2 中斷致能/禁能位元。
ET2 = 1：計時/計數器 2 中斷致能，ET2 = 0：計時/計數器 2 中斷禁能。

ES：串列中斷致能/禁能位元。
ES = 1：串列中斷致能。ES = 0：串列中斷禁能。

ET1：計時/計數器 1 中斷致能/禁能位元。
ET1 = 1：計時/計數器 1 中斷致能，ET1 = 0：計時/計數器 1 中斷禁能。

EX1：外部中斷 1 (INT1)信號中斷致能/禁能位元。
EX1 =1：外部中斷 1 (INT1)信號中斷致能，EX1 = 0“外部中斷 1 (INT1)信號中斷禁能。

ET0：計時/計數器 0 中斷致能/禁能位元。
ET0 = 1：計時/計數器 0 中斷致能，ET0 = 0：計時/計數 0 中斷禁能。

EX0：外部中斷 0 中斷致能/禁能位元。
EX0 =1：外部中斷 0 (INT0)信號中斷致能，EX0 = 0：外部中斷 0 (INT0)信號中斷禁能。

4-4-2 中斷優先暫存器(Interrupt Priority Register, IP)

IP 格式與位元功能如表 4-8 所示，可位元定址。由表 4-8 與圖 4-19 得知，IP 暫存器主要規劃各中斷之優先順序，優先順序分成高優先與低優先兩種，例如，將 PT1 設定爲 1 表示計時/計數器 1 爲高優先中斷，PT0 清除爲 0 表示計時/計數器 0 爲低優先中斷，若計時/計數器 1 與計時/計數器 0 同時發出中斷請求，則計時/計數器 1 之中斷先執行。IP 暫存器在系統開機或重置時，每一個位元均清除爲 0 均屬於低優先中斷，若數種中斷同時間發出中斷請求時，則以 INT0 (中斷向量位址 0003H) 最優先，其次 TF0 (中斷向量位址 000BH)，依序由上而下，最後爲計時/計數器 2 (中斷向量位址 002BH)。若 PT1＝PT0＝1 (或 0)在同一優先順序下而同時發出中斷請求，則計時/計數器 0 之中斷先執行。請參考圖 4-19。

表 4-8　IP 格式與位元功能表

IP：中斷優先權暫存器(Interrupt Priority Register)。
位址：B8H、可位元定址。

B_7	B_6	B_5	B_4	B_3	B_2	B_1	B_0
–	–	PT2	PS	PT1	PX1	PT0	PX0

–：此位元保留未使用。
PT2：計時/計徽器 2 中斷優先權設定位元。
PT2 = 1：計時/計數器 2 高優先中斷，PT2 = 0：計時/計數器 2 低優先中斷。

PS：串列中斷優先權設定位元。
PS = 1：串列高優先中斷，PS = 0：串列低優先中斷。

PT1：計時/計數器 1 中斷優先權設定位元。
PT1 = 1：計時/計數器 1 高優先中斷，PT1 = 0：計時/計數器 1 低優先中斷。

PX1：外部中斷 1 (INT1)中斷優先權設定位元。
PX1 = 1：外部中斷 1 (INT1)高優先中斷，PX1 = 0：外部中斷 1 (INT1)低優先中斷。

PT0：計時/計敗器 0 中斷優先權設定位元。
PT0 = 1：計時/計數器 0 高優先中斷，PT0 = 0：計時/計數器 0 低優先中斷。

PX0：外部中斷 0 中斷優先權設定位元。
PX0 = 1：外部中斷 0 (INT0)高優先中斷，PX0：外部中斷 0 (INT0)低優先中斷。

4-4-3　中斷架構

由圖 4-19 不難了解，IE 暫存器控制是否受理中斷請求，IP 暫存器則規劃受理中斷時高、低優先順序，在此章節進一步介紹說明各中斷設定與處理情形。

一、外部中斷

週邊介面晶片或外部信號可透過 $\overline{\text{INT0}}$(P3.2) 或 $\overline{\text{INT1}}$(P3.3) 接腳要求中斷，信號觸發型態經由 TCON 暫存器(參考表 4-2)的 IT0(或 IT1)位元規劃，IT0 (IT1)=0 爲低準位觸發，IT0(IT1)=1 爲負緣(高電位降到低電位)時觸發，觸發時硬體會將 TCON 暫存器的 IE0 (IE1)位元設定爲 1。若 IE 暫存器之 EX0 (EX1)位元設定爲 1，且 EA 位元也設定爲 1，CPU 會受理中斷請求，到中斷向量位址 0003H (0013H)進行中斷服務程式，在執行中斷服務程式時，硬體會自動將 IE0 (IE1)位元清除爲 0。

二、計時/計數器 0(1)中斷

在 4-2 計時/計數器章節得知不論是執行計時或是計數工作，當溢位時會將 TCON 暫存器中之 TF0 (TF1)設定爲 1，若 IE 暫存器之 ET0 (ET1)位元設定爲 1，且 EA 位元也設定爲 1，CPU 會受理中斷請求，到中斷向量位址 000BH (001BH)進行中斷服務程式，在執行中斷服務程式時，硬體會自動將 TF0 (TF1)位元清除爲 0。

三、串列傳送中斷

當串列傳送資料完畢時，會將 TCON 暫存器中 TI 旗號設定爲 1，表示已經傳送完畢，可以進行下一個位元組資料的傳送動作。若執行串列接收，每收到一個位元組資料，會將 TCON 暫存器中 RI 旗號設定爲 1，通知 CPU 前來讀取資料，因此只要 TI=1 或 RI = 1 均會產生串列中斷請求信號。若 IE 暫存器之 ES 位元設定爲 1，且 EA 位元也設定爲 1，CPU 會受理中斷請求，到中斷向量位址 0023H 進行中斷服務程式，在執行中斷服務程式時，必須檢查 TI(RI)旗號，判斷該進行傳輸中斷或是接收中斷服務程式。執行中斷服務程式，硬體並不會自動清除 RI(TI)旗號，必須借助軟體程式清除。

四、計時/計數器 2 中斷

計時/計數器 2 只有 MCS-52 系列才有，當溢位旗號 TF2 = 1 或外部旗號 EXF2 = 1 均會產生中斷請求信號，若 IE 暫存器之 ET2 位元設定爲 1，且 EA 位元也設定爲 1，CPU 會受理中斷請求，到中斷向量位址 002BH 進行中斷服務程式，在執行中斷服務程式時，必須檢查 TF2(EXF2)旗號判斷中斷原因。執行中斷服務程式，硬體並不會自動清除 TF2(EXF2)旗號，必須借助軟體程式清除。

chapter

5 模擬與發展工具介紹

Keil 公司所提供 μVision 軟體具有功能強大的整合性，除了提供編輯、組譯與連結等功能外並提供除錯模擬功能，在第三章已介紹編輯、組譯與連結之使用，在此章節介紹 μVision 軟體之除錯模擬與發展系統之使用。

5-1 μVision 軟體之除錯模擬

有關 μVision 軟體的編輯、組譯與連結之使用，請參考 3-3 章節 KEIL μVision3 軟體操作，在此章節直接引用 3-3-6 章節中，所使用的 EX2.C 程式與 EASY.HEX。EX2.LST 檔案內容如圖 5-1 所示，圖中顯示此檔案總共 16 行指令，P1 初值爲“11111111B”，經過一段時間改變爲“11111110B”，依序遞減 1。圖 5-2 爲“EASY”專案經組譯與連結完成產生 EASY.HEX 檔案，由此畫面開始介紹模擬過程，模擬步驟說明如下：

行號	level	程式
1		sfr P1=0x90;
2		void delay(void);
3		main()
4		{
5	1	while(1)
6	1	{
7	2	P1--;
8	2	delay();
9	2	}
10	1	}
11		void delay(void)
12		{
13	1	unsigned char i,j;
14	1	for (i=0;i<100;i++)
15	1	for (j=0;j<100;j++);
16	1	}

圖 5-1　EX2.LST 檔案內容

步驟 1：確定完成組譯連結建立"EASY.HEX"檔案後，點選圖 5-2 中 Start/Stop Debug Session 鈕，啓動模擬動作。

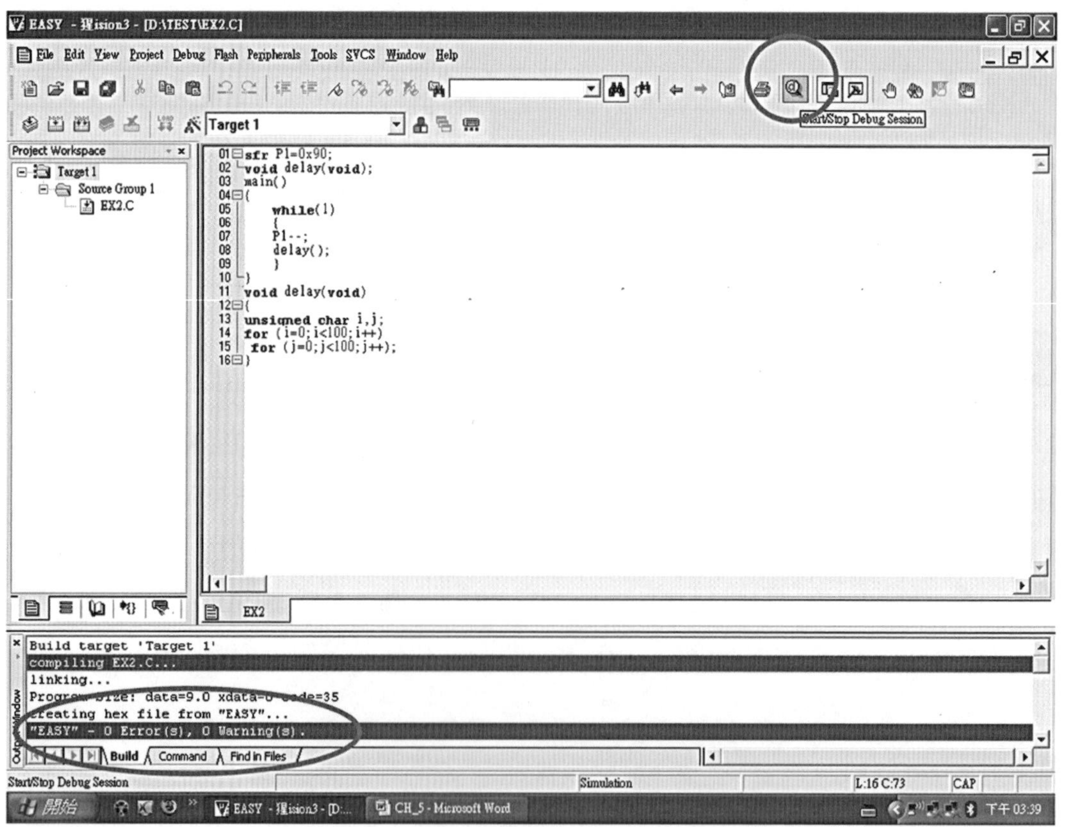

圖 5-2

步驟 2：點選圖 5-2 中 Start/Stop Debug Session 鈕後，出現圖 5-3 畫面。此畫面主要表示為免費版本限制 2K 程式碼。

圖 5-3

步驟 3：點選 Peripherals\I/O-Ports\Port1，啟動 Parallel Port1 視窗。

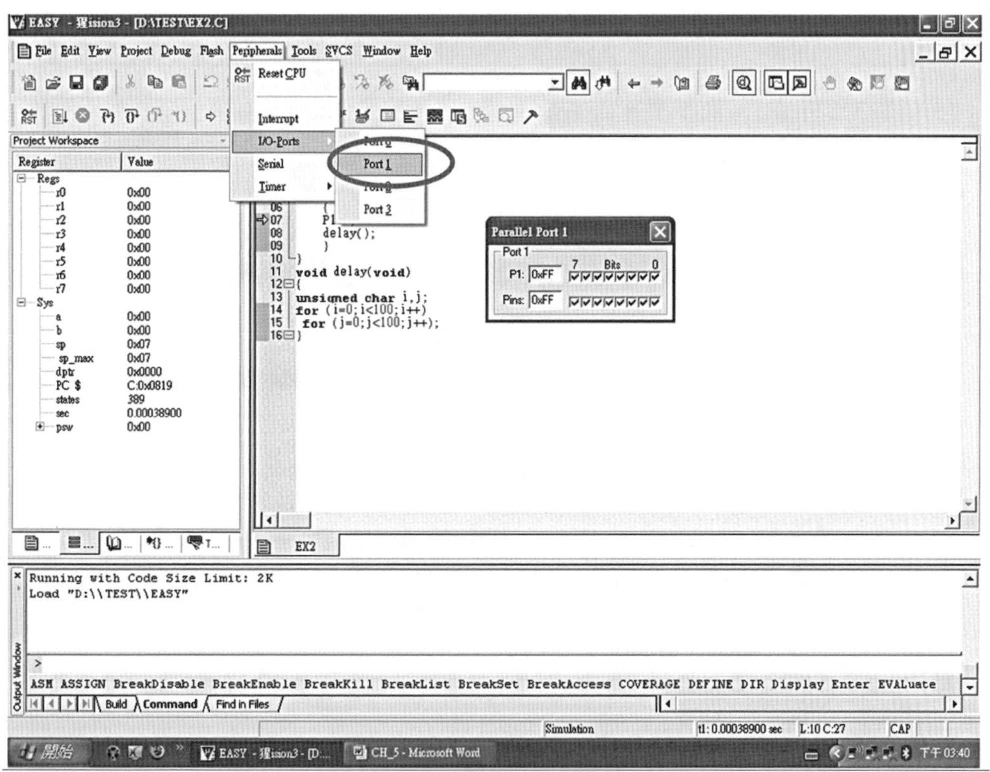

圖 5-4

步驟 4：點選圖 5-5 的按鈕或圖 5-6 的 Debug\下拉視窗進行程式模擬動作。各按鈕功能說明如表 5-1。

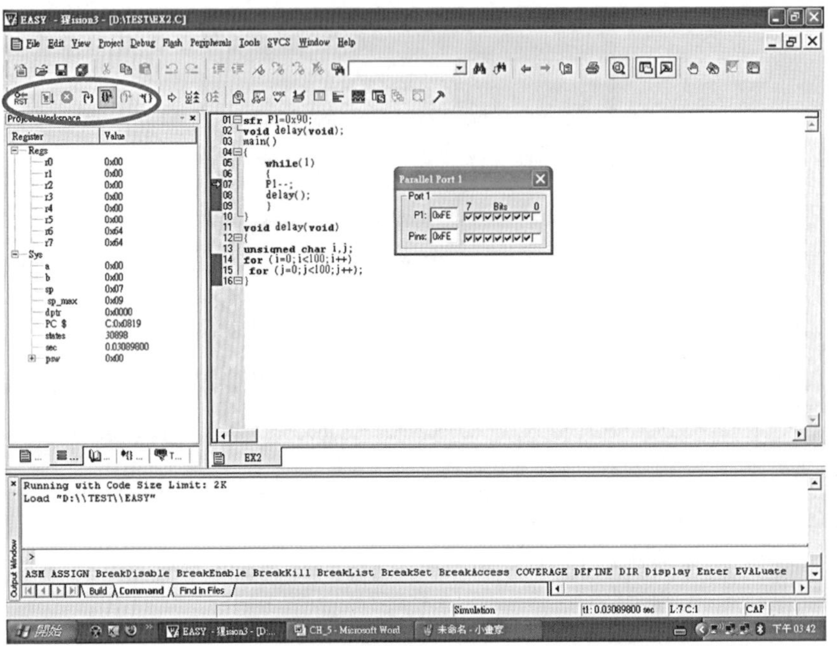

圖 5-5

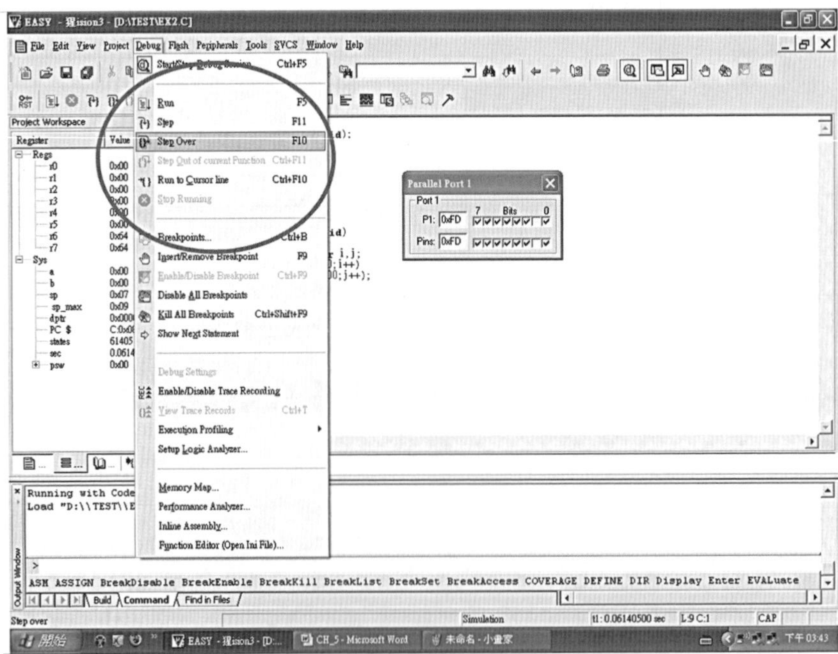

圖 5-6

表 5-1　除錯鈕功能說明

圖示鈕	功能說明
RST	系統重置鈕。 重置時 CPU 從 0000H 開始執行。 各暫存器之初始值如表 1-4 所示。
	全速執行程式鈕。
	停止執行程式鈕。
	單步執行程式鈕。 一行、一行指令，逐步執行。
	單步執行鈕。 一行、一行指令，逐步執行。函式當成一行指令執行。
	副程式結束鈕。 當在函式內執行程式，按此鈕立即結束函式。
	執行指令到游標標示的指令鈕。

步驟 5：斷點的設置與移除。

斷點之設置方便觀察程式執行情形、其設置方式如下：

1. 移動滑鼠到預設斷點程式處(如第 7 行程式)。
2. 使用滑鼠右鍵開啓下拉視窗，點選 Insert/Remove Breakpoint。
3. 斷點設置完成後，在指令前增加紅色標記符號(如第 7 行程式)。

斷點之移除方式如下：

1. 移動滑鼠到已設置斷點程式處(如第 7 行程式)。
2. 使用滑鼠右鍵開啓下拉視窗，點選 Insert/Remove Breakpoint。
3. 斷點移除完成後，原先在指令前紅色標記符號會移除。

以圖 5-7 在第 7 行指令設置斷點為例介紹模擬過程：

先按 RST 鈕乙次，暫存器視窗如圖 5-8(a)所示、各暫存器之初值如表 1-4 所示。

第一次按 鈕時，程式會在斷點處停留(如圖 5-7)，P1 值如圖 5-8(b)所示。

第二次按 鈕時，程式會在斷點處停留(如圖 5-7)，P1 值如圖 5-8(c)所示。

第三次按 鈕時，程式會在斷點處停留(如圖 5-7)，P1 值如圖 5-8(d)所示。

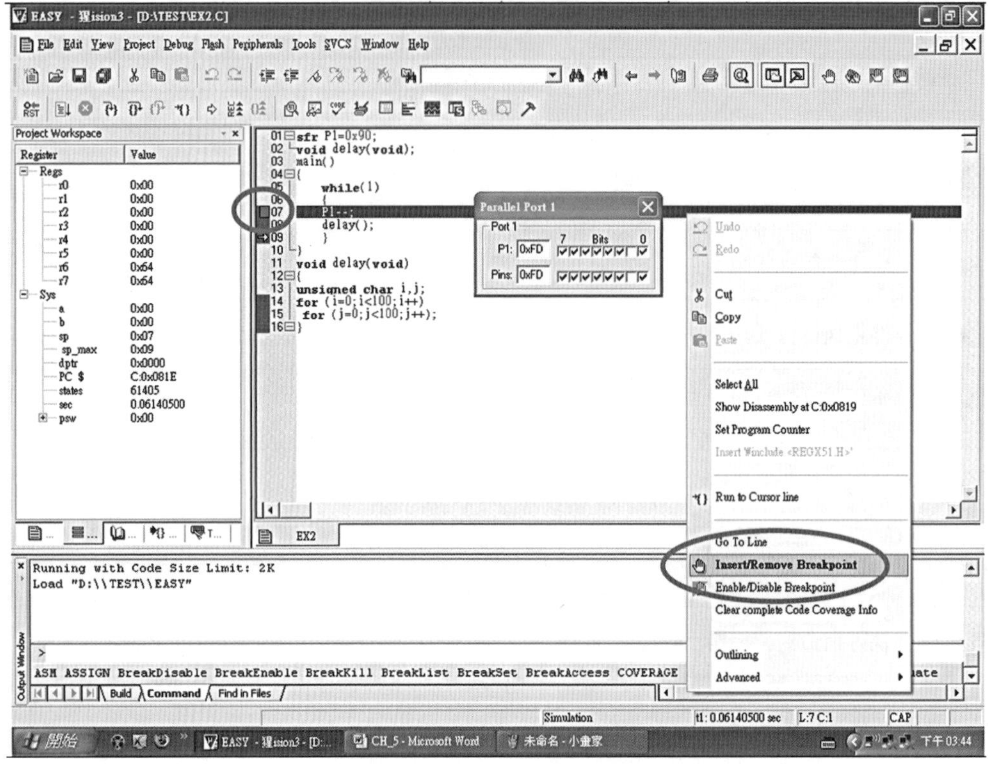

圖 5-7　斷點之設定與清除

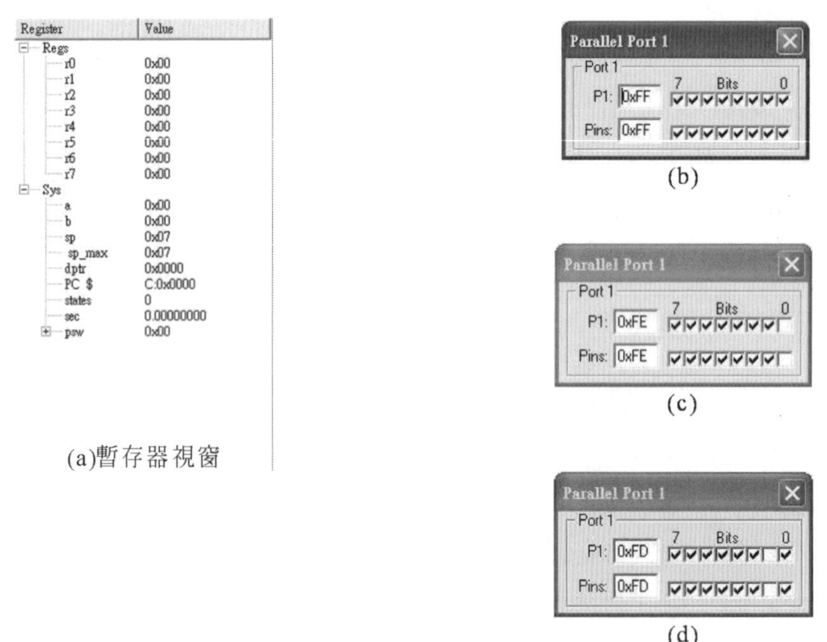

(a)暫存器視窗

(b)

(c)

(d)

圖 5-8

步驟 6：記憶體視窗的使用。

按 鈕開啓反組譯視窗，可以看到 C 語言轉換爲組合語言，並顯示程式碼位址，按 鈕開啓記憶體視窗，整體視窗畫面如圖 5-9 所示。記憶體視窗總共有四個子視窗方便使用者除錯使用。

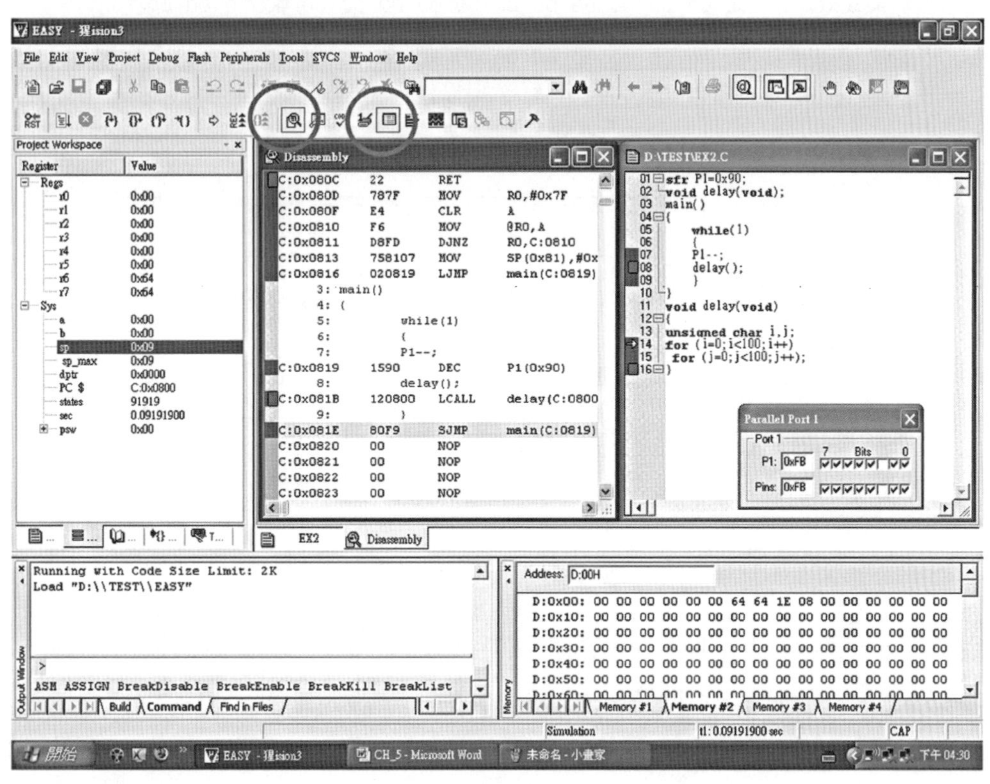

圖 5-9

一、程式記憶體

在“Address:”輸入“C:0819H”表示顯示程式記憶體從 0819H 開始，顯示畫面如圖 5-10(a)，檢視圖 5-9 程式第 7 行“P1--;”轉換爲組合語言爲“DEC P1(0x90)”，其程式碼爲“1590”位址爲“c:0x0819”。

二、資料記憶體

在“Address:”輸入“D:00H”表示顯示資料記憶體從 00H 開始，顯示畫面如圖 5-10(b)。

三、外部資料記憶體

在“Address:”輸入“X:00H”表示顯示外部資料記憶體從 00H 開始。

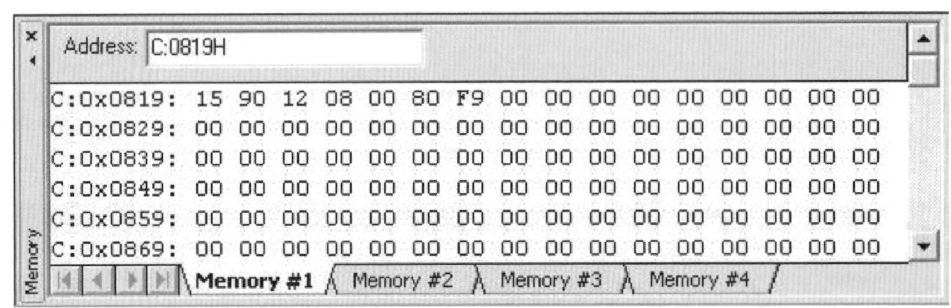

(a) 程式記憶體(ROM)

```
Address: D:00H
D:0x00: 00 00 00 00 00 00 64 64 1E 08 00 00 00 00 00 00
D:0x10: 00 00 00 00 00 00 00 00 00 00 00 00 00 00 00 00
D:0x20: 00 00 00 00 00 00 00 00 00 00 00 00 00 00 00 00
D:0x30: 00 00 00 00 00 00 00 00 00 00 00 00 00 00 00 00
D:0x40: 00 00 00 00 00 00 00 00 00 00 00 00 00 00 00 00
D:0x50: 00 00 00 00 00 00 00 00 00 00 00 00 00 00 00 00
Memory #1  Memory #2  Memory #3  Memory #4
```

(b) 資料記憶體(RAM)

圖 5-10　記憶體視窗

從資料記憶體視窗可加強理解副程式呼叫與返回時，堆疊運作情形。圖 5-11(a)顯示在第 9 行“}”與第 14 行“for(i=0;i<100;i++)”設定斷點，目前程式停留在第 14 行表示剛進入函式。參考圖 5-11(c)呼叫副程式“LCALL delay(C:0800)”(第 8 行指令)時會將下一行(第 9 行)指令位址存入堆疊區，說明如下：

1. 由圖 5-11(c)得到第 9 行指令位址爲 0x081E。
2. 堆疊暫存器(SP)重置時初值爲 07H。
3. SP 值先增加 1 爲 08H，將指令位址低位元組 1EH 存入 RAM(08H)。
4. SP 值再增加 1 爲 09H，將指令位址高位元組 08H 存入 RAM(09H)。

因此檢視圖 5-11(b)sp 值爲 0x09，PC 值爲 C:0x0800(第 14 行指令位址爲 0x0800，請參圖 5-11(c))，而此時資料記憶體視窗 RAM(09H)與 RAM(08H)的值會與圖 5-11(c)中第 9 行指令位址 0x081E 一樣(參考圖 5-10(b)框框標示)。

```
01 sfr P1=0x90;
02 void delay(void);
03 main()
04 {
05     while(1)
06     {
07     P1--;
08     delay();
09     }
10 }
11 void delay(void)
12 {
13 unsigned char i,j;
14 for (i=0;i<100;i++)
15  for (j=0;j<100;j++);
16 }
```

(a) C程式視窗

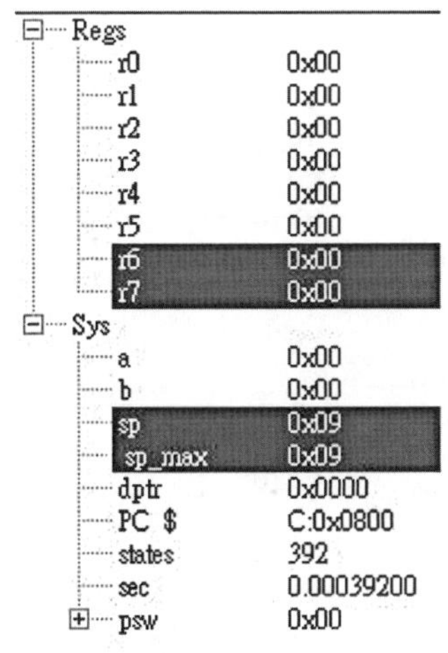

(b) SER暫存器

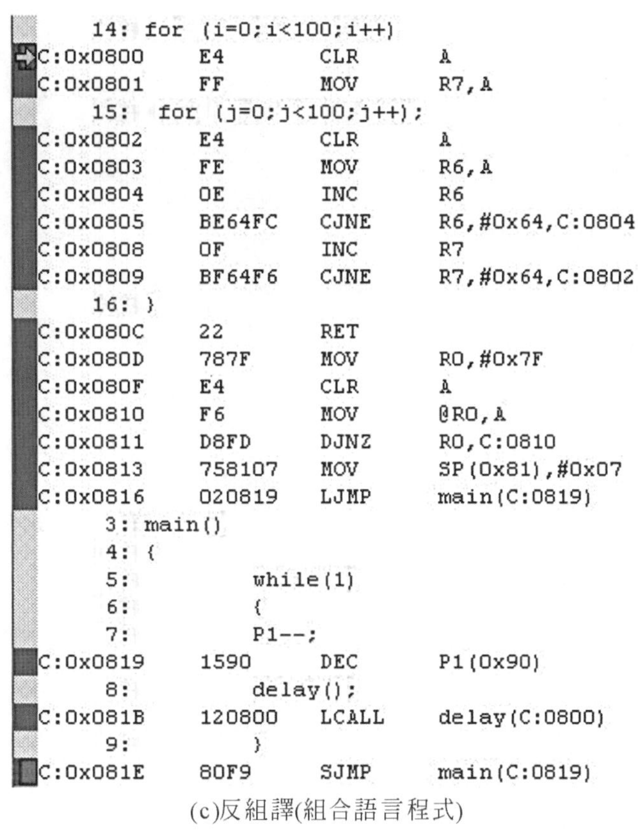

(c)反組譯(組合語言程式)

圖 5-11

圖 5-12(a)顯示在第 9 行與第 14 行設定斷點，目前程式停留在第 9 行表示剛從函式返回主函式。參考圖 5-12(c)副程式經由執行 RET(程式碼位址爲 c:0x080c)指令返回主程式，當執行 RET 指令時從堆疊區取回呼叫副程式“LCALL delay(c:0800)”的下一行指令“SJMP main(c:0819)”之位址 0x081E，說明如下：

1. 依據 SP 值讀取位址之高位元組 08H=RAM(SP)=RAM(09H)後，將 SP 值減 1 爲. 08H。
2. 再依據 SP 值讀取位址之低位元組 1EH=RAM(SP)=RAM(08H)後，將 SP 值減 1 爲 07H。

3. 獲得返回位址為 0x081E。

因此檢視圖 5-12(b)sp 值為 0x07，PC 值為 C:0x081E。

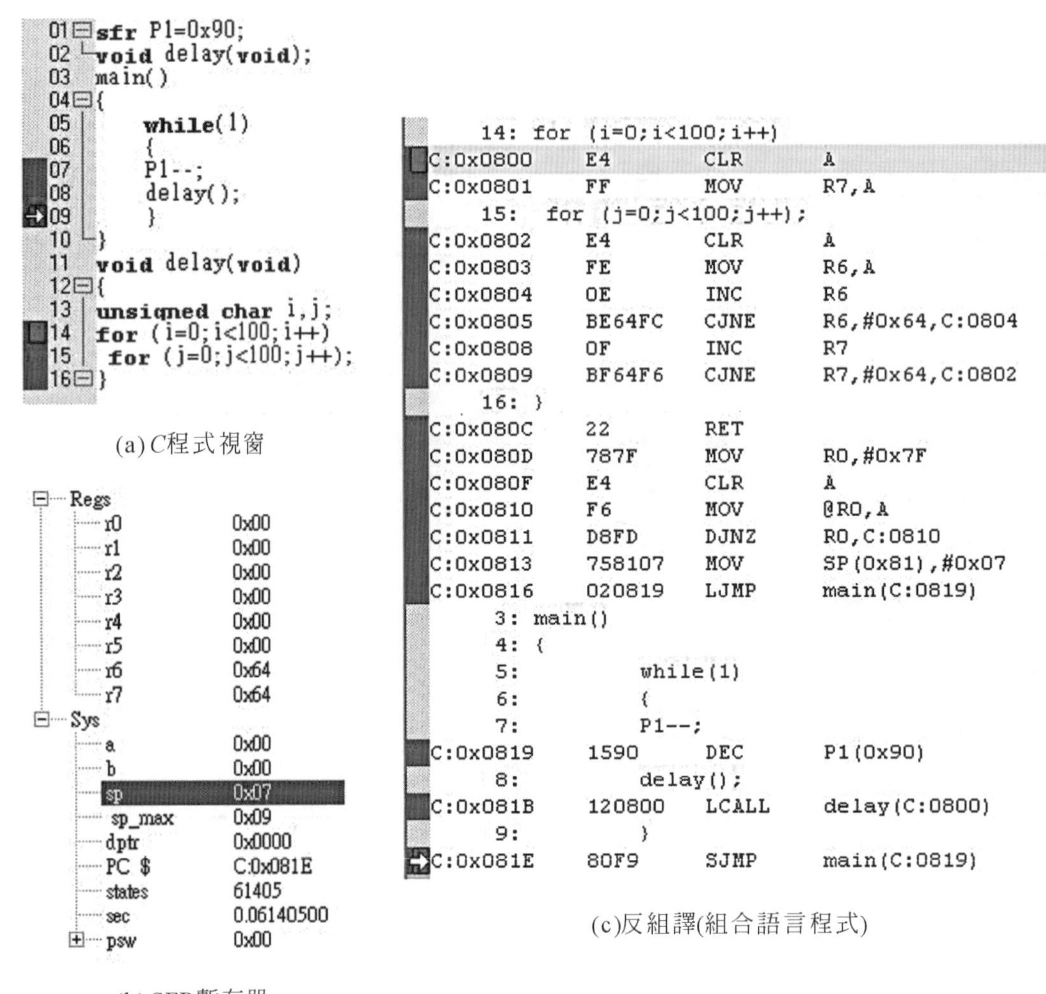

(a) C程式視窗

(b) SFR暫存器

(c)反組譯(組合語言程式)

圖 5-12

步驟 7：計時器模擬。

振盪頻率為 12MHz，使用計時器 0 模式 1 每次計時 5mS，沿用圖 5-1 的程式架構規劃設計 P1 的值間隔 0.5 秒遞減 1。此範例專案名稱為"TEST_T0"，程式檔案名稱為"EX4.C"。程式內容如圖 5-13(a)，使用 Peripherals\Timer\Timer0 開啓計時/計數器 0 視窗如圖 5-13(b)。

```
01 #include <AT89X51.H>
02 void delay(void) ;
03 main()
04 {
05 TMOD=0x01;
06     while(1)
07     {
08     P1--;
09     delay();
10     }
11 }
12 void delay (void)
13 {
14 char i;
15 for(i=100;i>=0;i--)
16     {
17     TH0=(65536-5000)/256;
18     TL0=(65536-5000)%256;
19     TCON=0x10;
20     while(TF0==0);
21     TR0=0;
22     }
23 }
```

(a)程式視窗

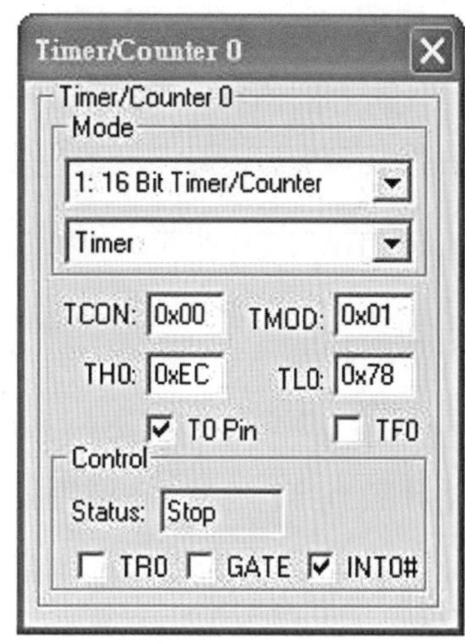

(b)計時器 0 視窗

圖 5-13

圖 5-13(a)顯示在第 19 行與第 20 行設定斷點(斷點設置請參步驟 5)，在第 19 行設斷點，主要觀察載入 TH0 與 TL0 初值設定與啓動計時動作，在第 20 行設斷點主要觀察上數計數與溢位時 TF0 設定，模擬操作過程說明如下：

先按 鈕乙次，暫存器視窗如圖 5-8(a)所示，各暫存器之初值如表 1-4 所示。

第一次按 鈕程式停留在第 19 行，計時器視窗如圖 5-13(b)。

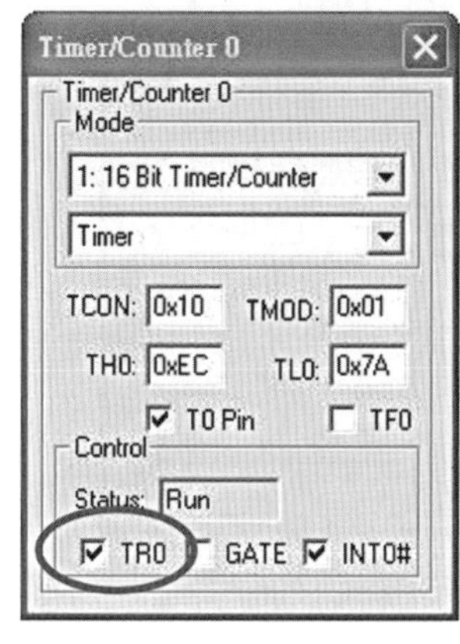

(a)啓動計時 TR0=1

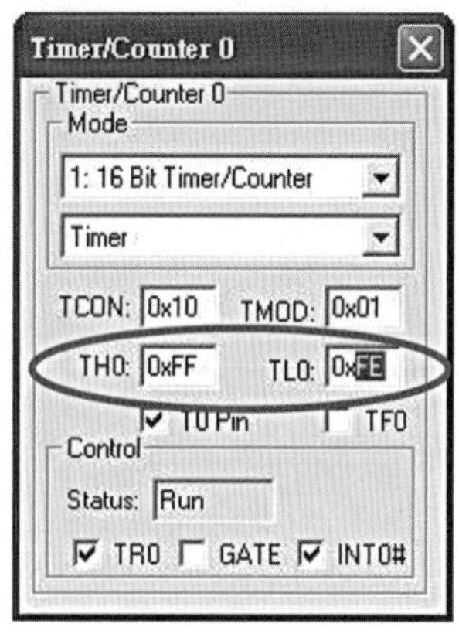

(b)調整 TH0、TL0的值

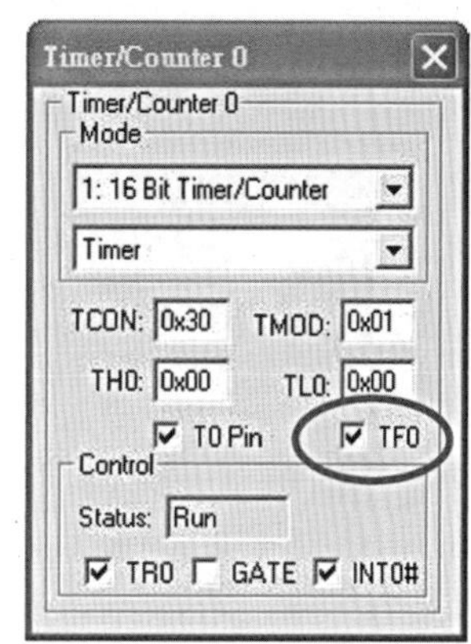

(c)溢位 TF0=1

圖 5-14

第二次按 鈕程式停留在第 20 行，計時器視窗如圖 5-14(a)。啓動計時 TH0 與 TL0 開始上數，每按 鈕乙次 TH0 與 TL0 數值往上增加 2，若要觀察溢位似乎要按很多次，改用手動方式直接調整 TH0=0XFF、TL0=0XFE，如圖 5-14(b)。調整 TH0=0XFF、TL0=0XFE 後再次按 鈕時，程式停留在第 20 行，計時器視窗如圖 5-14(c)，TH0 與 TL0 溢位後清除爲 0 並將 TF0 設定爲 1(打勾)。

步驟 8：計數器模擬。

使用計數器 0 模式 0 計數由 T0(P3.4)輸入的脈波數目，由於模式 0 之 TL0 只有 5 位元，只能計數 0~31 總共 32 種模式，因此 TH0 的初值爲 FFH，而 TL0 的初值爲 30，規劃設計只要輸入兩個脈波，計時器 0 就會產生溢位。此範例專案名稱爲 "TEST_C0"，程式檔案名稱爲 "EX5.C"。程式內容如圖 5-15(a)，使用 Peripherals\Timer\Timer0 開啓計時/計數器 0 視窗如圖 5-15(b)。

在此範例中未設定斷點，直接移動滑鼠到 T0 Pin 處如圖 5-15(b)框框標示處，使用滑鼠左鍵點選方式，產生計數信號。打勾表示高電位如圖 5-15(b)、未打勾表示低電位如圖 5-16(a)。溢位時 TH0 與 TL0 清除爲 0 外，並將 TF0 設定爲 1 如圖 5-16(b)所示。

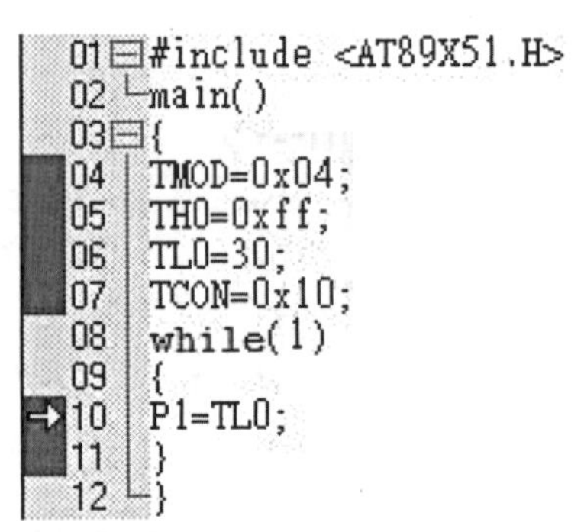

```
#include <AT89X51.H>
main()
{
TMOD=0x04;
TH0=0xff;
TL0=30;
TCON=0x10;
while(1)
{
P1=TL0;
}
}
```

(a)程式視窗

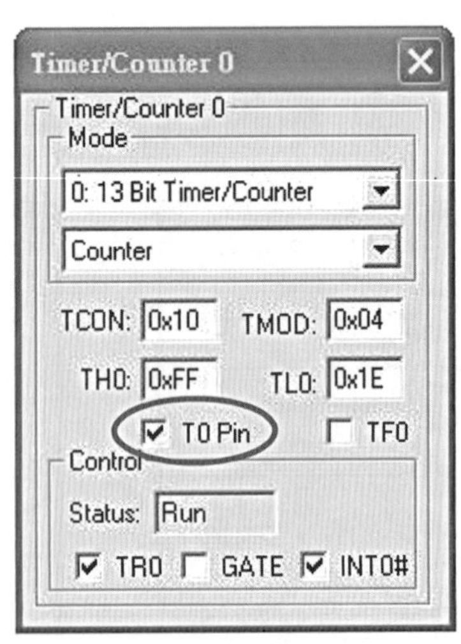

(b)計數器 0 視窗

圖 5-15

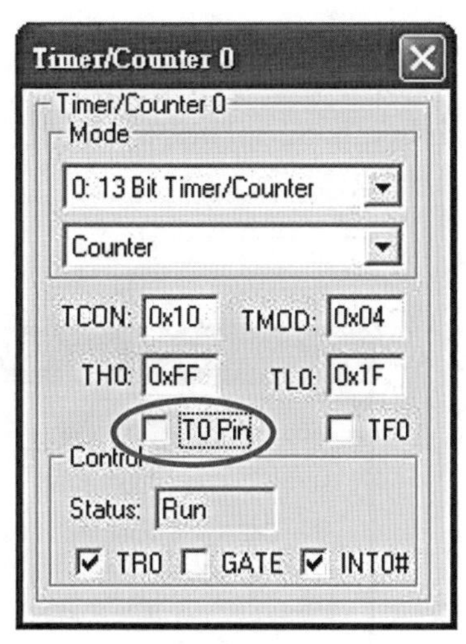

(a) T0 爲低電位

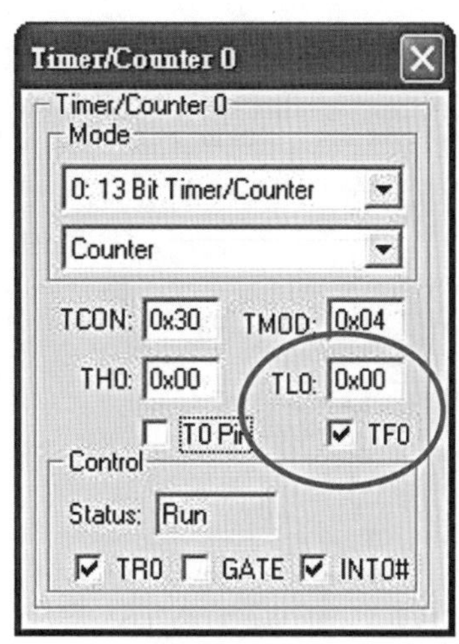

(b) 溢位

圖 5-16

步驟 9：串列傳輸模擬。

圖 5-17 畫面爲模式 1 串列傳輸，鮑率由計時器 1 產生，模擬傳送"MCS-51"字串資料經由的 TXD 腳傳送給電腦，電腦接收到的資料會在 UART#1 視窗上(圖 5-17 框框標示處)顯示"MCS-51"。此範例專案名稱爲"TEST_SE_T"，程式檔案名稱爲

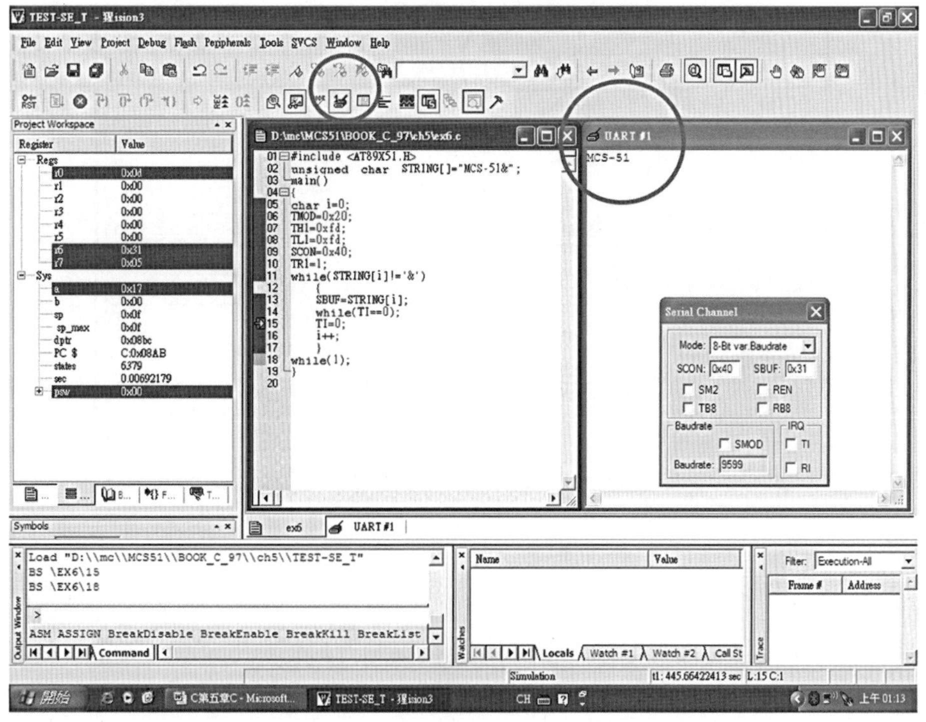

圖 5-17

“EX6.C”。點選 ![icon] 鈕開啓 UART#1 視窗，點選 Window\Tile Vertically，將兩個視窗垂直並列顯示。程式內容如圖 5-18(a)，使用 Peripherals\Serial 開啓串列視窗，如圖 5-18(b)所示。

```
01 #include <AT89X51.H>
02 unsigned  char  STRING[]="MCS-51&";
03 main()
04 {
05 char i=0;
06 TMOD=0x20;
07 TH1=0xfd;
08 TL1=0xfd;
09 SCON=0x40;
10 TR1=1;
11 while(STRING[i]!='&')
12     {
13     SBUF=STRING[i];
14     while(TI==0);
15     TI=0;
16     i++;
17     }
18 while(1);
19 }
```

(a)程式視窗

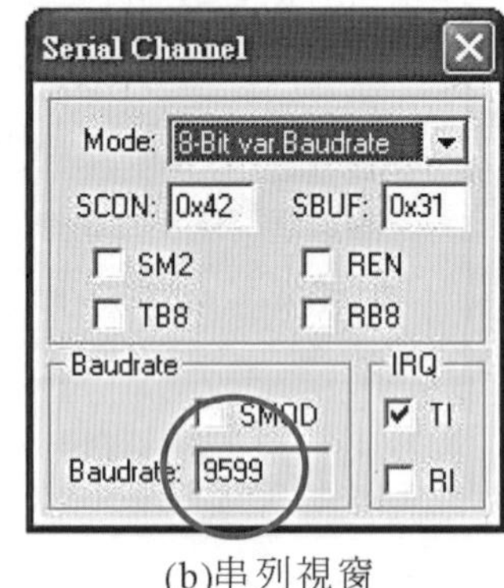

(b)串列視窗

圖 5-18

圖 5-19

斷點設在程式第 15 行每按 ![icon] 一次，則字串會一個接一個傳送給電腦，電腦接收到資料會顯示在 UART#1 視窗上面。傳送完畢將 TI 旗號設定為 1，此旗號必須借助程式清除(如 15 行)。鮑率受到振盪頻率影響，振盪頻率設定視窗如圖 5-19，為

11.059MHz，有關此視窗開啓設定，請參考第三章步驟 17 檢視參數設定情形。鮑率計算公式請參考 4-3 串列埠章節。

步驟 10：串列接收模擬。

使用模式 1 串列接收，鮑率由計時器 1 產生，模擬由電腦鍵盤輸入字串經由 MCS-51 晶片的 RXD 腳輸入，接收到的資料會在 MCS-51 晶片內部資料記憶體(RAM)位址 40H 處依序存入直到輸入“&”爲止。此範例專案名稱爲“TEST_SE_R”，程式檔案名稱爲“EX7.C”。點選 鈕開啓 Memory 視窗，在“Address：”輸入“D:40H”。點選 鈕開啓 UART#1 視窗，點選 Window\Tile Vertically 將兩個視窗垂直並列顯示。視窗畫面如圖 5-20 所示。程式內容如圖 5-21(a)，使用 Peripherals\Serial 開啓串列視窗如圖 5-21(b)，記憶體視窗如 5-21(c)。斷點設在程式第 17 行，模擬操作過程說明如下：

先按 RST 鈕乙次，暫存器視窗如圖 5-8(a)所示、各暫存器之初值如表 1-4 所示。

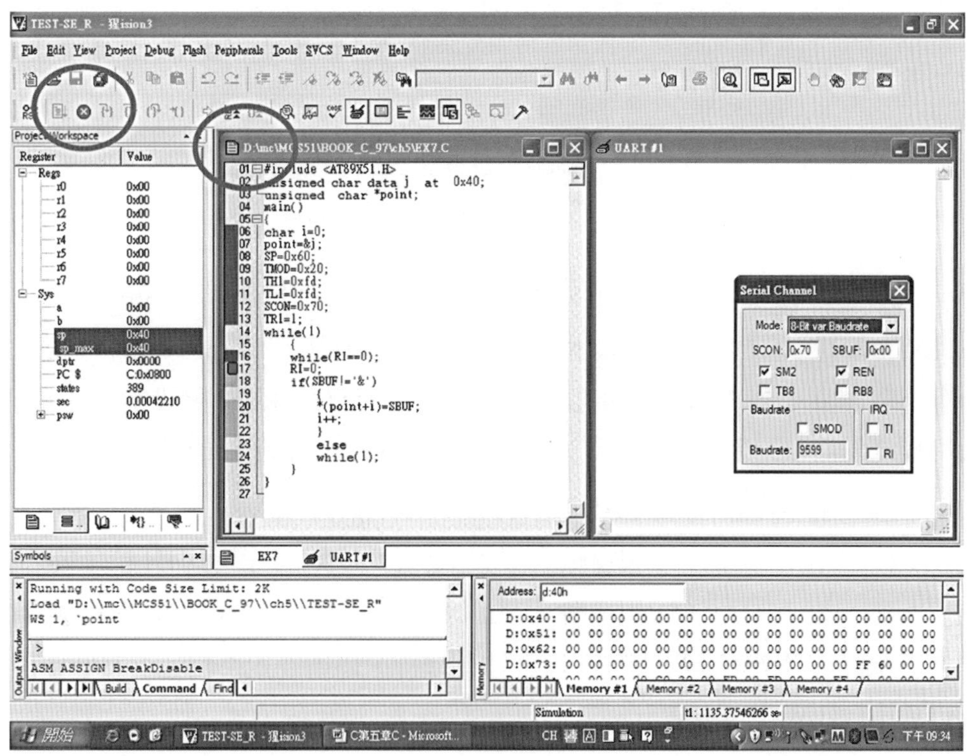

圖 5-20

```
01 #include <AT89X51.H>
02 unsigned char data j  at  0x40;
03 unsigned  char *point;
04 main()
05 {
06 char i=0;
07 point=&j;
08 SP=0x60;
09 TMOD=0x20;
10 TH1=0xfd;
11 TL1=0xfd;
12 SCON=0x70;
13 TR1=1;
14 while(1)
15     {
16     while(RI==0);
17     RI=0;
18     if(SBUF!='&')
19         {
20         *(point+i)=SBUF;
21         i++;
22         }
23         else
24         while(1);
25     }
26 }
```

(a)程式視窗

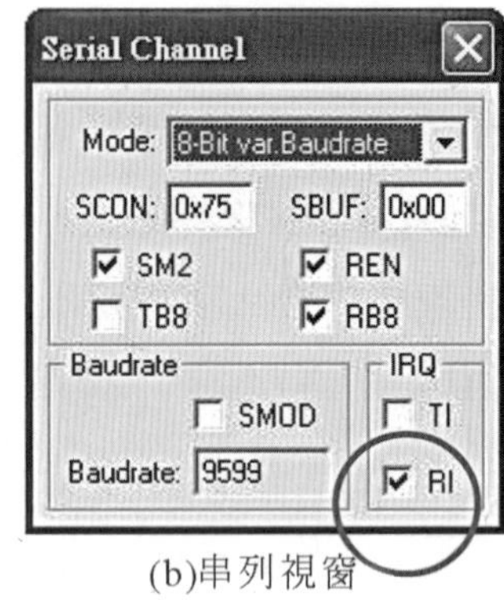

(b)串列視窗

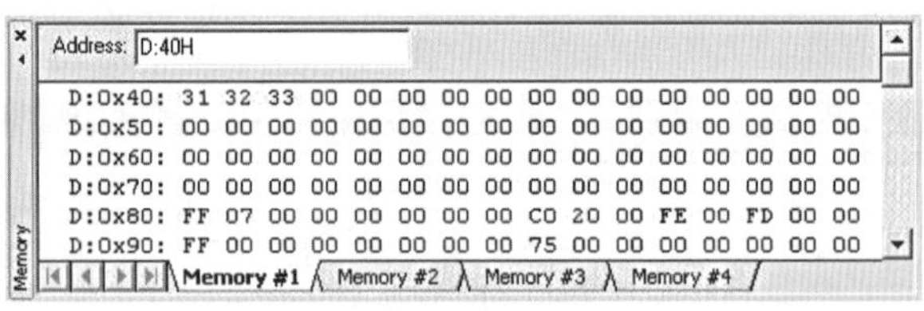

(c)記憶體視窗

圖 5-21

第一次按 鈕程式持續執行(如圖 5-20)，移動滑鼠到 UART#1 視窗後點選滑鼠左鍵、此時 UART#1 視窗會閃爍顯示游標，使用鍵盤輸入“1”程式立即停留在第 17 行，串列視窗如圖 5-21(b)表示已接收到資料，接收完畢將 RI 旗號設定爲 1，此旗號必須借助程式清除(如 17 行)。連續按 鈕一直等到程式執行完第 20 行檢視 5-21(c)視窗 40H 位址儲存 31H(“1”的 ASCII 碼爲“31H”)。

第二次按鈕在 UART#1 視窗輸入“2”重複上述動作，視窗 41H 位址儲存 32H。

第三次按鈕在 UART#1 視窗輸入“3”重複上述動作，視窗 42H 位址儲存 33H。

若在 UART#1 視窗輸入“&”則程式結束執行，停留在第 24 行。

步驟 11：計時器中斷模擬。

將步驟 7 的範例程式稍加修改成中斷方式呈現，主要可作比對加深印象之外也可理解中斷時中斷旗號的處理方式。此範例專案名稱爲“TEST_I_T0”，程式檔案名稱爲“EX8.C”。視窗畫面如圖 5-22 所示。程式內容如圖 5-23(a)，使用

Peripherals\Timer\Timer0 開啓計時器 0 視窗如圖 5-23(b)。斷點設在程式第 12 行，模擬操作過程說明如下：

先按 RST 鈕乙次，暫存器視窗如圖 5-8(a)所示，各暫存器之初值如表 1-4 所示。

第一次按 鈕程式停留在第 12 行進入計時器 0 中斷服務程式，檢視計時器 0 視窗 TF0 未打勾，主要原因爲計時器溢位時會將中斷旗號 TF0 設定爲“1”要求中斷，但執行計時器中斷服務時硬體會自動清除旗號。連續按 {+} 鈕，一直等到程式執行第 16 行，檢視計時器 0 視窗 TH0 與 TL0 的初值爲 EC78H，主要是設定再經過 5mS 後會中斷。中斷服務程式返回主程式第 10 行。與步驟七“EX4.C”比較，此範例採用中斷 CPU 顯得很悠閒，停留在第 10 行打轉，每隔 5mS 執行中斷服務程式，而“EX4.C”中的 CPU 是沒有一刻空閒的，這就是使用中斷的好處可提高 CPU 工作效率。

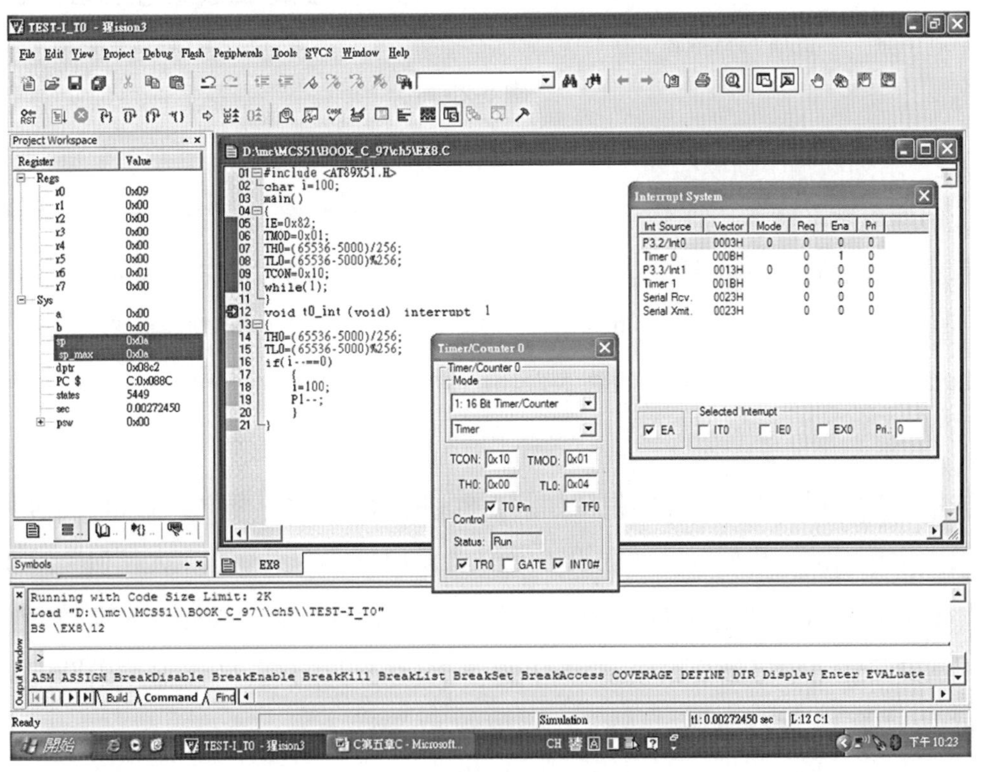

圖 5-22

```
#include <AT89X51.H>
char i=100;
main()
{
IE=0x82;
TMOD=0x01;
TH0=(65536-5000)/256;
TL0=(65536-5000)%256;
TCON=0x10;
while(1);
}
void t0_int (void)  interrupt  1
{
TH0=(65536-5000)/256;
TL0=(65536-5000)%256;
if(i--==0)
    {
    i=100;
    P1--;
    }
}
```

(a)程式視窗

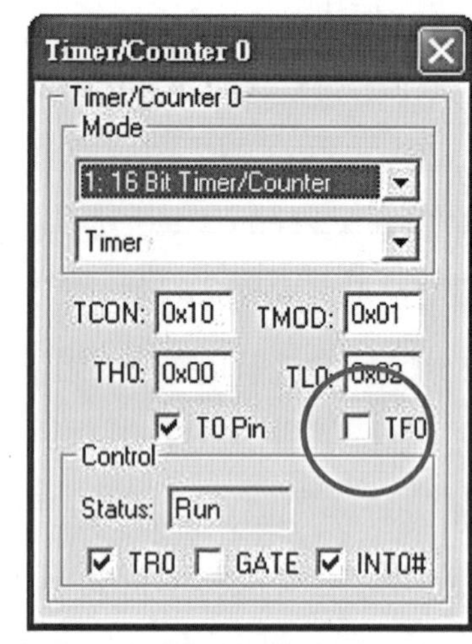

(b)計時器 0 視窗

圖 5-23

步驟 12：串列傳輸中斷模擬。

此範例專案名稱為“TEST_SE_TI”，程式檔案名稱為“EX9.C”功能與步驟九的範例程式一樣。點選 [按鈕] 鈕開啓 UART#1 視窗，點選 Window\Tile Vertically 將兩個視窗垂直並列顯示，視窗畫面如圖 5-24 所示。程式內容如圖 5-25(a)，使用 Peripherals\Serial 開啓串列視窗如圖 5-25(b)。斷點設在程式第 19 行，模擬操作過程說明如下：

先按 [RST] 鈕乙次，暫存器視窗如圖 5-8(a)所示，各暫存器之初值如表 1-4 所示。

第一次按 [按鈕] 鈕程式停留在第 19 行，表示已經傳送第一個字元“M”值後進入串列中斷服務程式，當旗號 TI=1 或 RI=1 均會產生串列中斷，因此進入串列中斷服務程式時，硬體並不會自動清除旗號，檢視圖 5-25(b)之 TI 打勾(TI=1)必須借助程式將旗號清除(程式第 19 行)，此時 UART#1 視窗顯示“M”。

第二次按 [按鈕] 鈕程式同樣停留在第 19 行，表示已經傳送第二個字元“C”值後，進入串列中斷服務程式，此時 UART#1 視窗顯示“MC”。

此程式結束時在 UART#1 視窗顯示“MCS-51”，若將 19 行程式取消，將無法正確執行指令。

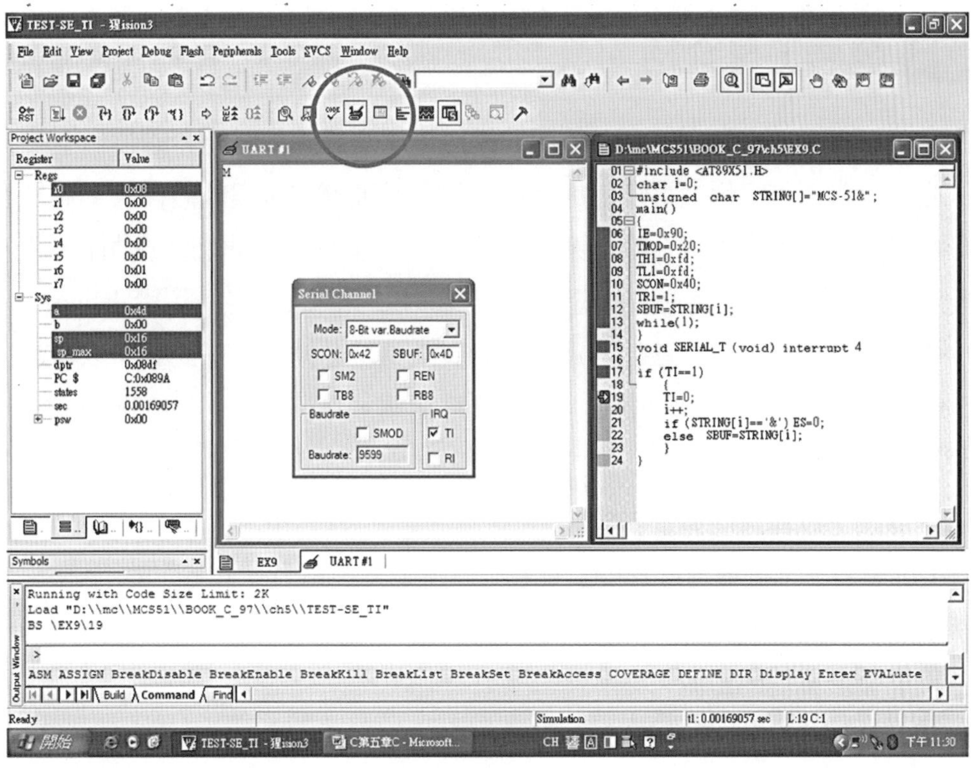

圖 5-24

```
#include <AT89X51.H>
char i=0;
unsigned char STRING[]="MCS-51&";
main()
{
IE=0x90;
TMOD=0x20;
TH1=0xfd;
TL1=0xfd;
SCON=0x40;
TR1=1;
SBUF=STRING[i];
while(1);
}
void SERIAL_T (void) interrupt 4
{
if (TI==1)
   {
   TI=0;
   i++;
   if (STRING[i]=='&') ES=0;
   else SBUF=STRING[i];
   }
}
```

(a)程式視窗

Serial Channel
Mode: 8-Bit var.Baudrate
SCON: 0x42 SBUF: 0x4D
SM2 REN
TB8 RB8
Baudrate IRQ
SMOD TI
Baudrate: 9599 RI

(b)串列視窗

圖 5-25

5-2 發展工具介紹

在 5-1 章節介紹有關 μVision 軟體的模擬，不需硬體電路配合的情形下，先行測試程式是否正常工作。但在實際應用時則必須具備硬體電路與軟體程式，並且軟體程式與硬體電路要彼此搭配符合應用系統之需求。在進行軟、硬體測試動作，若彼此之間搭配上存在一些問題，勢必要絞盡腦汁尋找問題的根源(此俗稱除錯 debug)，除錯的過程中需要耐心、細心與經驗外，適當的發展工具是必備的。在此章節以祥寶科技生產的 MCS-51 發展系統並引用圖 5-1 的程式為範例，介紹發展工具的操作方式，操作步驟說明如下：

一、確定發展工具與電腦連線正常

步驟 1：確定發展系統與電腦之間的連線。

1. 先開啓實驗設備的電源。
2. 後開啓發展系統的電源。
3. 使用 USB 介面連接電腦與發展系統。

(a)下拉視窗

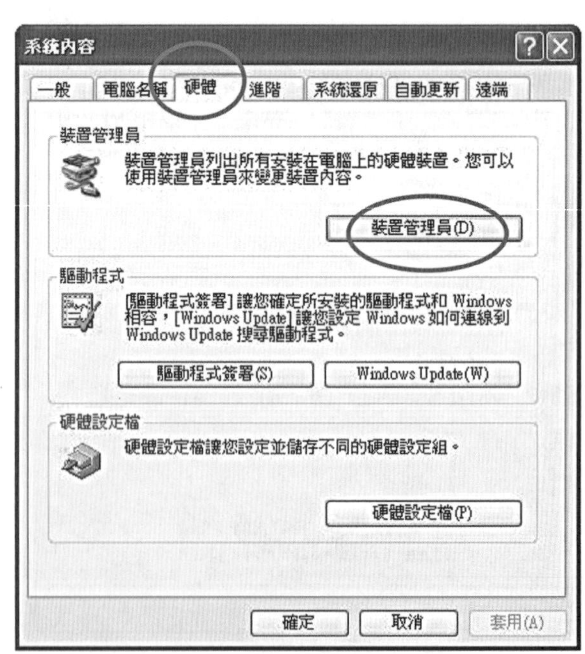

(b)系統內容視窗

圖 5-26

完成上述三項動作後，為了確保發展系統與電腦之間完成連線，移動到 處點選滑鼠右鍵乙次，開啓下拉視窗，如圖 5-26(a)所示，點選圖 5-26(a)下拉視窗的內容，開啓系統內容視窗，如圖 5-26(b)所示，點選裝置管理員開啓圖 5-27 裝置管理員視窗，檢視“MICETEK EASYPACK/U VERSION C”。

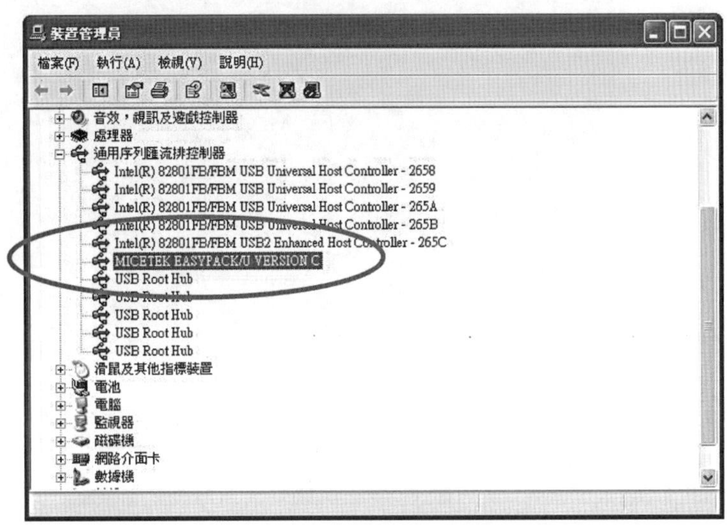

圖 5-27　裝置管理員視窗

步驟 2：點選 

開啓圖 5-28“Startup Configuration ”視窗，先點選“Connect”鈕後再點選“OK”鈕。

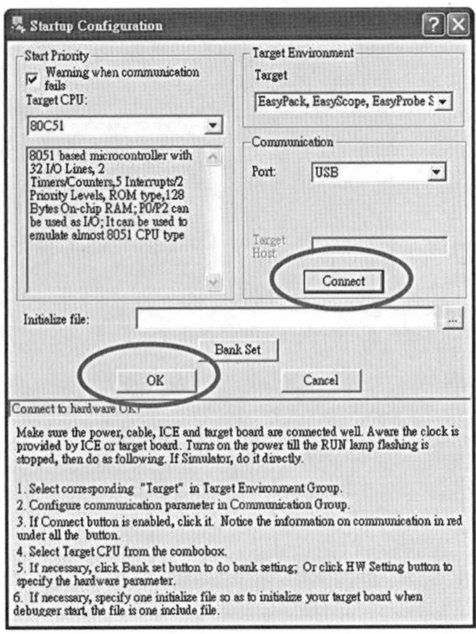

圖 5-28　Startup Configuration 視窗

步驟 3：點選  開啓圖 5-29 視窗。

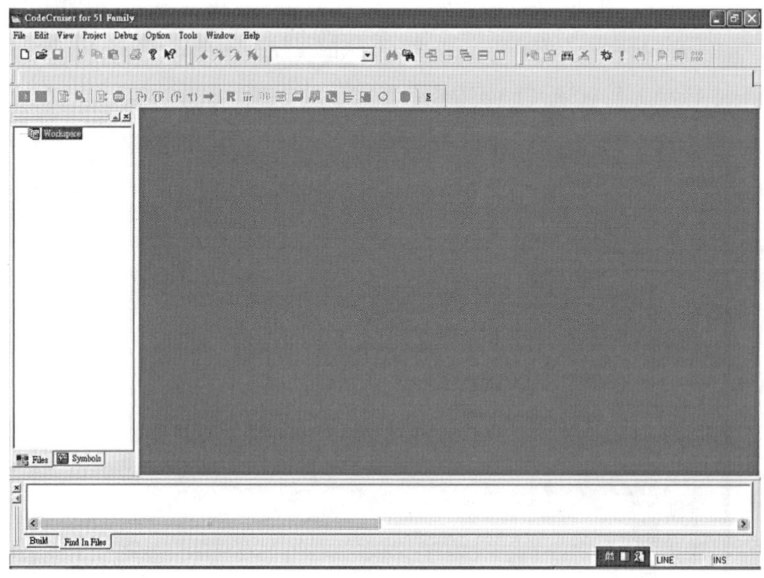

圖 5-29　視窗

二、建立專案與編輯程式

步驟 4：點選 Project\New 進入圖 5-30 新專案名稱視窗。

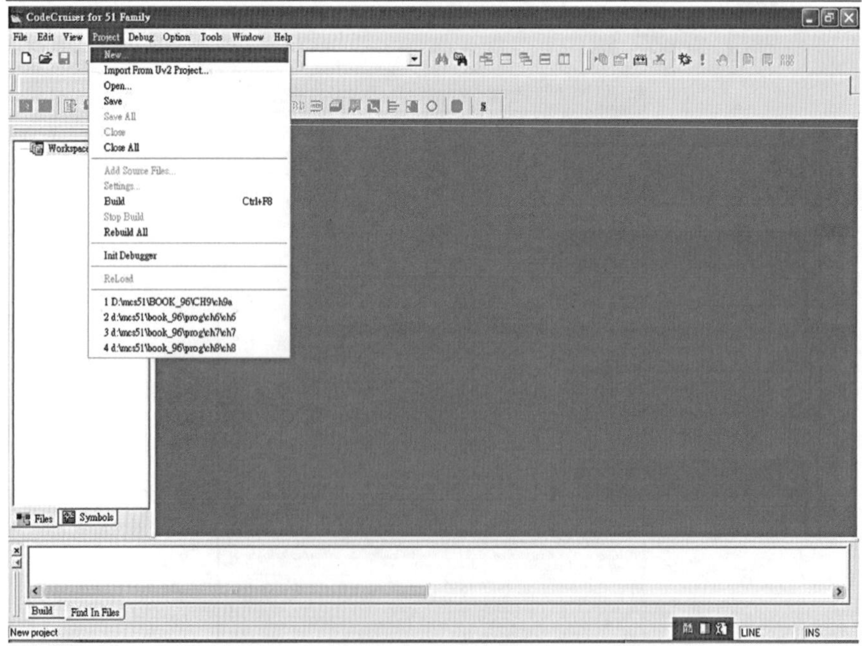

圖 5-30　視窗

步驟 5：輸入新專案名稱“ch5”點選“開啓(O)”鈕。點選開啓圖 5-31 視窗。

圖 5-31　視窗

步驟 6：點選“Device”鈕設定新專案 CPU 編號爲 Atmel 公司之“AT89C51”。

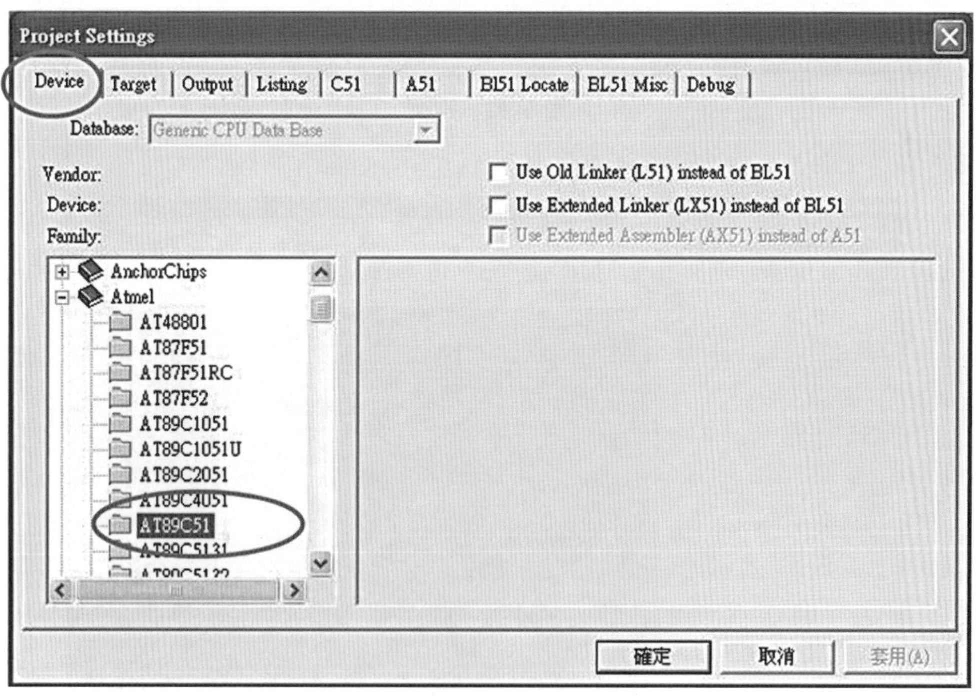

圖 5-32　視窗

步驟 7：點選“Output”鈕設定輸出附檔名為 hex 與 omf 檔案後，點選“確定”鈕進入圖 5-33 視窗。

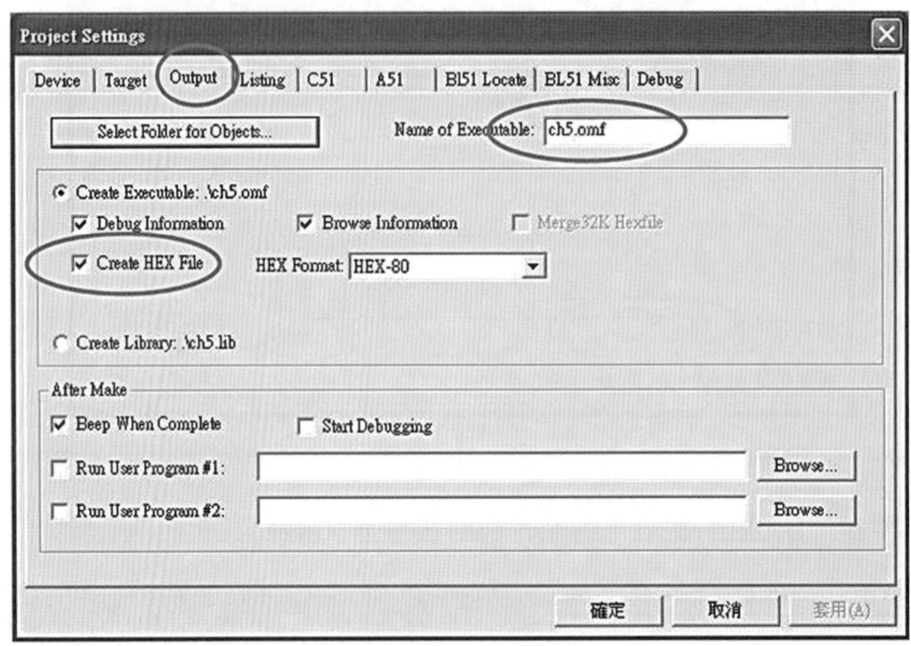

圖 5-33 視窗

步驟 8：點選 File\New 開啓圖 5-34 視窗。

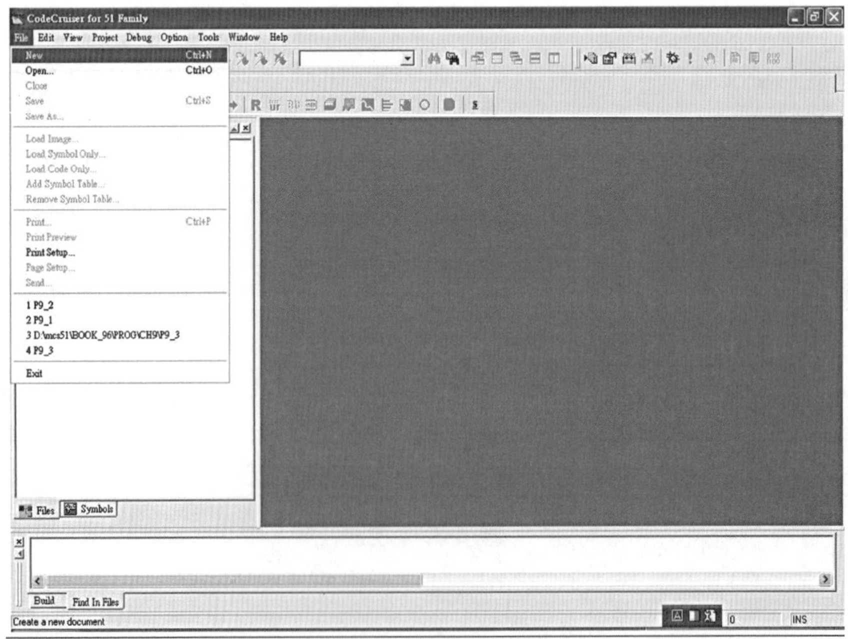

圖 5-34 視窗

步驟 9：點選“CodeCruiser Source File”後，點選“確定”鈕進入圖 5-35 視窗。

圖 5-35　視窗

步驟 10：參考圖 5-1 程式輸入到編輯區。

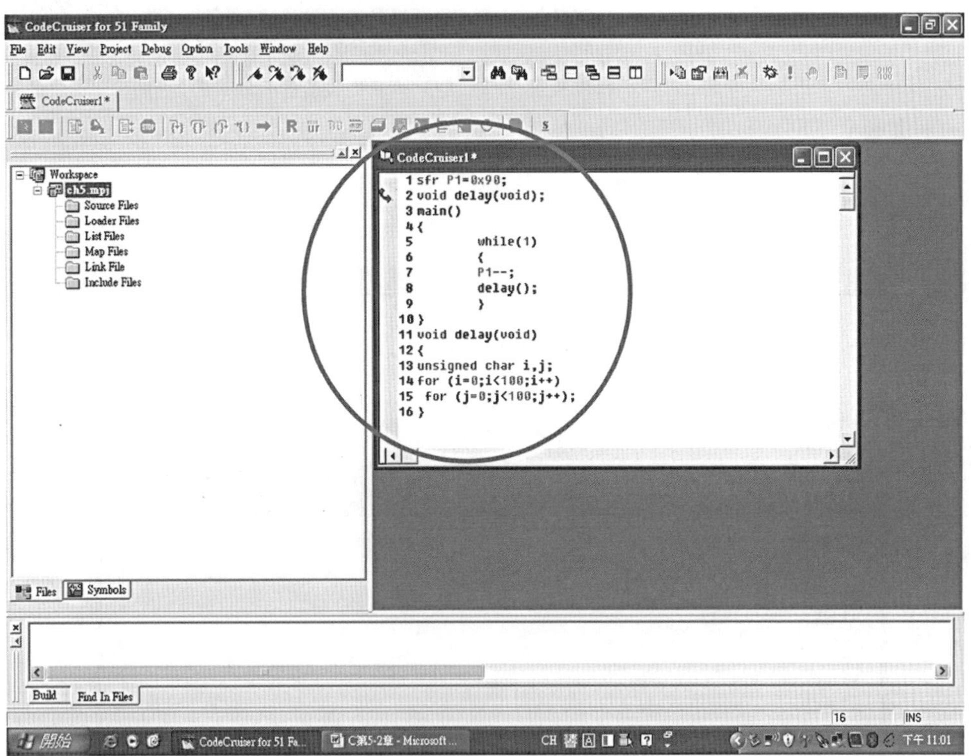

圖 5-36　視窗

步驟 11：點選 File\Save As，儲存程式檔案進入圖 5-37 視窗。

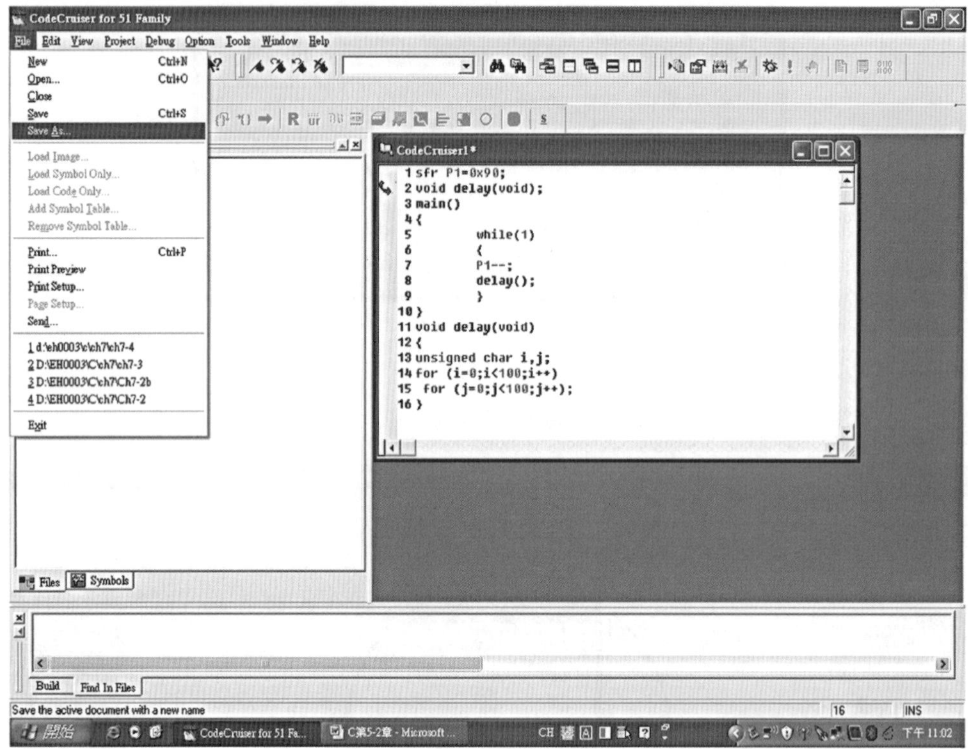

圖 5-37 視窗

步驟 12：程式檔名為"EX10.C"。

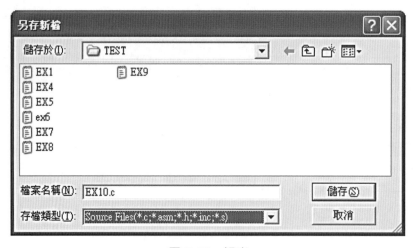

另存新檔
儲存於(I): TEST
EX1 EX4 EX5 ex6 EX7 EX8 EX9
檔案名稱(N): EX10.c
存檔類型(T): Source Files(*.c;*.asm;*.h;*.inc;*.s)
儲存(S) 取消

圖 5-38 視窗

步驟 13：移動滑鼠到“Source File”處點選滑鼠右鍵，準備在 CH5 專案中，加入程式檔案。

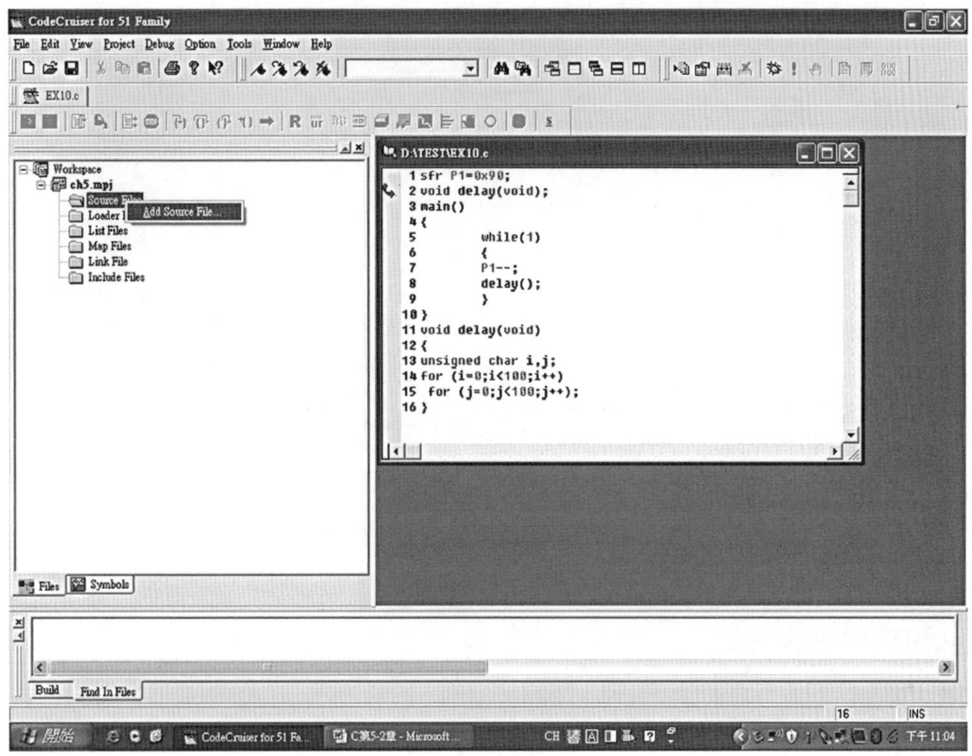

圖 5-39　視窗

步驟 14：點選程式檔名為　“EX10.C”後，點選“開啓”鈕。

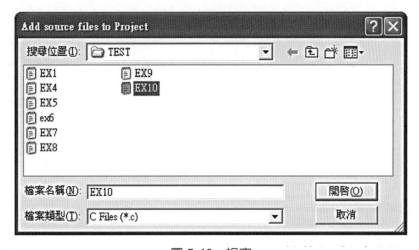

Add source files to Project
搜尋位置(I): TEST
EX1
EX4
EX5
ex6
EX7
EX8
EX9
EX10
檔案名稱(N): EX10
檔案類型(T): C Files (*.c)
開啓(O)
取消

圖 5-40　視窗

步驟 15：CH5 專案中加入“EX10.C”程式視窗畫面。

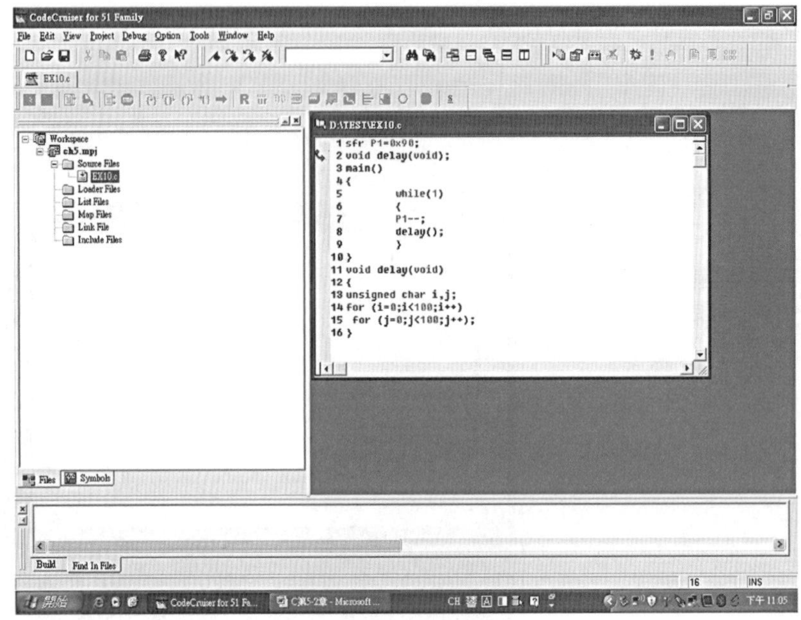

圖 5-41　視窗

三、組譯連結與路徑設定

步驟 16：點選左上方 [Build 按鈕圖示] 鈕進行組譯連結動作，若正確左下角會顯示“Target Created Successfully”。

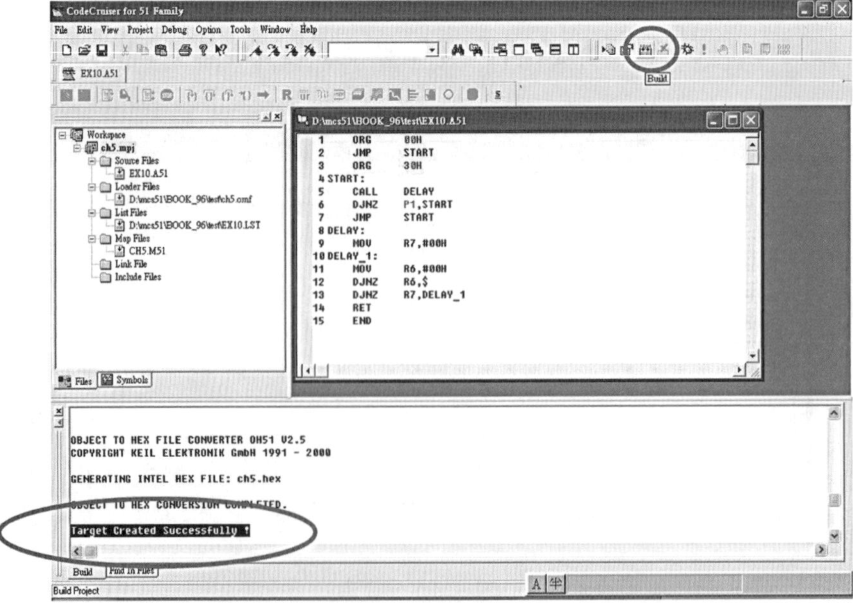

圖 5-42　視窗

若組譯連結失敗，左下角會顯示“Target Not Created”，如圖 5-43 視窗。檢視左下方訊息表示無法找到“C51.exe”執行檔，表示檔案路徑設定不妥而造成錯誤，點選“Option\Path Settings\Compiler…”，如圖 5-44 所示。

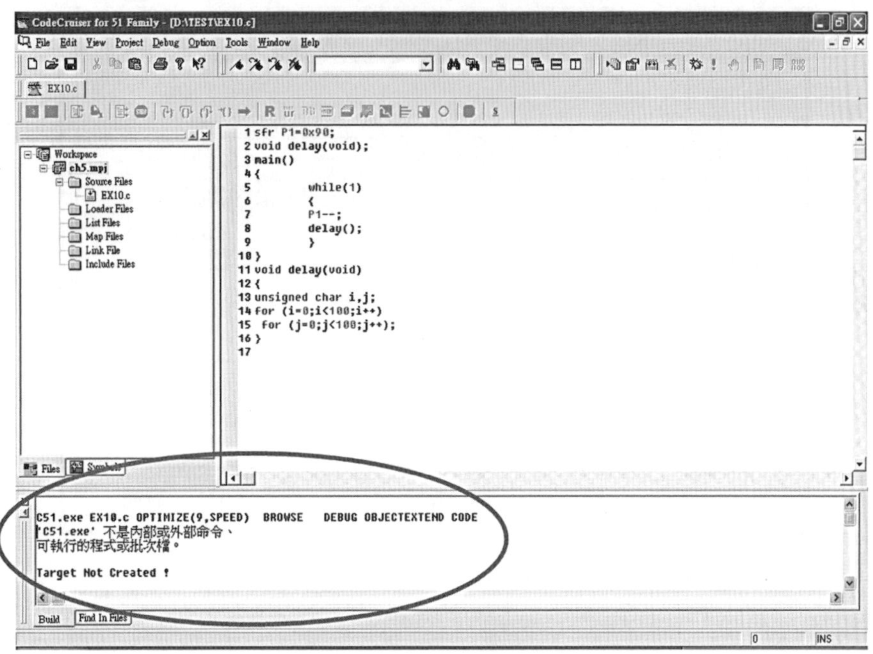

圖 5-43　視窗

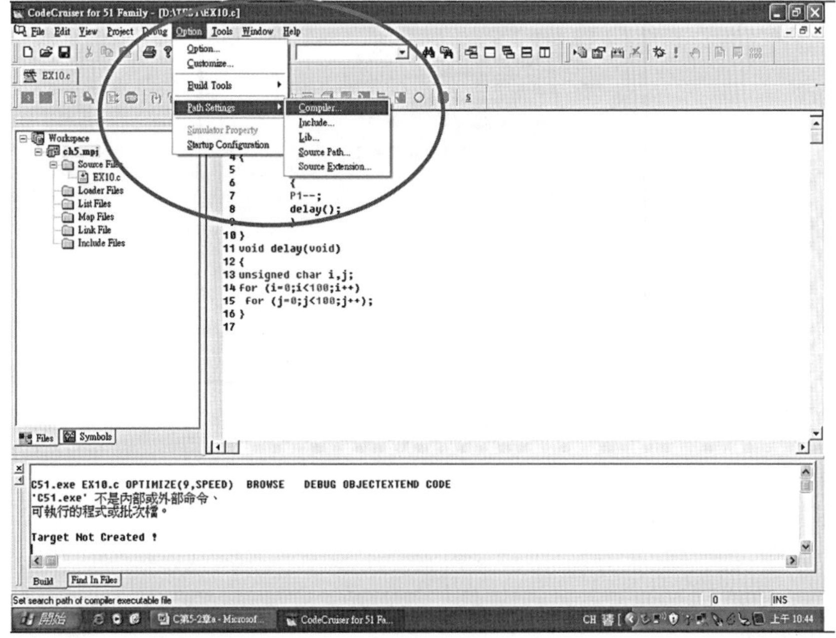

圖 5-44　視窗

點選“Option\Path Settings\Compiler…”開啓圖 5-45 視窗。先點選圖 5-45 框框標示“1”，再點選框框標示“2”開啓圖 5-46 視窗。

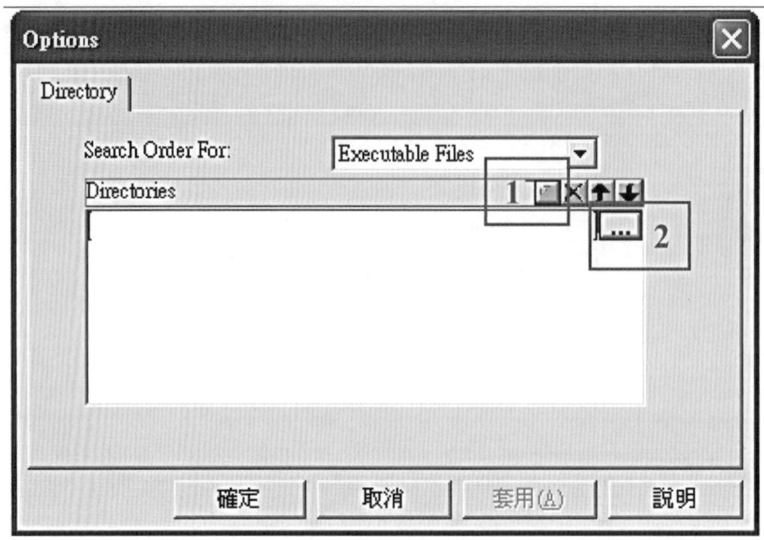

圖 5-45　Compiler 視窗

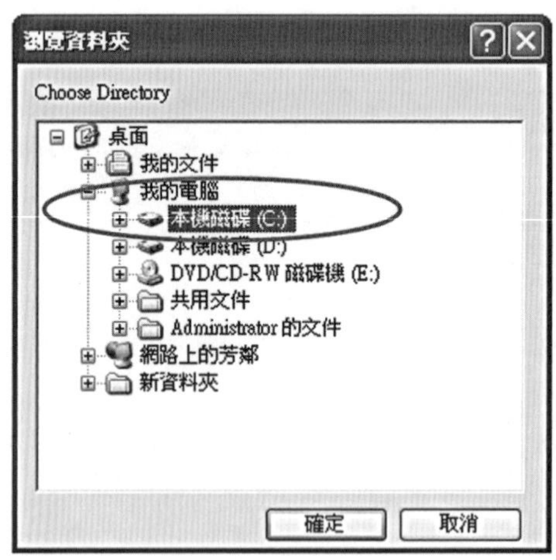

圖 5-46　路徑視窗

圖 5-47 視窗先點選“C:\Keil\C51\BIN”(標示 1)，再按“確定”鈕，完成視窗如圖 5-48 所示。

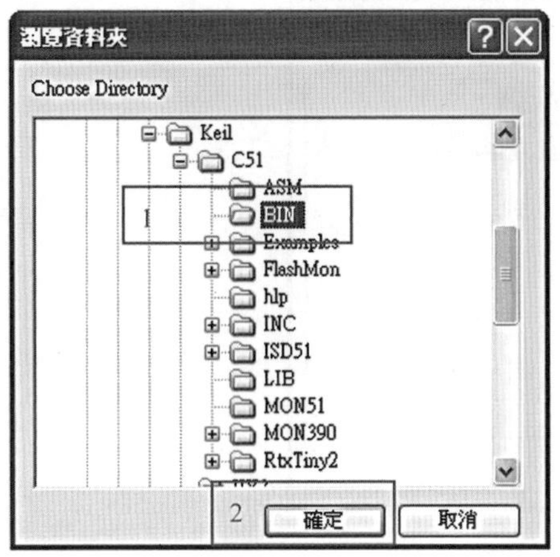

圖 5-47　Compiler 路徑設定視窗

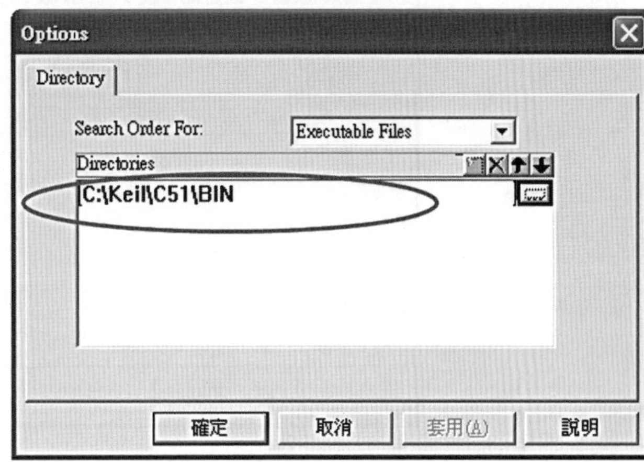

圖 5-48　Compiler 路徑視窗

依序檢視 Include Files 設定路徑如下：“C：\Keil\C51\INC\ATMEL”。如圖 5-49 所示。

圖 5-49　Include 路徑設定視窗

依序檢視 Library Files 設定路徑如下：“C：\Keil\C51\Lib”。如圖 5-50 所示。

圖 5-50　Library 路徑設定視窗

依序檢視 Source Files 設定路徑如圖 5-51 所示。

圖 5-51　Source 路徑設定視窗

依序檢視 File Extension 設定如圖 5-52 所示，表示可以接受*.c、*.asm、*.a51 或 *.c51 等檔案。

圖 5-52　File Extension 設定視窗

四、除錯模式之進入與離開

步驟 17：點選 鈕開啓除錯視窗畫面。

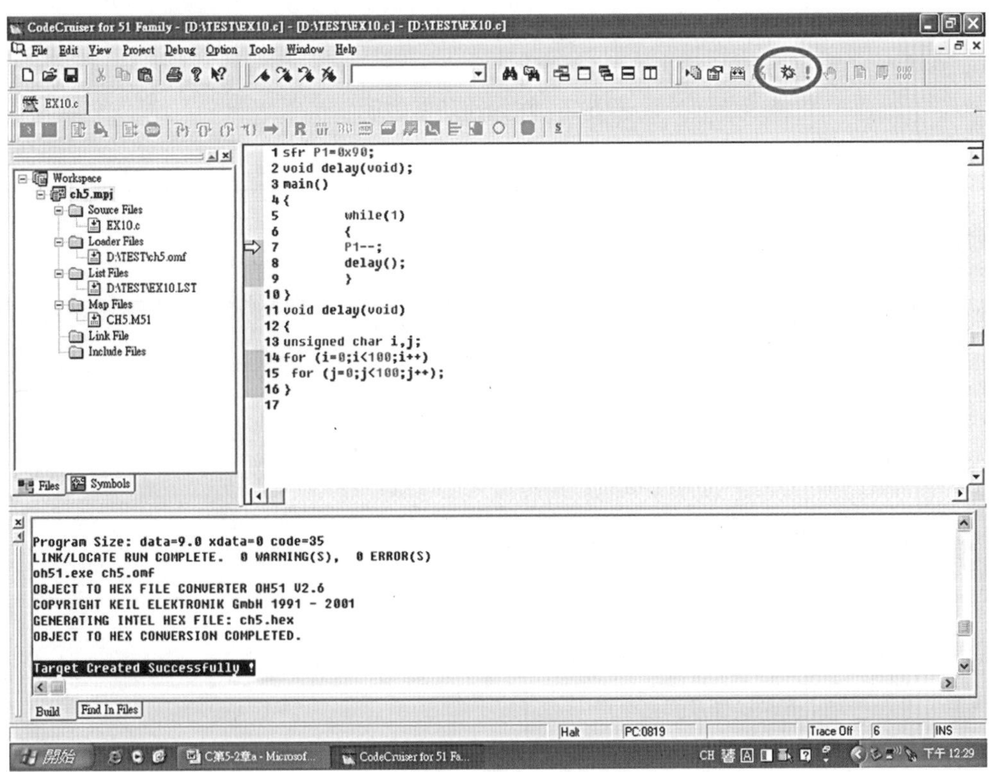

圖 5-53　視窗

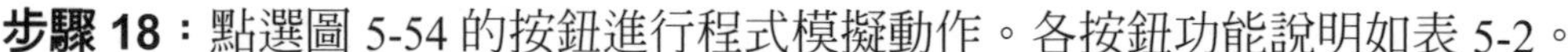

步驟 18：點選圖 5-54 的按鈕進行程式模擬動作。各按鈕功能說明如表 5-2。

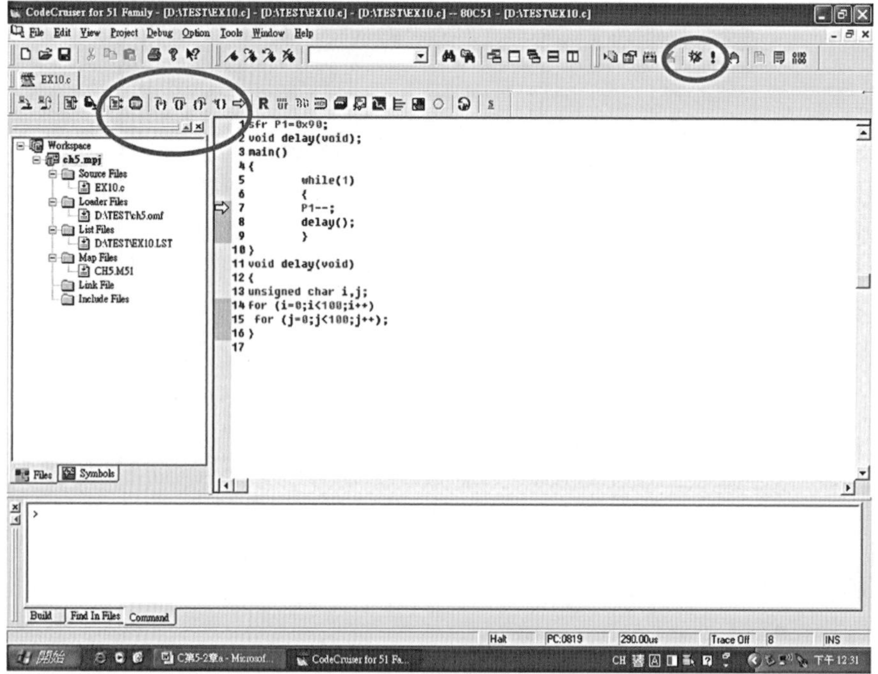

圖 5-54　視窗

表 5-2　除錯鈕功能說明

圖示鈕	功能說明
	系統重置鈕。 重置時 CPU 從 0000H 開始執行。 各暫存器初值如表 1-4 所示。
	全速執行程式鈕。
	停止執行程式鈕。
	單步執行鈕。 若有副程式會進入副程式內執行指令。
	單步執行鈕。 若有副程式會則把副程式當成一行指令執行。
	單步執行鈕。 當進入副程式內執行，立即結束副程式執行。
	執行指令到游標標示的指令鈕。

步驟 19：點選圖 5-54 的 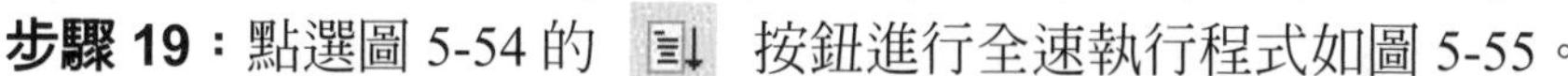 按鈕進行全速執行程式如圖 5-55。

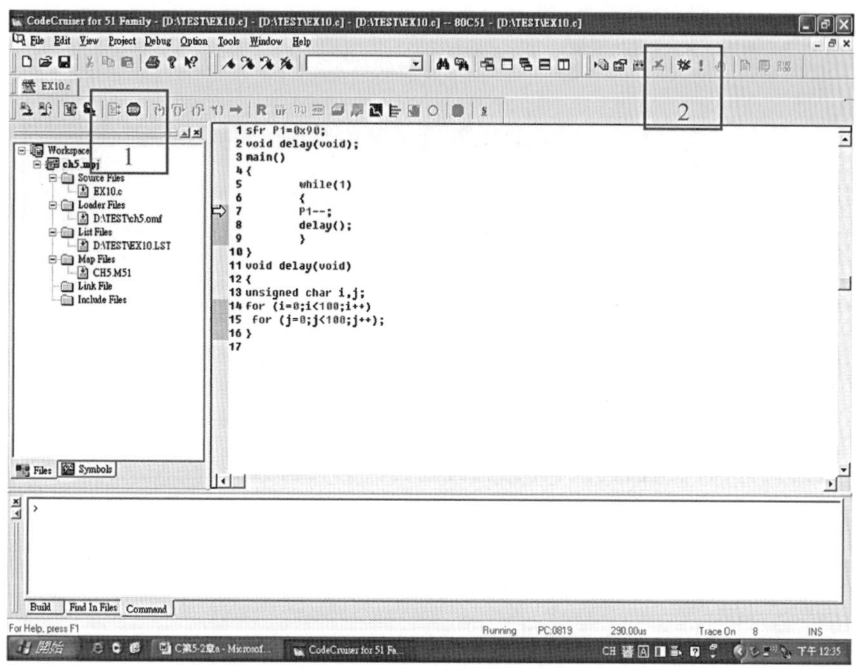

圖 5-55　程式執行中的視窗畫面

步驟 20：點選圖 5-55 的 STOP 按鈕停止執行程式如圖 5-56。

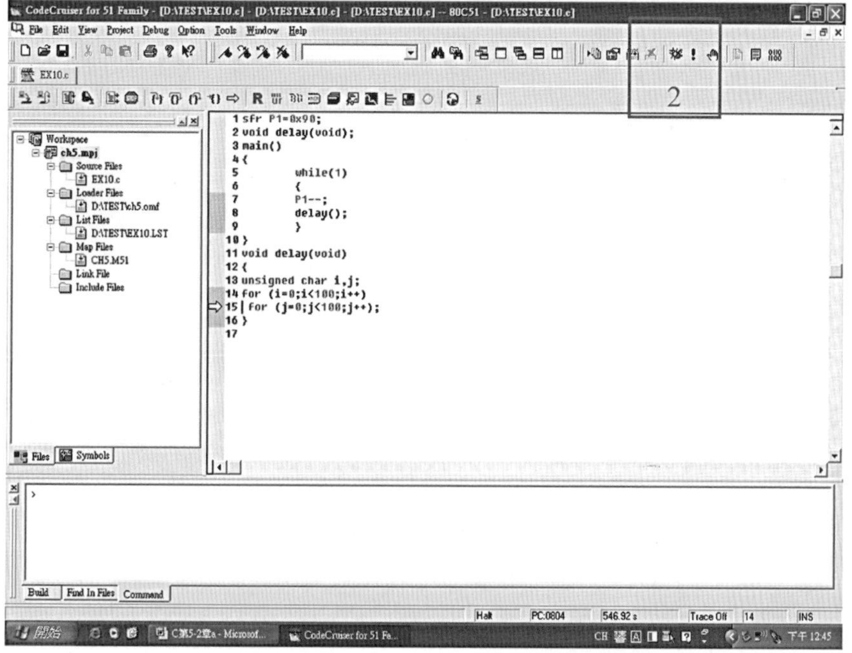

圖 5-56　停止執行除錯的視窗畫面

步驟 21：點選圖 5-56 的 [按鈕圖示] 按鈕離開除錯視窗如圖 5-57，進入程式編輯的視窗畫面。

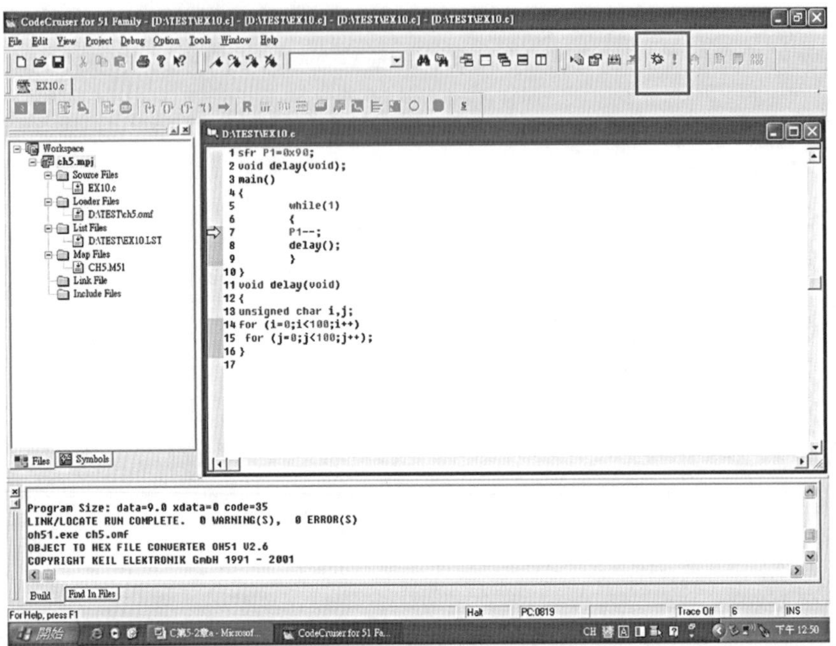

圖 5-57　離開除錯進入程式編輯的視窗畫面

步驟 22：點選 File/Exit 結束 CodeCruiser 軟體如圖 5-58。

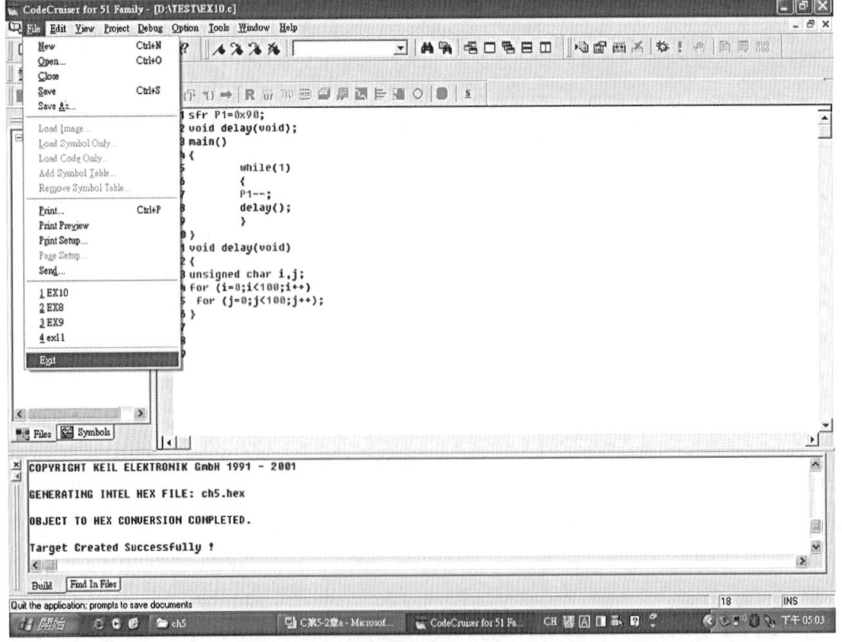

圖 5-58

五、編輯既有程式

從步驟 1 到步驟 22 已產生 CH5.HEX 檔案，在此主要介紹將 EX10.C 的程式，如圖 5-59(a)所示部份修改成如圖 5-59(b)後，另存爲“EX11.C”檔案，並在“CH5”專案下移除“EX10.C”檔案更改爲“EX11.C”。

```
sfr P1=0x90;
void delay(void);
main()
{
        while(1)
        {
        P1--;
        delay();
        }
}
void delay(void)
{
unsigned char i,j;
for (i=0;i<100;i++)
  for (j=0;j<100;j++);
}
```

(a) EX10.C

```
#include <AT89X51.H>
void delay(void);
main()
{
        while(1)
        {
        P1--;
        delay();
        }
}
void delay(void)
{
unsigned char i,j;
for (i=0;i<5;i++)
  {
  P0=i;
  for (j=0;j<6;j++)
  {
  P2=j;
  }
  }
}
```

(b) EX11.C

圖 5-59

步驟 23：參考圖 5-59(b)的程式，將“EX10.C”的程式修改後另存“EX11.C”如圖 5-60。

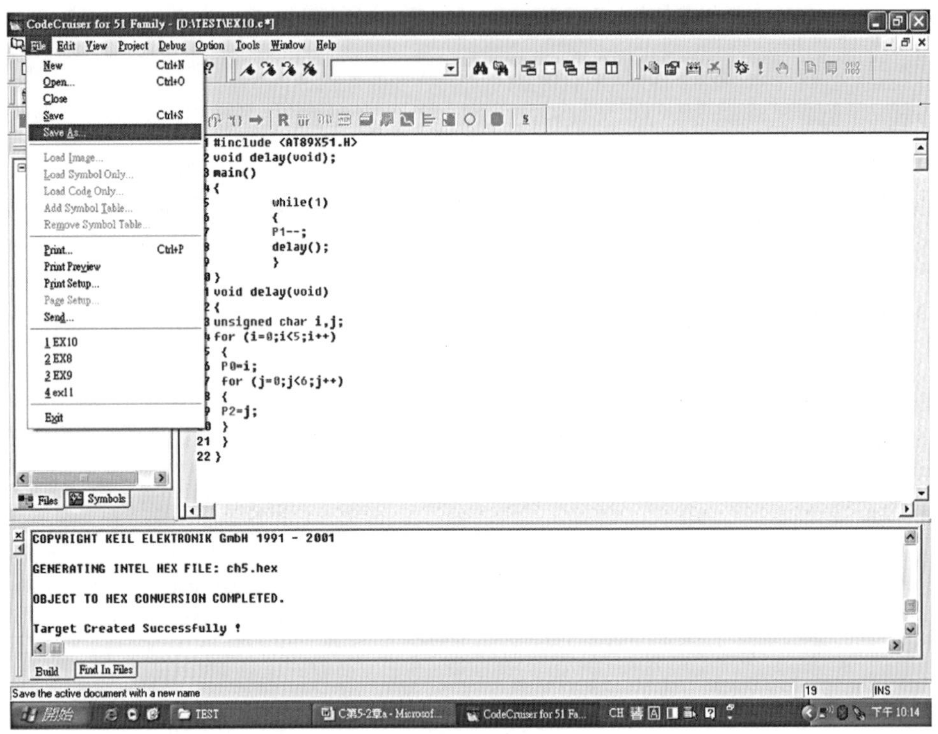

圖 5-60　修改既有程式後另存新檔

步驟 24：另存“EX11.C”如圖 5-61。

另存新檔
儲存於(I): TEST
EX1 EX4 EX5 ex6 EX7 EX8 EX9 EX10
檔案名稱(N): EX11.C
存檔類型(T): Source Files(*.c;*.asm;*.h;*.inc;*.s)
儲存(S)
取消

圖 5-61　另存新檔，檔名為“EX11.C”

步驟 25：將“CH5”專案中的“EX10.C”程式移除，如圖 5-62。

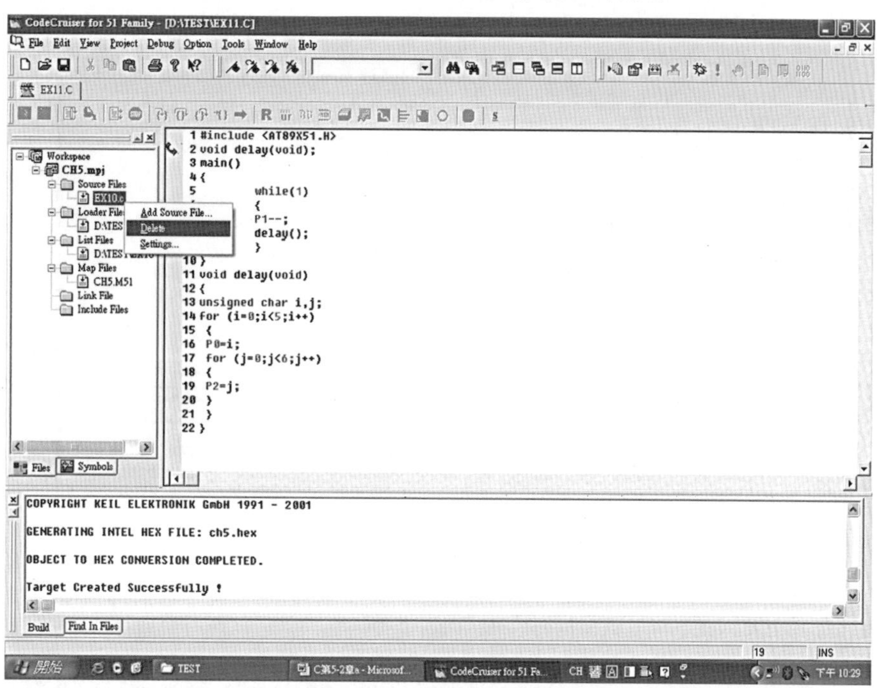

圖 5-62　移除 EX10.C 程式

步驟 26：移除“EX10.C”程式後加入“EX11.C”程式。如圖 5-63。

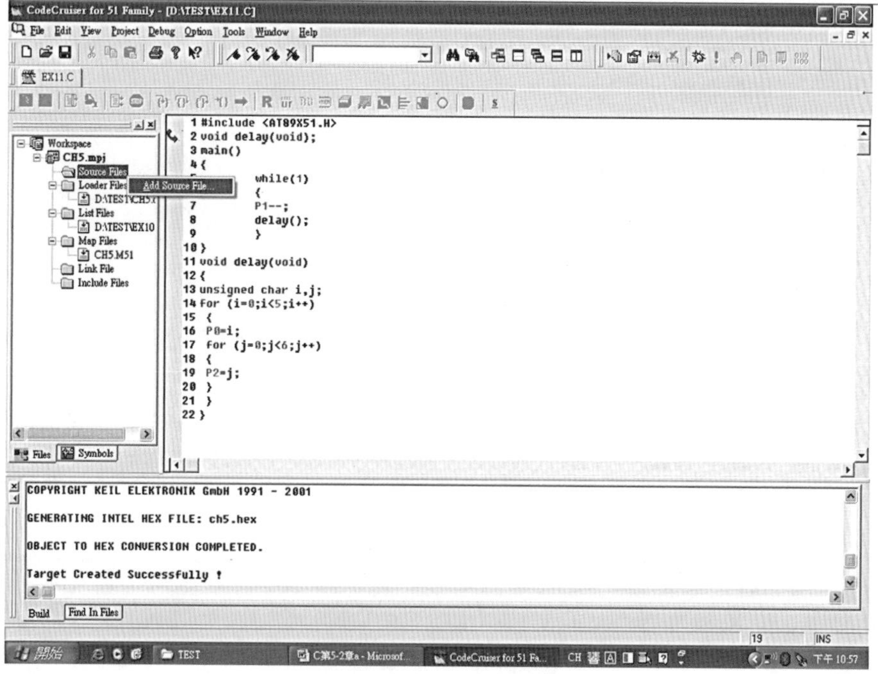

圖 5-63　加入新檔案

步驟 27：CH5 專案中加入“EX11.C”檔案程式，如圖 5-65。

Add source files to Project

搜尋位置(I): TEST

EX1 EX4 EX5 ex6 EX7 EX8 EX9 EX10 EX11

檔案名稱(N): EX11 開啟(O)

檔案類型(T): C Files (*.c) 取消

圖 5-64　加入 EX11.C 程式

步驟 28：加入“EX11.C”程式組譯結果如圖 5-66。

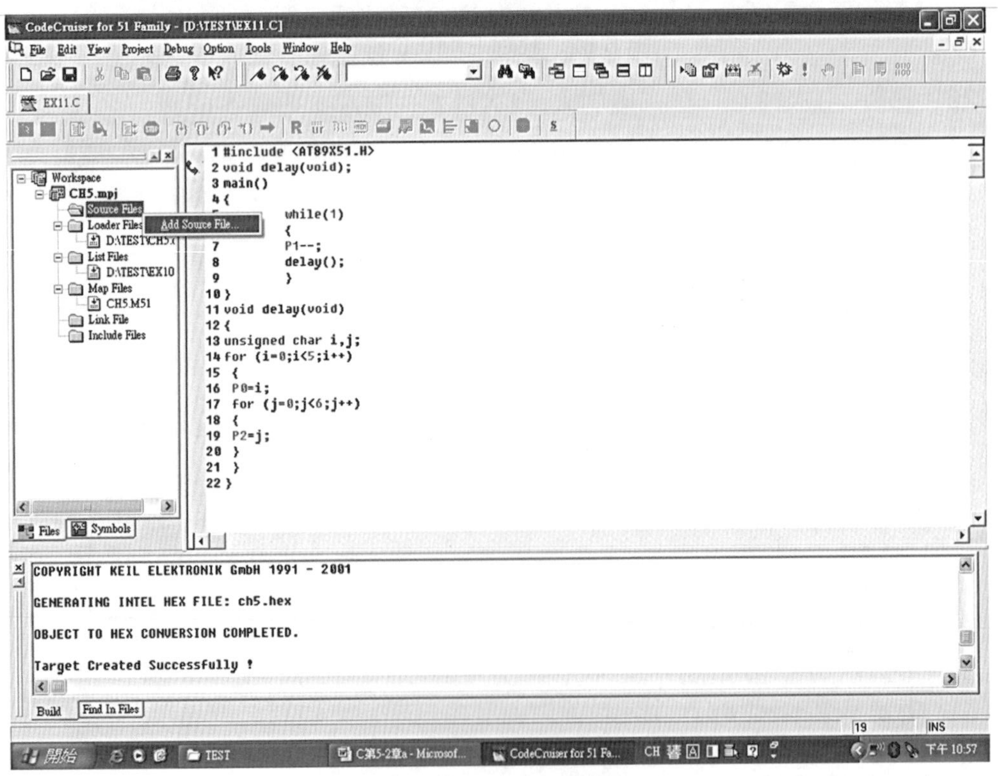

圖 5-65　加入新檔案

步驟 29：組譯連結產生"CH5.HEX"，如圖 5-66。若組譯失敗請檢查路徑設定是否正確(參考步驟 16)。

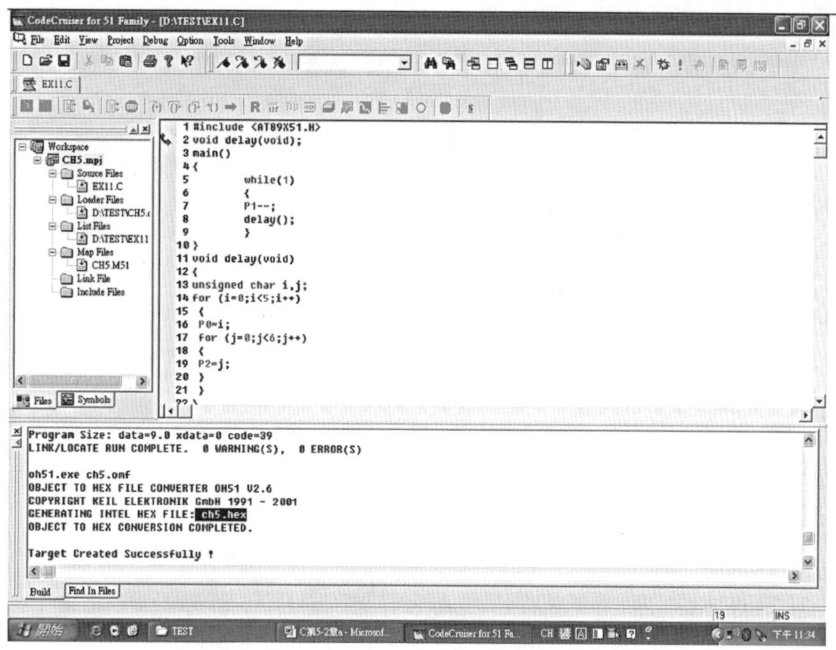

圖 5-66　產生 CH5.HEX

步驟 30：點選 [按鈕圖示] 鈕開啟除錯視窗畫面，如圖 5-67。

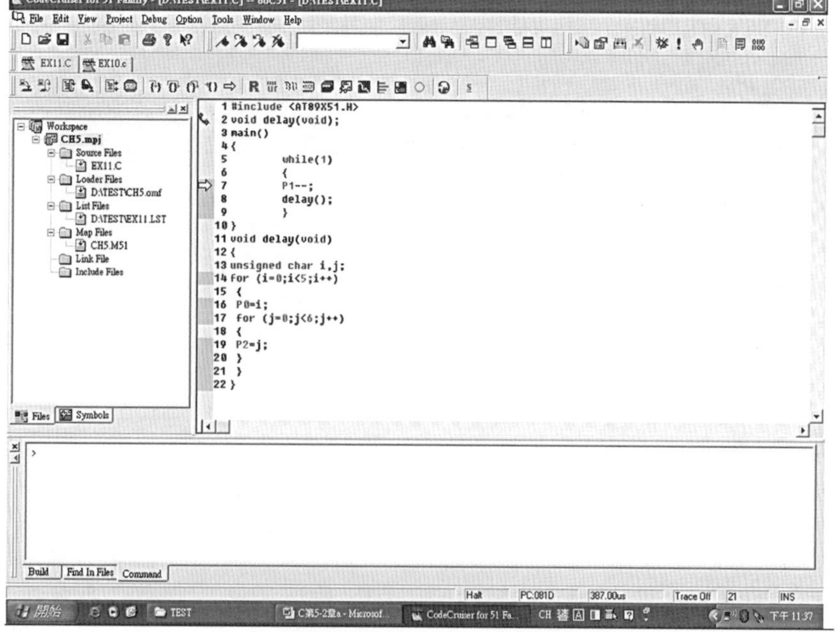

圖 5-67　進入除錯模式

步驟 31：移動滑鼠到第 7、16 與 19 行程式處，點選滑鼠左鍵可以直接設定/清除斷點，如圖 5-68。第一次點選爲設定斷點，增加紅色圓點標示。第二次點選爲清除斷點，紅色圓點自動清除。

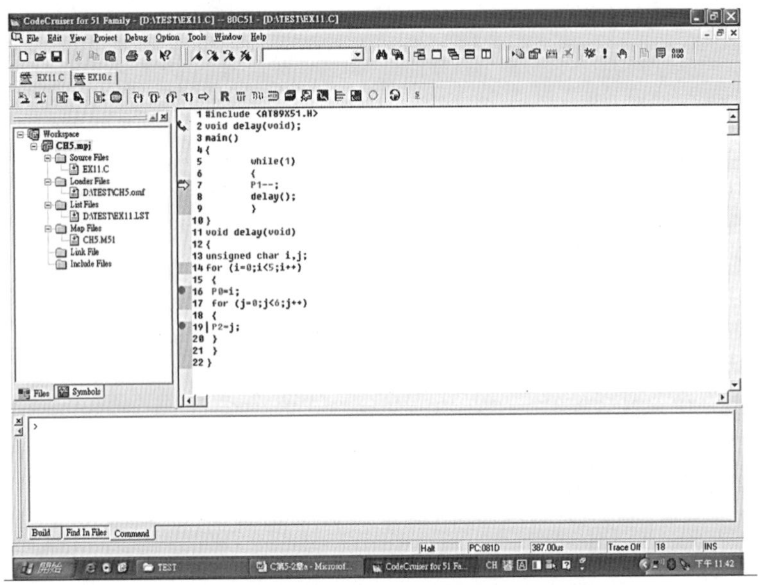

圖 5-68　在第 7、16 與 19 行程式處設斷點

六、常用除錯視窗畫面

步驟 32：使用“Tools\Peripheral\I/O-Ports”開啓 P0-P3 埠視窗，如圖 5-69。“Tools\Peripheral\”可以開啓中斷、串列與計時器等視窗。

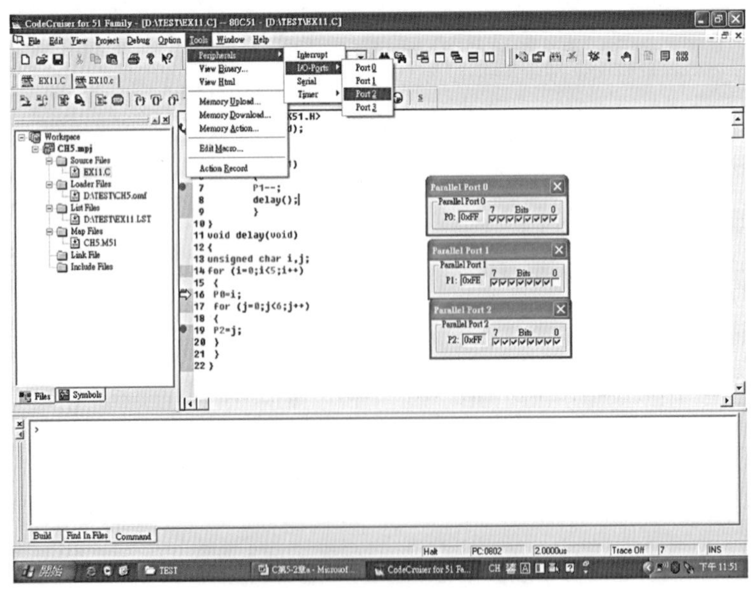

圖 5-69　開啓 P0-P3 埠視窗

步驟 33：連續點選 [圖示] 鈕執行程式，觀察 P1、P0 與 P2 值如圖 5-70 所示。

P1	P0	P2
0XFE	0X00	0X00-0X05
	0X01	0X00-0X05
	0X02	0X00-0X05
	0X03	0X00-0X05
	0X04	0X00-0X05
0XFD	0X00	0X00-0X05
	0X01	0X00-0X05
	0X02	0X00-0X05
	0X03	0X00-0X05
	0X04	0X00-0X05

圖 5-70　P1、P0 與 P2 值變化情形

步驟 34：變數視窗之開啓，觀察程式中之 i 與 j 變數值。

1. 使用"View\Debug Window\Variable"開啓變數視窗，如圖 5-71 所示。

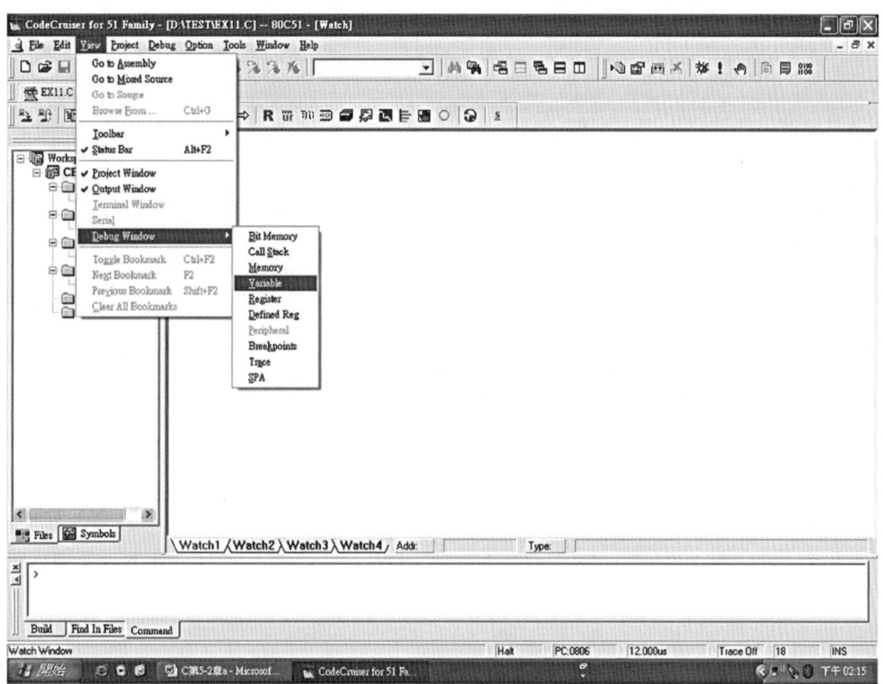

圖 5-71　開啓變數視窗

2. 移動滑鼠到左上方點選滑鼠左鍵，點選“Add”(如圖 5-72)。

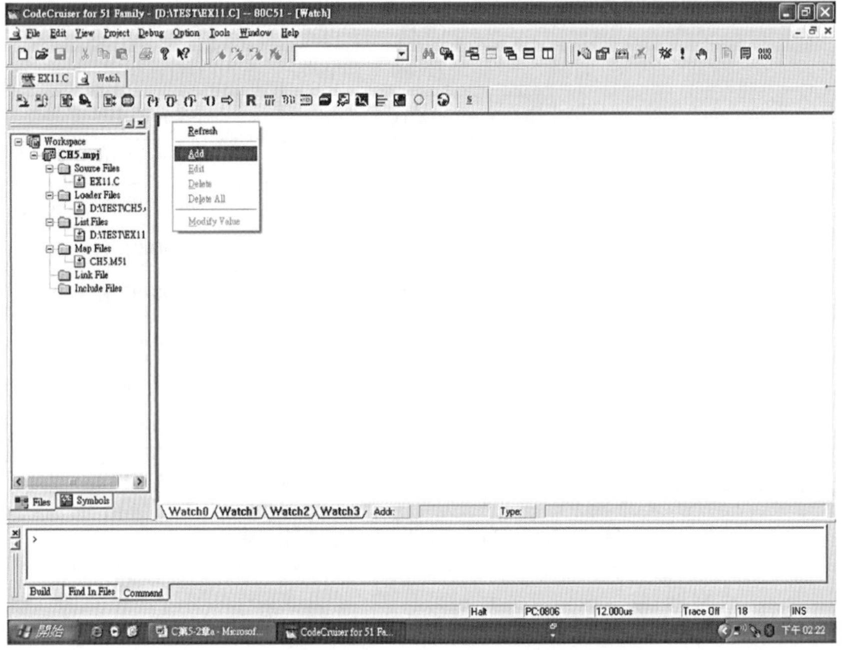

圖 5-72　在第 7、16 與 19 行程式處設斷點

3. 由鍵盤輸入“j”鍵後按“enter”鍵，重複上述動作輸入變數“i” (如圖 5-73)。

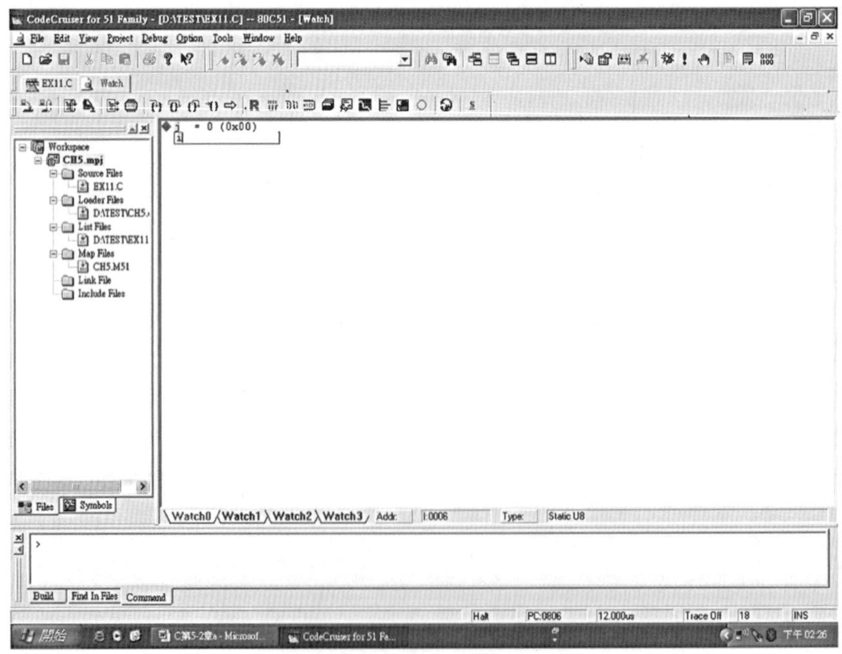

圖 5-73　鍵入變數 i 與 j

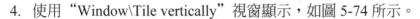

4. 使用“Window\Tile vertically”視窗顯示，如圖 5-74 所示。

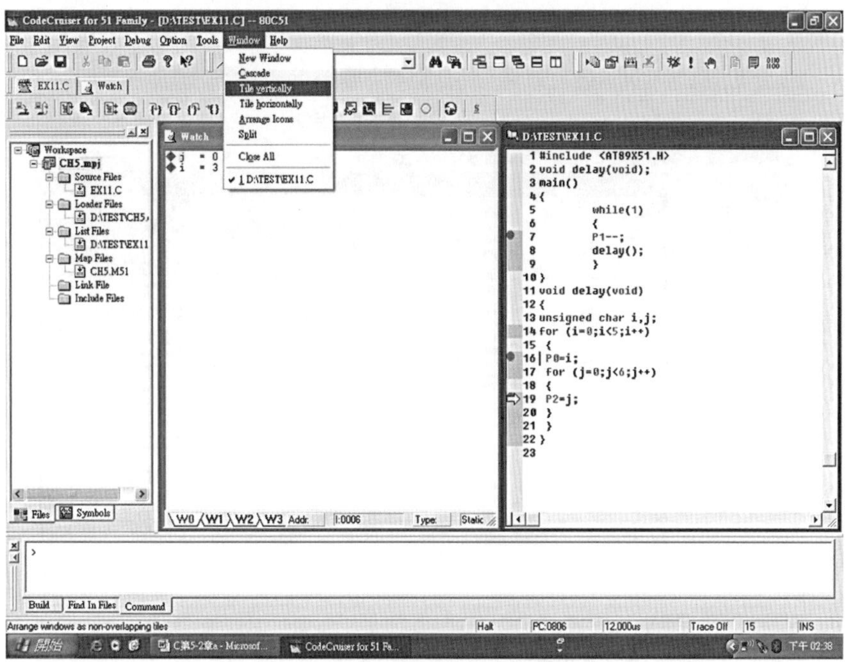

圖 5-74　兩個視窗垂直並列顯示

步驟 35：使用“View\Go to Mixed Source”開啓 C 語言與組合語言混和視窗(如圖 5-75)。

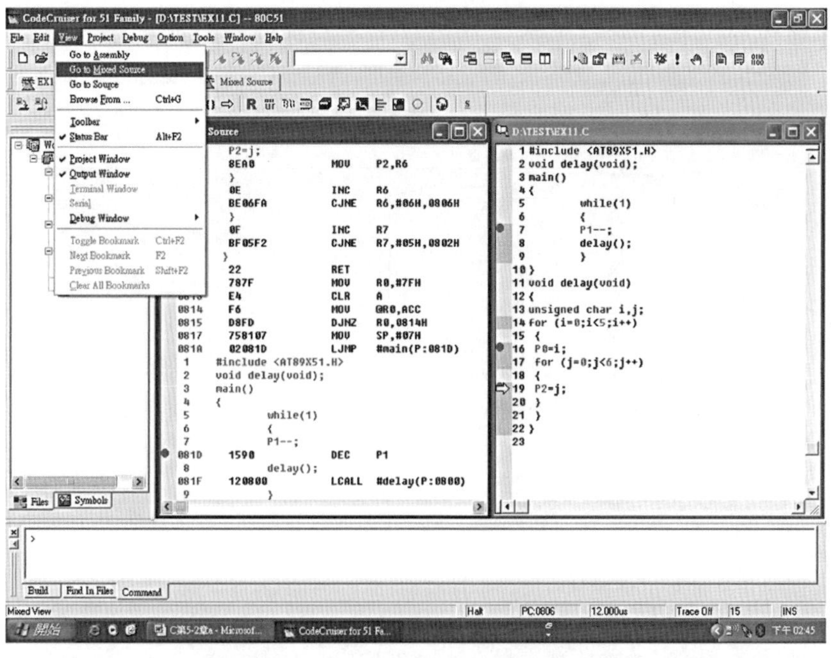

圖 5-75　C 語言與組合語言混和視窗

步驟 36：使用“View\Debug Window\Memory”開啓記憶體視窗(如圖 5-76)。記憶體視窗可以觀察程式記憶體、內部資料記憶體與外部資料記憶體。

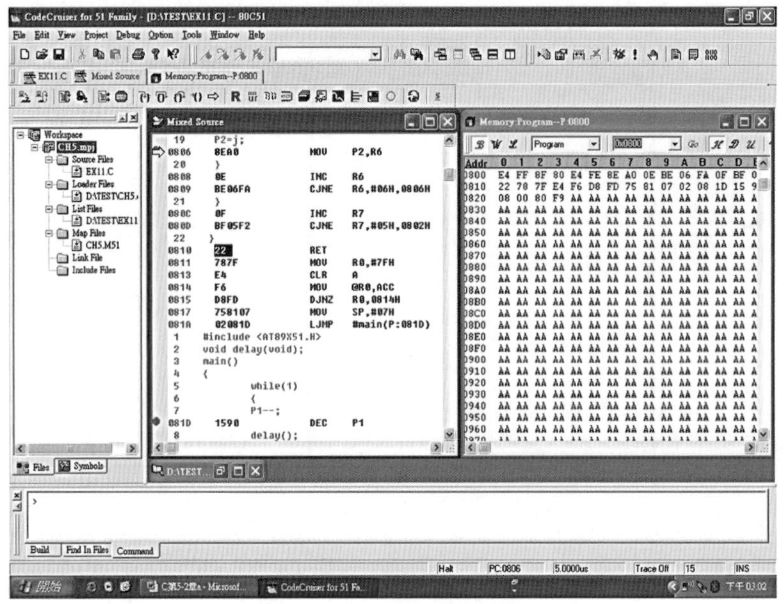

圖 5-76　記憶體視窗

步驟 37：使用“View\Debug Window\Register”開啓暫存器視窗(如圖 5-77)。暫存器視窗可以位元單獨設定或位元組設定，方便測試硬體電路。

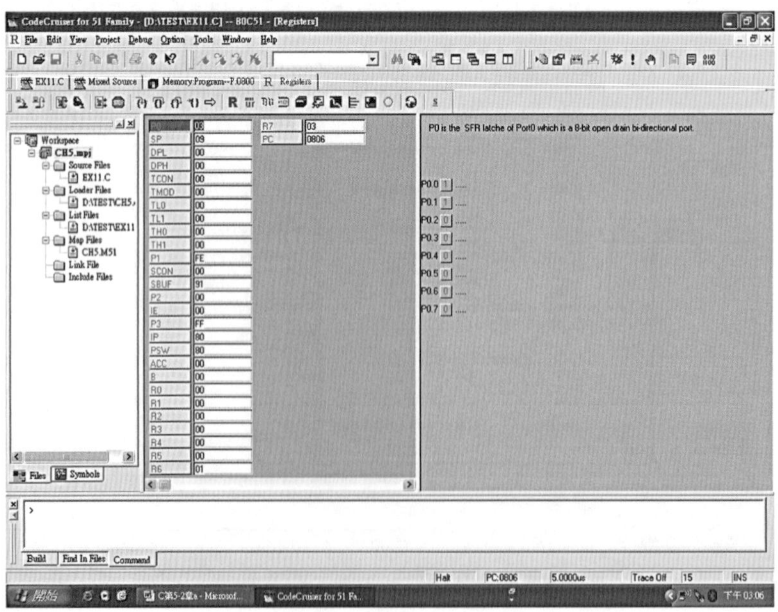

圖 5-77　暫存器視窗

5-3 ISP 燒錄介紹

5-1 章節介紹有關 μVision 軟體的模擬，5-2 章節介紹發展工具，在此章節介紹 ISP(In-System Programming)功能。ISP 係經由電腦並列埠或串列埠，直接將程式下載到 CPU 的程式記憶體(FLASH 或 EEPROM)中進行軟、硬體測試動作。允成科技有限公司所發展的 YC-FPGA 實驗設備採取此種設計方式，CPU 使用 PHILIPS 公司編號 P89C51RC2BN，使用 Flash Magic 軟體當作驅動程式，軟體可由下列網址下載：

http://www.esacademy.com/software/flashmagic/FlashMagic.exe

ftp://academy.he.net/pub/flashmagic/FlashMagic.exe

軟體安裝完成，在桌面上將看到 Flash Magic 。操作步驟說明如下：

步驟 1：確定 YC-FPGA 實驗設備與電腦之間的連線。

1. 將實驗設備標示“SW1”往上搬到“1”。
2. 將實驗設備標示“SW2”往下搬到“USB”。
3. 開啓實驗設備的電源。
4. 使用 USB 介面連接電腦與 YC-FPGA 實驗設備。

有關實驗設備面板配置與電路請參考附錄 A。

完成上述三項動作後，爲了確保發展系統與電腦之間完成連線，移動到 我的電腦 處點選滑鼠右鍵，開啓下拉視窗，如圖 5-78(a)所示，點選圖 5-78(a)下拉視窗的內容，開啓系統內容視窗，如圖 5-78(b)所示，點選裝置管理員開啓圖 5-79 裝置管理員視窗，檢視“USB Serial Port(COM4)”。若要更改 COM Port 值點選滑鼠右鍵選取下拉視窗的內容(R)，如圖 5-79 所示，開啓圖 5-80 視窗。點選圖 5-80 視窗“Advance”鈕，開啓圖 5-81 視窗。圖 5-81“COM Port Number”可更改設定 COM Port 值。

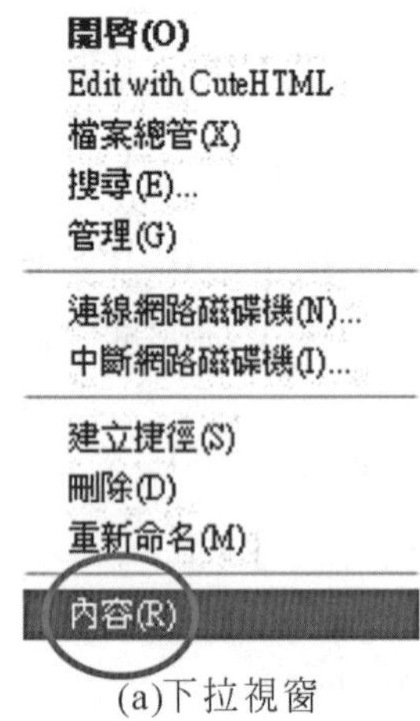

(a)下拉視窗

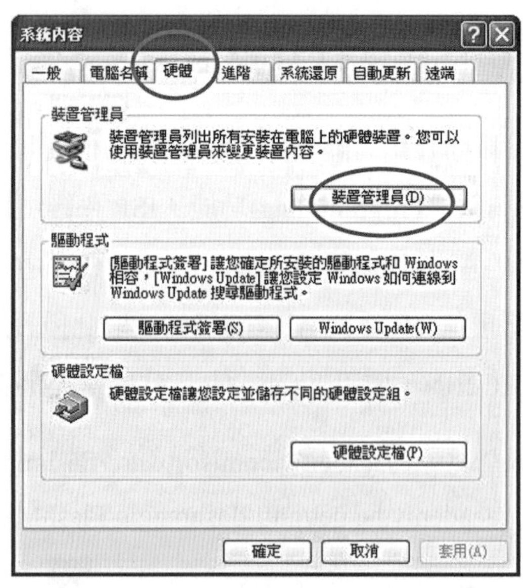

(b)系統內容視窗

圖 5-78

圖 5-79　裝置管理員視窗

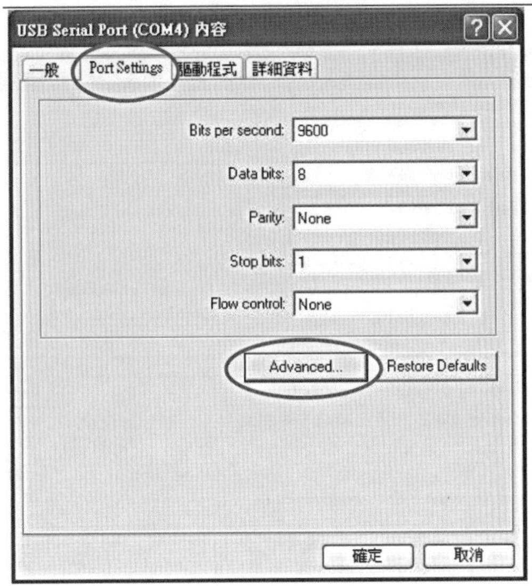

圖 5-80

Advanced Settings for COM4

COM Port Number: COM4

COM4
COM5 (in use)
COM6 (in use)
COM7 (in use)

OK

Cancel

Defaults

USB Transfer Sizes

Select lower settings to correct performance problems at low baud rates.
Select higher settings for faster performance.

Receive (Bytes): 4096

Transmit (Bytes): 4096

BM Options

Select lower settings to correct response problems.

Latency Timer (msec): 16

Miscellaneous Options

Minimum Read Timeout (msec): 0

Minimum Write Timeout (msec): 0

Serial Enumerator ☑
Serial Printer ☐
Cancel If Power Off ☐
Event On Surprise Removal ☐
Set RTS On Close ☐

圖 5-81

步驟 2：點選  開啓圖 5-82Flash Magic 視窗。

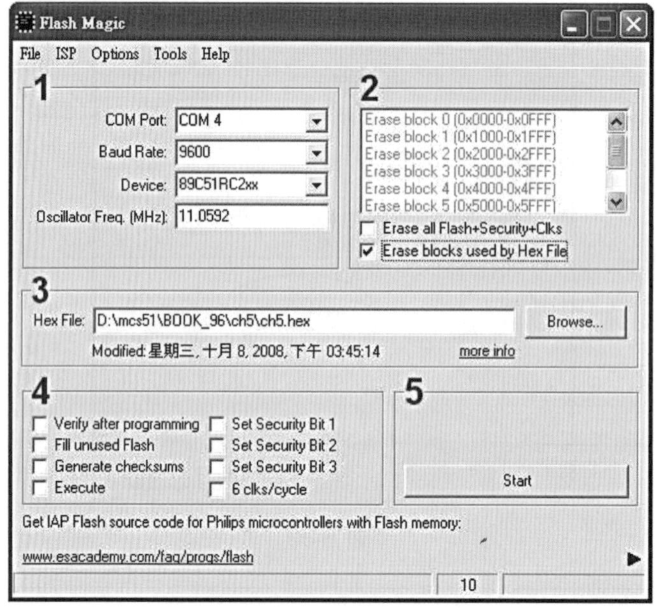

圖 5-82 Flash Magic 視窗

由圖 5-82 視窗標示 1,2,3,4,5 依序設定，即可將*.hex 檔下載燒錄到晶片中。首先介紹標示“1”說明如表 5-3 所示。

表 5-3

項目	說明
COM Port:com4	依據圖 5-79 設定。圖中顯示設定 com4。
Baud Rate:9600	依據圖 5-80 設定 9600。
Device:89C51RC2XX	實驗設備使用編號 P89C51RC2BN 之 CPU。
Oscillator Freq.[MHz]:11.0592	依據實驗設備上的振盪晶體 11.0592MHz。

標示“2”說明如表 5-4 所示。

表 5-4

項目	說明
Erase all Flash+Security+Clks	清除所有記憶體、保密位元與 clocks 位元。
Erase blocks used by Hex File	表示只清除有燒錄程式部份。

一般勾選“Erase blocks used by Hex File”即可。

標示“3”說明如下：

直接點選圖中“Browse...”選取設定要下載的程式(附檔名為*.hex)。

標示“4”說明如下：

此視窗主要設定保密位元及每個機械週期的振盪時脈，P89C51RC2BN 提供 6 clks/cycle 與 12 clks/cycle 兩種規格，出廠時機械週期預設 12 振盪時脈。

若要確定目前使用情形可由 ISP\Read Clocks..(如圖 5-83)，“12 clks/cycle”如圖 5-84(a)，“6 clks/cycle”如圖 5-84(b)。

若勾選“6 clks/cycle”，則機械週期約 0.5μS(振盪晶體 12MHz)。若使用“12 clks/cycle”，則機械週期約 1μS(振盪晶體 12MHz)。若已設定“6 clks/cycle”模式要變更為“12 clks/cycle”模式時，則要在標示“2”視窗勾選“Erase all Flash+Security+Clks”進行燒錄檔案後即可。

標示“5”說明如下：

點選“Start”鈕進行燒錄動作，燒錄時實驗設備會發出聲音，燒錄完畢調整實驗器上標示“SW1”開關往下撥到“3”及可進行實驗。

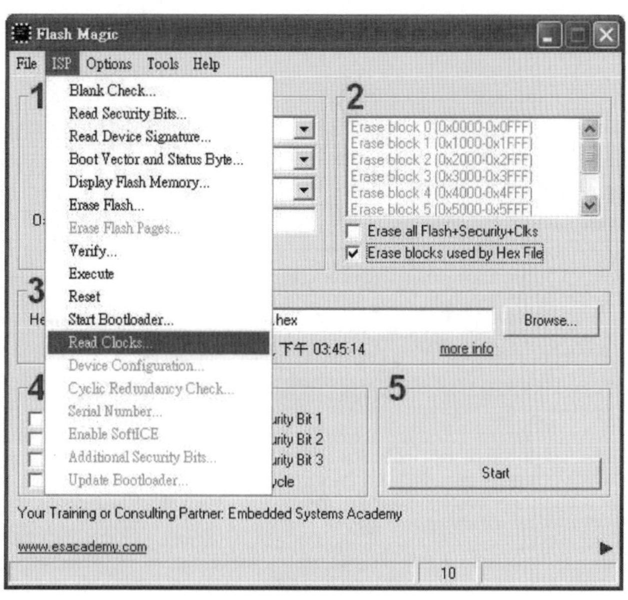

圖 5-83

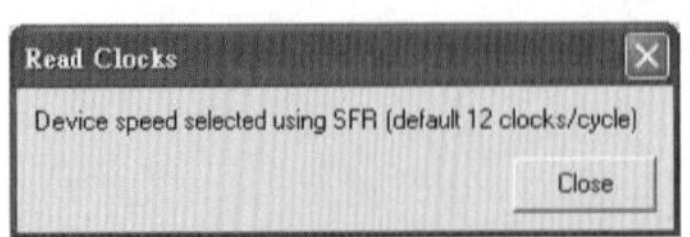

(a) 12 clks/cycle

(b) 6 clks/cycle

圖 5-84

chapter

6

LED 顯示實驗

發光二極體(Light Emitting Diode;LED)在電器用品上當作電源指示或狀態指示器，外觀形態多樣化視需求而定。常見外型實體圖如圖 6-1(a)，電路符號如圖 6-1(b)所示。LED 與二極體一樣接腳具有極性(較長的接腳爲陽極或接近缺口之接腳爲陰極)，順向偏壓時 LED 會發光，其亮度與通過 LED 電流成正比。

LED 工作電流約在 10~20 mA 之間，若電流過大會造成 LED 損壞，因此必須串接限流電阻(R)，如圖 6-1(c)所示， 限流電阻阻值在 100~330 Ω。LED 是否損壞可用類比式三用電表測試，將三用電表調到歐姆檔，用黑棒接 LED 正端、紅棒接 LED 負端，會發光則爲良品。

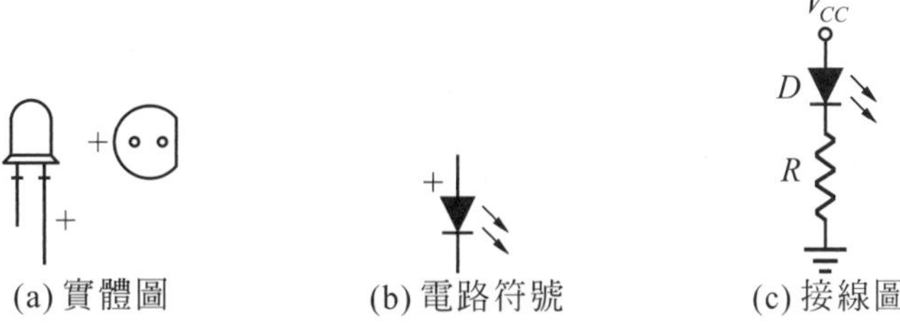

圖 6-1　發光二極體(LED)

實驗 6-1 八位元跑馬燈顯示實驗

功　能： 埠 1 控制八個 LED 燈，每次只有一盞燈亮，初始狀態最左邊(P1.7)控制之 LED 亮，間隔一段時間後 LED 燈向右移動一個位元，呈現跑馬燈效果。

電路圖： 如圖 6-2 所示。

流程圖： 如圖 6-3 所示。

程　式：

```
1    /* c6-1.c*/
2    sfr P1=0x90;
3    void delay(void);
4    unsigned char i;
5    main()
6    {
7       while(1)
8       {
9         for(i=0x80;i>0;i>>=1)
10        {
11          P1=~i;
12          delay();
13        }
14      }
15   }
16   void delay(void)
17   {
18     unsigned int j;
19       for(j=1;j<=32768;j++);
20   }
```

程式說明：

行號	說明
1	註解標示程式檔名為 C6_1.C
2	宣告特殊功能暫存器 P1 之位址 90H，大、小寫不相同。
3	宣告名叫 delay 函式無傳回值與無參數傳入，參考 2-5 章節。
4	宣告無符號字元變數 i。
5~15	主函式。使用一個 while 無窮迴圈，利用 for 迴圈指令，控制 P1 呈現由左而右跑馬燈效應。
16~20	無傳回值與無參數傳入，名稱為 delay 函式，利用 for 迴圈指令控制 CPU 執行 32768(j=1~32768)次達到時間延遲的效果。

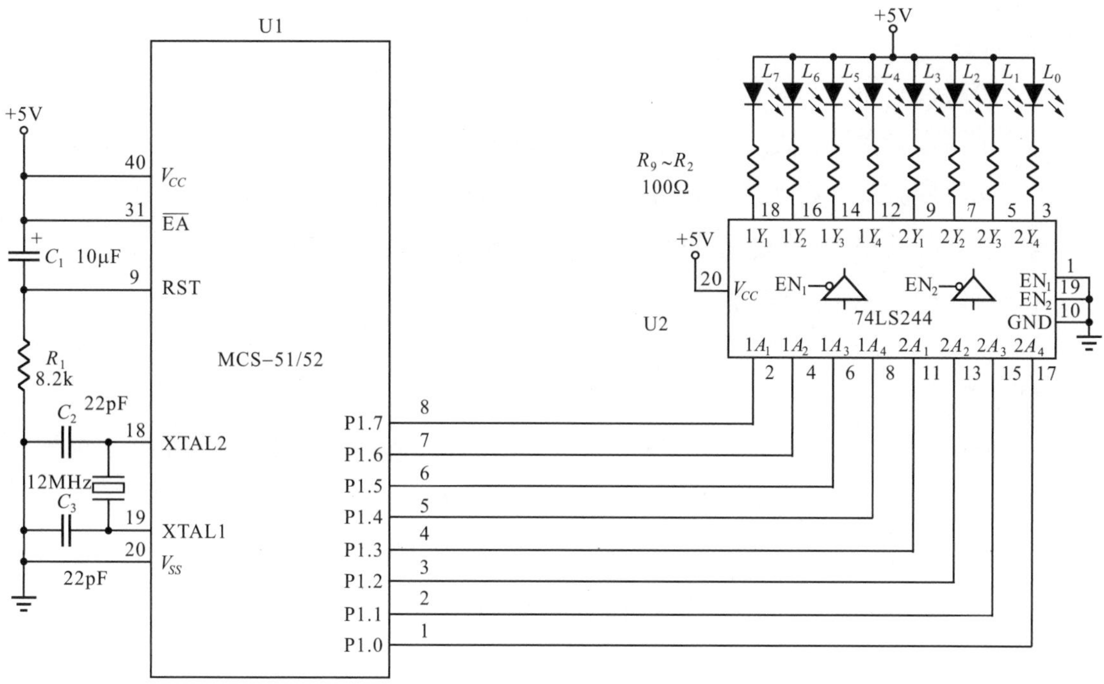

圖 6-2　LED 電路圖

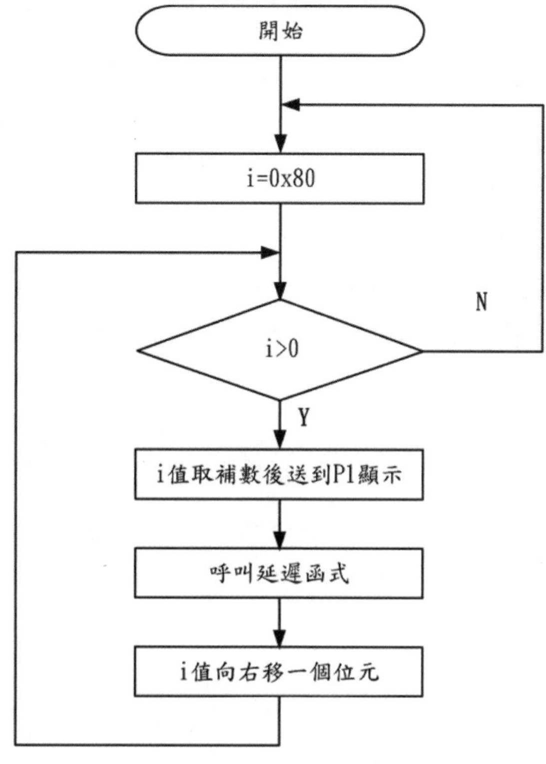

圖 6-3　實驗 6-1 流程圖

練習

一、請將程式第 2 行改爲“sfr P1=0xA0;”有何改變？

二、請將程式第 4 行改爲“char i;”有何改變？

三、請將程式第 7 行改爲“while(1);”有何改變？

四、請將程式第 11 行改爲“P1=i;”有何改變？

五、請將程式第 12 行取消有何改變？

討論

圖 6-2 電路圖埠(PORT)1 使用 74LS244 當作緩衝器驅動 LED 顯示器，規劃爲低電位動作，當 P1.7 送出低電位則編號 L7 之 LED 燈亮，若更改爲高電位則燈暗。74LS244 爲兩組四位元三態緩衝器，EN_1 控制 $1A_1$~$1A_4$(EN_2 控制 $2A_1$~$2A_4$)，當 EN_1 接低電位時 1A 的信號傳送到 1Y($1Y_1$=$1A_1$、$1Y_2$=$1A_2$、$1Y_3$=$1A_3$、$1Y_4$=$1A_4$)，若 EN_1 接高電位 1Y 爲浮接呈現高阻抗。

LED 燈若每秒亮與暗達 16 次以上，受到眼睛視覺暫留效應影響，會有持續亮的感覺。在此範例程式中，使用無傳回值與無參數傳入之 delay 函式，利用 for 迴圈指令控制 CPU 執行 32768 次，時間延遲長短直接由 19 行程式 for 迴圈中調整。第 18 行宣告區域變數 j，j 屬於無符號整數其數值範圍爲 0~65535，若 18 行更改爲“int j;”，則變數 j 的數值範圍爲(−32768) ~ (+32767)之間，使得 for 迴圈的條件“j<=32768”永遠符合造成無窮迴圈。

9~12 行 for 迴圈中 i=0x80、0x40、0x20、…、0x02、0x01 依序變化，當 i=0x00 時結束 for 迴圈，重新開始執行 9~12 行 for 迴圈，達到由左而右跑馬燈效果。

作業

一、請設計初值在最右邊、單一盞 LED 燈亮之跑馬燈程式。

二、請設計初值在最左邊、兩盞 LED 燈亮之跑馬燈程式。

三、請設計初值在最右邊、兩盞 LED 燈亮之跑馬燈程式。

四、請設計初值在中間、兩盞 LED 燈亮之跑馬燈程式。

實驗 6-2　八位元霹靂燈顯示實驗

功　能： 埠 1 控制八個 LED 燈，每次只有一盞燈亮，初始狀態最左邊(P1.7 控制)LED 亮，間隔一段時間後 LED 燈向右移動一個位元，當 LED 燈右移到最右邊時，改變爲向左移動，當 LED 燈左移到最左邊時，則改變爲向右移動，週而復始呈現霹靂燈效果。

電路圖： 如圖 6-2 所示。

流程圖： 如圖 6-4 所示。

程　式：

```
/* c6-2.c*/
sfr P1=0x90;
void delay(unsigned int);
main()
{
unsigned char i;
   for(;;)
   {
    for(i=0x80;i>1;i>>=1)
    {
     P1=~i;
     delay(20000);
    }
    do
    {
     P1=~i;
     delay(40000);
     i<<=1;
    }while(i<0x80);
   }
}
void delay(unsigned int val )
{
 unsigned int i;
   for(i=1;i<=val;i++);
}
```

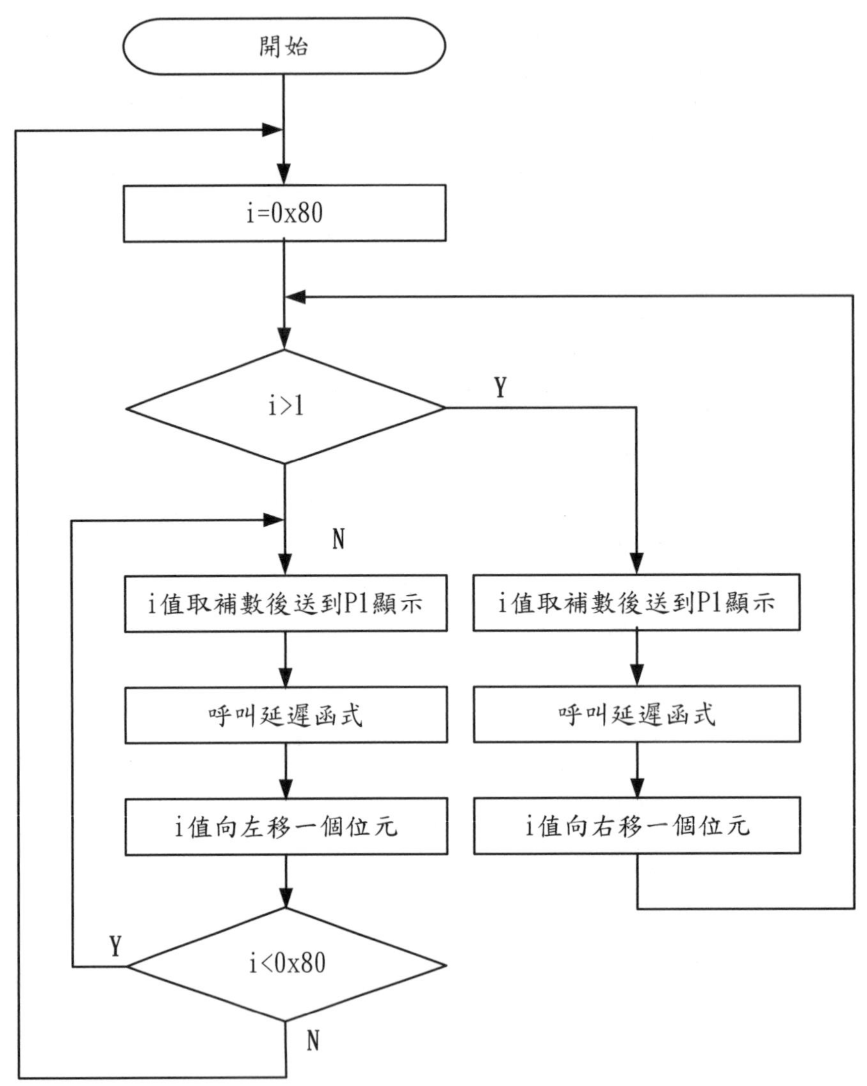
開始
i=0x80
i>1
Y
N
i值取補數後送到P1顯示
呼叫延遲函式
i值向左移一個位元
i<0x80
Y
N
i值取補數後送到P1顯示
呼叫延遲函式
i值向右移一個位元

圖 6-4 實驗 6-2 流程圖

程式說明：

行號	說明
1	註解標示程式檔名爲 C6_2.C
2	宣告特殊功能暫存器 P1 之位址 90H，大、小寫不相同。
3	宣告名叫 delay 函式無傳回值但有參數傳入，參考 2-5 章節。
4~21	主函式。使用一個 for 無窮迴圈，利用 for 迴圈指令控制 P1 呈現 LED 燈由左而右點亮，do-while 迴圈指令控制 P1 呈現 LED 燈由右而左點亮，達到霹靂燈效果。
22~26	無傳回值但有一個參數傳入，名稱爲 delay 函式，延遲時間長短可由參數傳入值調整。

練習

一、請將程式第 7 行改爲“for(;;);”有何改變？

二、請將程式第 9 行改爲“for(i=0x80;i>1;i>>=1);”有何改變？

三、請將程式第 9 行改爲“for(i=0x0C0;i>1;i>>=1)”有何改變？

四、請將程式第 11 行改爲“P1=i;”有何改變？

五、請將程式第 12 行改爲“delay(100);”有何改變？

六、請將程式第 18 行改爲“i<<=2;”有何改變？

七、請將程式第 19 行改爲“}while(i<0x40);”有何改變？

討論

此實驗延續實驗 6-1 之架構，主程式中第 7、8 及 21 行爲 for 無窮迴圈，重複執行 9~13 之 for 迴圈與 14~19 之 do-while 迴圈，達到霹靂燈顯示效果。

在 9~13 之 for 迴圈中，區域變數 i 値由 0x80、0x40、…、0x02，造成一盞 LED 燈依序由左而右點亮，當 i=0x01 時不符合 for 迴圈的條件“i>1”，因而終止 for 迴圈指令進入 do-while 指令。

在 14~19 之 do-while 迴圈指令中，區域變數 i 値由 0x01、0x02、…、0x40，造成一盞 LED 燈依序由右而左點亮，當 i=0x80 時，不符合 do-while 迴圈的條件“i<0x80”，因而終止 do-while 迴圈指令。

程式第 6 行“unsigned char i;”宣告無符號字元變數 i 爲屬於主程式的區域變數，數値範圍爲 0~255。程式第 24 行“unsigned int i;”宣告無符號短整數變數 i

爲屬於函式 delay 的區域變數，數值範圍爲 0~65535(參考表 2-1)。兩個變數名稱雖然相同，但彼此互相獨立不影響。

若 LED 燈呈現規則性變化，如規則性向右或向左移動可使用迴圈指令配合位元邏輯 (<<或>>)運算子去設計，若不規則則要使用查表方式設計較合適。實驗 6-3 即使用查表方式設計廣告燈。

作業

一、請設計初值在最右邊、單一盞 LED 燈亮之霹靂燈程式。

二、請設計初值在最左邊、兩盞 LED 燈亮之霹靂燈程式。

三、請設計初值在最右邊、兩盞 LED 燈亮之霹靂燈程式。

四、請設計初值在中間、兩盞 LED 燈亮之霹靂燈程式。

實驗 6-3 八位元廣告燈顯示實驗

功　能： 埠 1 控制八個 LED 燈，使用建表法設計廣告燈效果。

電路圖： 如圖 6-2 所示。

流程圖： 如圖 6-5 所示。

程　式：

```
/* c6-3.c*/
sfr P1=0x90;
void delay(int val);
unsigned char tab[18]={0x7f,0xbf,0xdf,0xef,0xf7,0xfb,0xfd,0xfe,
   253,251,247,239,223,191,255,0,0xff,0x00};
main()
{
unsigned char i;
   while(1)
   {
     for(i=0;i<18;i++)
     {
       P1=tab[i];
       delay(32767);
     }
   }
}
void delay( int val )
{
   int i;
   for(i=1;i<val;i++);
}
```

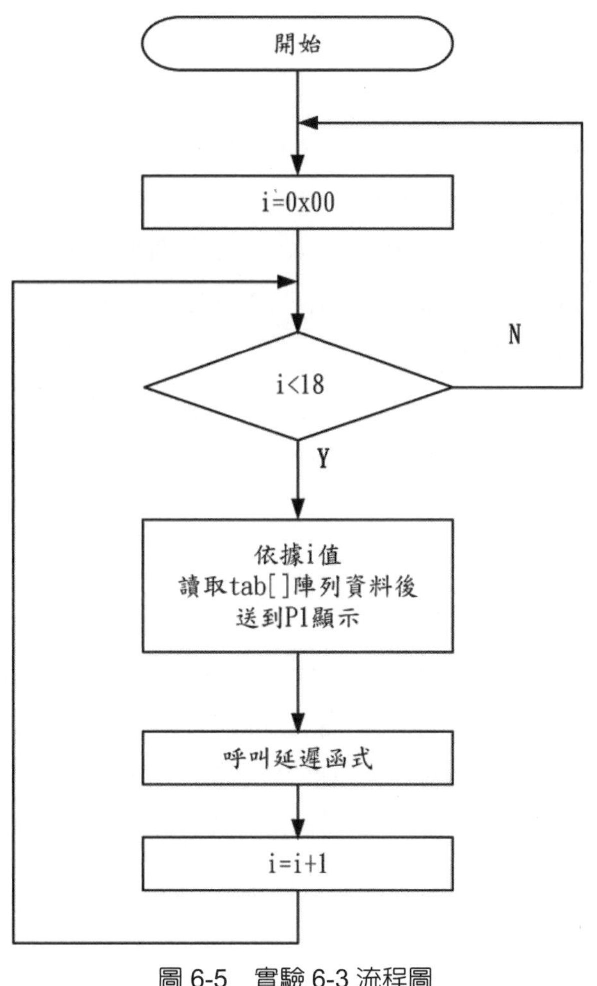

圖 6-5　實驗 6-3 流程圖

程式說明：

行號	說明
1	註解標示程式檔名為 C6_3.C
2	宣告特殊功能暫存器 P1 之位址 90H，大、小寫不相同。
3	宣告名叫 delay 函式，無傳回值但有參數傳入，參考 2-5 章節。
4	參考 2-6 陣列章節。宣告一維陣列 tab 存放 18 筆無符號字元資料，tab[0]=0x7f、tab[17]=0x00。
6-17	主函式。使用一個 while 無窮迴圈，利用 for 迴圈指令依序將 tab[0]、tab[1]...tab[17]之陣列資料送到 P1 顯示，達到廣告燈效果。
18-22	無傳回值但有一個參數傳入，名稱為 delay 函式，延遲時間長短可由參數傳入值調整。

練習

一、請將程式第 11 行改爲“for(i=0;i<8;i++)”有何改變？

二、請將程式第 11 行改爲“for(i=0;i<16;i++)”有何改變？

三、請將程式第 11 行改爲“for(i=0;i<18;i+=2)”有何改變？

四、請將程式第 13 行改爲“P1=~tab[i];”有何改變？

五、請將程式第 14 行取消有何改變？

六、請將程式第 14 行改爲“delay(32768);”有何改變？

七、請將程式第 21 行改爲“for(i=1;i<=val;i++);”有何改變？

討論

此實驗主要介紹陣列之使用方式，將顯示碼規劃儲存在陣列中提供指令提取顯示。程式 4~5 行宣告一維陣列 tab 總共 18 筆無符號字元資料，前 8 筆 tab[0] ~tab[7] 儲存最左邊一盞燈亮(0x7f)依序由左而右到最右邊一盞燈亮(0xfe)、緊接著 6 筆 tab[8]~tab[13]儲存右邊第二個燈亮(253)依序由右而左到最左邊第二盞燈亮(191)，最後 4 筆 tab[14] ~tab[17]儲存全暗(255)與全亮(00)、資料呈現有十六進制(如 0xff)與十進制(如 255)兩種方式。

參考程式第 11-15 行 for 迴圈，當 i 值爲 0 時、P1=0x7f，當 i 值爲 17 時、P1=0x00，因此若將程式第 11 行修改成“for(i=0;i<8;i++)”、其功能與實驗 6-1 相同，若修改爲“for(i=0;i<13;i++)”、其功能與實驗 6-2 相同。

程式 4~5 行中使用“unsigned char tab[18]”會將此 18 筆資料存放在 idata 中(參考表 2-2)其位址爲 RAM_08H-RAM_19H，若更改爲“unsigned char code tab[18]”增加記憶體類型識別字“code”則此 18 筆資料存放在程式碼中。

作業

一、請使用建表方式設計初值在最右邊、單一盞 LED 燈亮之霹靂燈程式。

二、請使用建表方式設計初值在最左邊、兩盞 LED 燈亮之霹靂燈程式。

三、請使用建表方式設計初值在最右邊、兩盞 LED 燈亮之霹靂燈程式。

四、請使用建表方式設計初值在中間、兩盞 LED 燈亮之霹靂燈程式。

實驗 6-4　十六位元霹靂燈顯示實驗

功　能： 埠 2、埠 1 控制十六個 LED 燈，初始狀態只有 P2.7 位元控制的 LED 燈亮，間隔一段時間後 LED 燈向右移動一個位元，當 LED 燈右移到最右邊(P1.0)時，改變爲向左移動，當 LED 燈左移到最左邊(P2.7)時，則改變爲向右移動，週而復始呈現霹靂燈效果。

電路圖： 如圖 6-6 所示。

流程圖： 如圖 6-7 所示。

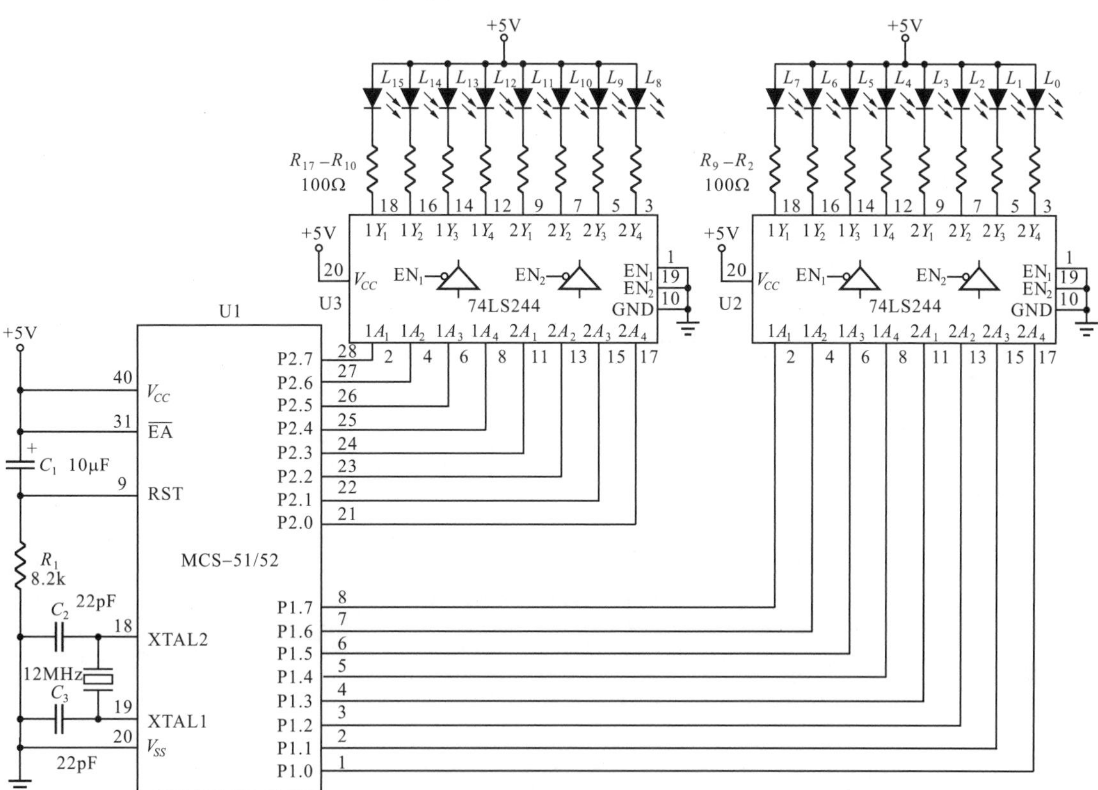

圖 6-6　實驗 6-4 電路圖

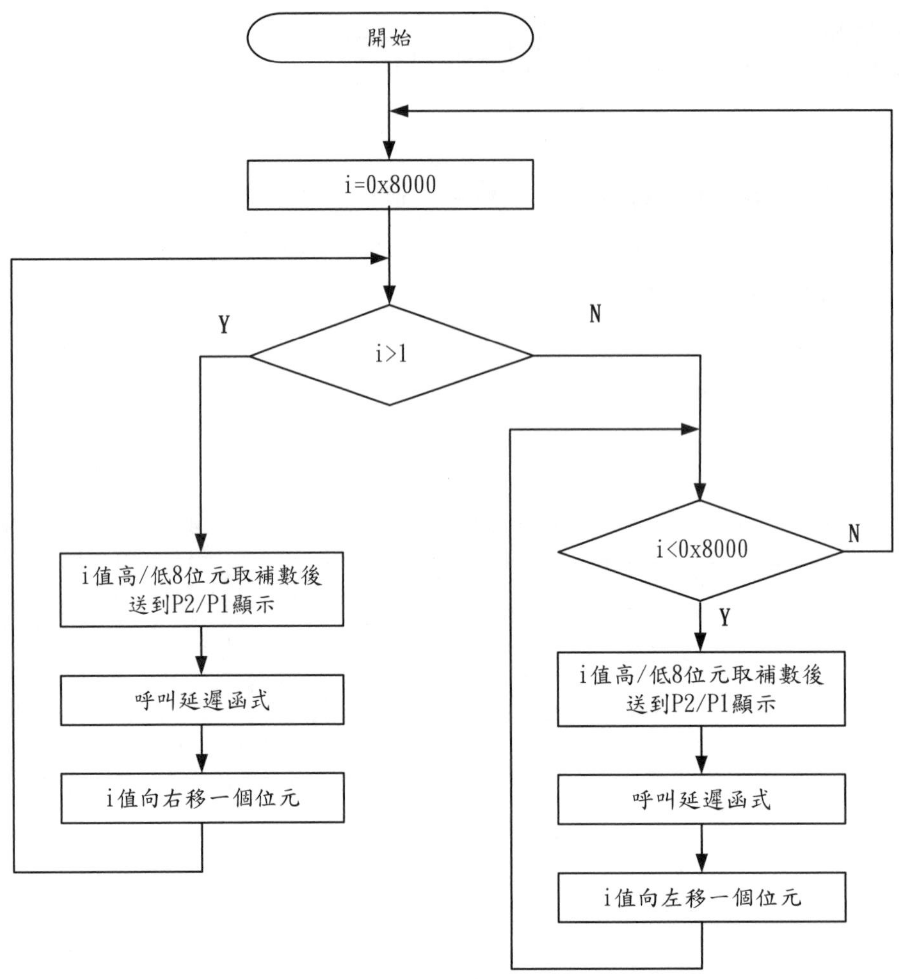

圖 6-7　實驗 6-4 流程圖

程　式：

```
// c6-4.c
sfr P1=0x90;
sfr p2=0xa0;
void delay(unsigned int);
unsigned int i;
main()
{
  while(1)
  {
   for(i=0x8000;i>1;i=i/2)
   {
    P1=~i;
```

```
13            p2=~(i>>8);
14            delay(40000);
15          }
16          while(i<0x8000)
17          {
18            P1=~i;
19            p2=~(i>>8);
20            delay(30000);
21            i*=2;
22          }
23        }
24      }
25      void delay(unsigned int val )
26      {
27        unsigned int i;
28          for(i=1;i<=val;i++);
29      }
```

程式說明：

行號	說明
1	“//”之後的文字爲註解，標示程式檔名爲 C6_4.C
2-3	宣告特殊功能暫存器 P1 之位址 90H、p2 之位址 A0H，大小寫不相同。
4	宣告名叫 delay 函式無傳回値但有參數傳入，參考 2-5 章節。
6~24	主函式。使用一個 while 無窮迴圈，利用 for 迴圈指令控制 P2、P1 呈現 16 位元 LED 燈由左而右依序點亮，while 迴圈指令控制 P2、P1 呈現 16 位元 LED 燈由右而左依序點亮，達到霹靂燈效果。
25~29	無傳回値但有一個參數傳入，名稱爲 delay 函式，延遲時間長短可由參數傳入値調整。

練習

一、請將程式第 8 行改爲“while(1);”有何改變？

二、請將程式第 10 行改爲“for(i=0x8000;i>1;i>>=1)”有何改變？

三、請將程式第 10 行改爲“for(i=0x8000;i>1;i/=2);”有何改變？

四、請將程式第 10 行改爲“for(i=0x8000;i>1;i>>=2)”有何改變？

五、請將程式第 21 行改爲“i<<=1;”有何改變？

六、請將程式第 21 行改爲“i=i*2;”有何改變？

討論

此實驗延續實驗 6-2 之架構，只不過是將 8 位元霹靂燈更改爲 16 位元霹靂燈。主程式中第 8,9 及 23 行爲 while 無窮迴圈，重複執行 10~15 行之 for 迴圈與 16~22 行之 while 迴圈，達到霹靂燈顯示效果。

在 10~15 行之 for 迴圈中，全域變數 i 值由 0x8000、0x4000、…、0x0002，造成一盞 LED 燈依序由左而右依序點亮，當 i=0x0001 時不符合 for 迴圈的條件 "i>1"，因而終止 for 迴圈指令進入 while 迴圈。

在 16~22 行之 while 迴圈指令中，全域變數 i 值由 0x0001、0x0002、…、0x4000，造成一盞 LED 燈依序由右而左依序點亮，當 i=0x8000 時不符合 while 迴圈的條件 "i<0x8000"，因而終止 while 迴圈指令。

程式第 5 行 "unsigned int　i;" 宣告無符號短整數變數 i 爲全域變數，數值範圍爲 0~65535。程式第 27 行 "unsigned int i;" 宣告無符號短整數變數 i 爲屬於函式 delay 的區域變數，數值範圍爲 0~65535(參考表 2-1)。兩個變數名稱雖然相同(一個爲全域變數、另一個爲區域變數)，但彼此互相獨立不影響。

P1 與 p2 爲 8 位元而全域變數 i 爲 16 位元，因此、程式第 12 行 "P1=~i;" 表示將變數 i 值取補數後低 8 位元值送到 P1 顯示。第 12 行 "p2=~(i>>8);" 表示將變數 i 值先進行右移 8 位元後、取補數後之低 8 位元值送到 p2 顯示，實際上、就是將全域變數 i 之高 8 位元值取補數後送到 p2 顯示。

作業

一、請參考範例程式改成初值在最左邊、兩盞 LED 燈亮之霹靂燈程式。

二、請參考範例程式改成初值在最右邊、兩盞 LED 燈亮之霹靂燈程式。

三、請參考範例程式改成初值在中間、兩盞 LED 燈亮之霹靂燈程式。

chapter 7

七段顯示器、按鍵與計時器實驗

7-1 七段顯示器

七段顯示器外觀與接腳如圖 7-1(a)所示，係由 8 個 LED 燈組合而成，若 LED 燈的陽(P)極接在一起，稱爲共陽型七段顯示器(如圖 7-1(b))，若 LED 燈的陰(N)極接在一起，稱爲共陰型七段顯示器(如圖 7-1(c))。共陽型與共陰型七段顯示器可使用三用電表測試。將三用電表調到歐姆檔，共陽型七段顯示器之共同端(com)接三用電表的黑棒、紅棒接 a~dp 任一支腳，當紅棒接到 dp 腳時，則圖 7-1(a)中右下方圓點會亮，若紅、黑棒對調則不亮。圖 7-1(a)中上、下各有一支共同端(com)腳，此兩支腳連接在一起。共陰型七段顯示器之共同端(com)則必須接三用電表的紅棒、黑棒接 a~dp 任一支腳。七段顯示器與 LED 用法一樣，必須串接限流電阻，阻值在 100~330Ω 之間。

在實際應用中，共陽型七段顯示器之共同端(com)接電源，dp 腳接低電位(0)則會亮，若接高電位(1)則暗，共陰型七段顯示器之共同端(com)要接地線，dp 腳接低電位(0)爲暗，若接高電位(1)則亮，兩者呈現互補現象。表 7-1 爲共陽型七段顯示器之顯示碼。若要節省 I/O，可使用七段顯示器驅動晶片如 7447(共陽型)或 4511(共陰型)。

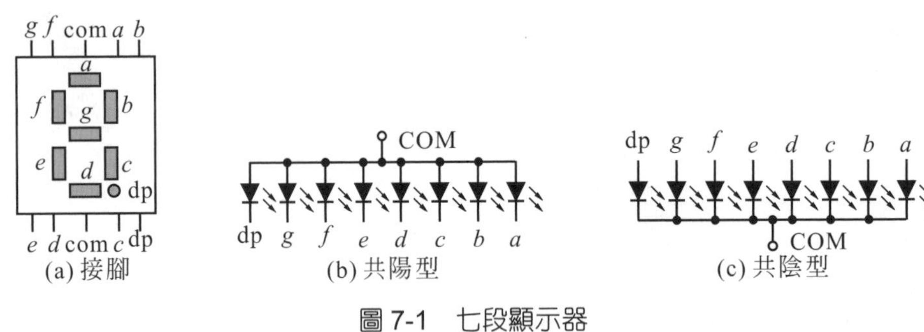

圖 7-1　七段顯示器

7-2 按鍵與鍵盤

圖 7-2(a)為指撥(dip)開關，圖 7-2(b)為按鈕(push button)開關，兩者在數位電路中經常使用，雖然外觀上有所差別但均屬於機械性元件，其動作狀態為導通與不導通，指撥開關往上撥(ON)時 1、2 腳導通，往下撥則 1、2 腳不導通，按鈕開關 1、4 腳連接在一起，2、3 腳連接在一起，按鈕按下時 1、2(3、4)腳導通，按鈕放開則 1、2(3、4)腳不導通。

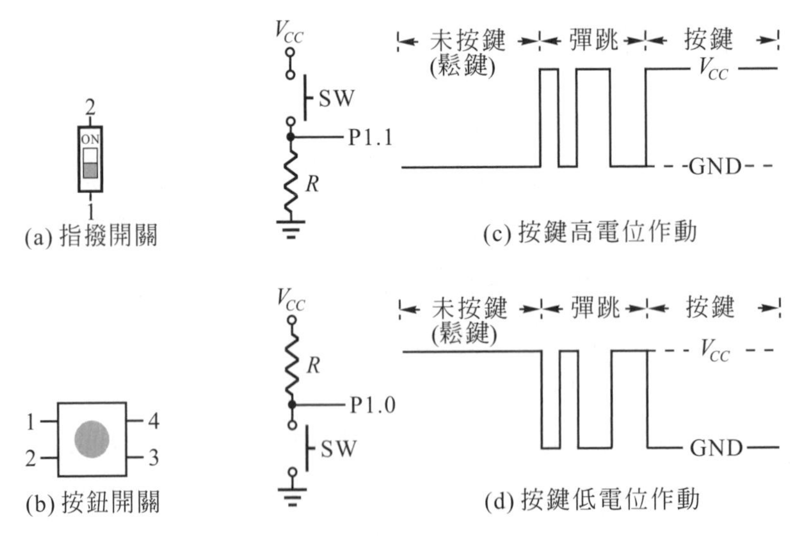

圖 7-2　按鍵與彈跳現象

圖 7-2(c)為按鍵高電位作動，當 SW 未按時，圖中 P1.1 呈現低電位，按鍵時則變成高電位。由於機械性元件，因此在未按鍵與按鍵中間呈現彈跳現象，彈跳時間約為 20~40(mS)。圖 7-2(d)為按鍵低電位作動，未按鍵 P1.0 呈現高電位，按鍵時 P1.0 則呈現低電位。

表 7-1　共陽型七段顯示器顯示碼

顯示碼	B_7	B_6	B_5	B_4	B_3	B_2	B_1	B_0	對應字碼
	dp	*g*	*f*	*e*	*d*	*c*	*b*	*a*	
0	1	1	0	0	0	0	0	0	C0H
1	1	1	1	1	1	0	0	1	F9H
2	1	0	1	0	0	1	0	0	A4H
3	1	0	1	1	0	0	0	0	B0H
4	1	0	0	1	1	0	0	1	99H
5	1	0	0	1	0	0	1	0	92H
6	1	0	0	0	0	0	1	0	82H
7	1	1	1	1	1	0	0	0	F8H
8	1	0	0	0	0	0	0	0	80H
9	1	0	0	1	0	0	0	0	90H
A	1	0	0	0	1	0	0	0	88H
b	1	0	0	0	0	0	1	1	83H
C	1	1	0	0	0	1	1	0	C6H
d	1	0	1	0	0	0	0	1	A1H
E	1	0	0	0	0	1	1	0	86H
F	1	0	0	0	1	1	1	0	8EH
	1	1	1	1	1	1	1	1	FFH

實驗 7-1 單獨一個七段顯示器顯示實驗

功　能：埠 1 控制七段顯示器顯示數字資料，初始狀態顯示 6、每間隔 0.5 秒鐘後顯示數字自動增加一，顯示數字範圍為 0~F(十六進制顯示)。

電路圖：如圖 7-3 所示。

流程圖：如圖 7-4 所示。

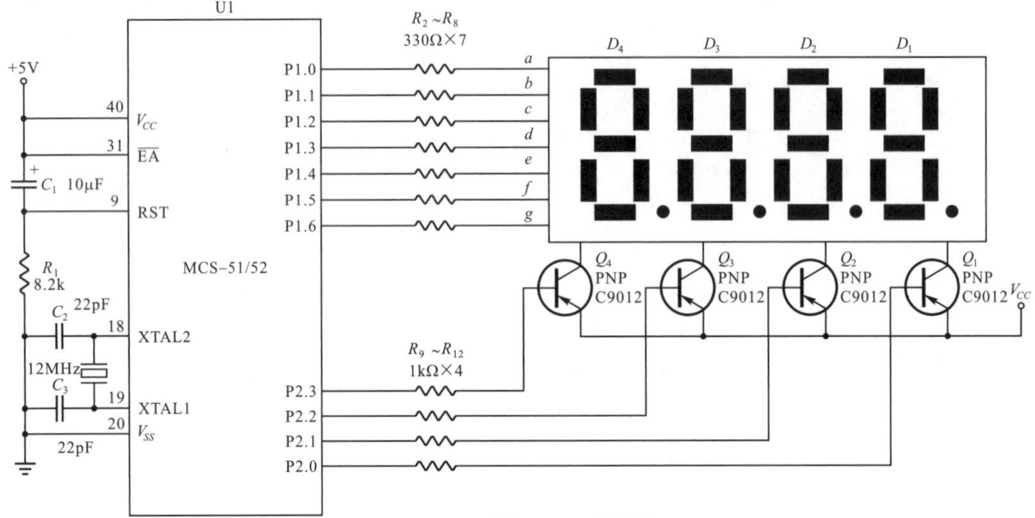

圖 7-3　實驗 7-1 電路圖

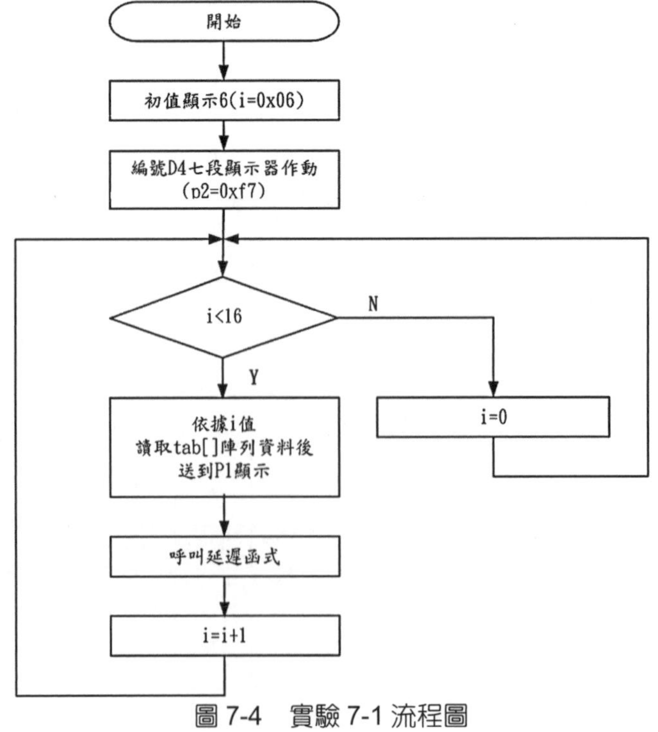

圖 7-4　實驗 7-1 流程圖

程　式：

```
/* C7-1.c*/
sfr TCON=0x88;
sfr TMOD=0x89;
sfr TL0=0x8a;
sfr TH0=0x8c;
sfr P1=0x90;
sfr P2=0xa0;
void delay(unsigned char val);
unsigned char tab[17]={0xc0,0xf9,0xa4,0xb0,0x99,0x92,0x82,0xf8,
   0x80,0x90,0x88,0x83,0xc6,0xa1,0x86,0x8e,0xff};
main()
{
unsigned char i=6;
 P2=0xf7;
 TMOD=0x11;
   while(1)
   {
     while(i<16)
     {
       P1=tab[i];
       delay(100);
       i++;
     }
     i=0;
   }
}
void delay(unsigned char val )
{
   unsigned char i;
   for(i=1;i<=val;i++)
   {
 TH0=0xec;
 TL0=0x78;
 TCON=0x10;
 while(TCON!=0x30);
 TCON=0x00;
   }
}
```

程式說明：

行號	說明
1	註解標示程式檔名爲 C7-1.C。
2~7	宣告特殊功能暫存器，位址與名稱請參考表 1-2。
8	宣告名叫 delay 函式無傳回值但有參數傳入，參考 2-5 章節。
9~10	參考 2-6 陣列章節。宣告一維陣列 tab 存放 17 筆無符號字元資料，tab[0]=0xc0、tab[16]=0xff。字元資料爲共陽型七段顯示碼(參考表 7-1)。
11~26	主函式。使用一個 while 無窮迴圈，利用 while 迴圈指令依序將 tab[0]、tab[1]…tab[15]之陣列資料送到 P1 顯示，達到顯示數字遞增的效果。
	13　設定初值顯示 6。
	14　設定圖 7-3 編號 D4 之七段顯示器供電。
	15　規劃設定計時器 1 模式 1，計時器 0 模式 1。
	18~23　while 迴圈指令控制顯示數字往上遞增，上限爲“F”(十六進制)。
	24　顯示“F”後從“0”開始顯示。
27~38	無傳回值但有一個參數傳入，名稱爲 delay 函式，延遲時間長短可由參數傳入值調整。
	32~33　設定計時器 0 每次計時 5000μS。
	34　計時器 0 開始計時(TR0=1)。
	35　判斷計時器 0 是否計時完畢(TF0=1)。
	36　清除計時器 0 溢位旗號(TF0)與 TR0 位元。

練習

一、請將程式第 13 行改爲“unsigned char i=8;”有何改變？

二、請將程式第 14 行改爲“p2=0xfe;”有何改變？

三、請將程式第 18 行改爲“while(i<10)”有何改變？

四、請將程式第 20 行改爲“P1=~tab[i];”有何改變？

五、請將程式第 21 行取消有何改變？

六、請將程式第 24 行改為“i=2;”有何改變？

討論

圖 7-3 電路圖中，四個七段顯示器以並接方式節省輸入/輸出接腳，例如四個七段顯示器之 *a* 並接經電阻連接到 P1.0，四個七段顯示器之 *b* 並接經電阻連接到 P1.1，P2.3~P2.0 控制四個七段顯示器的電源，當 P2.3=0 時編號之 Q_4 電晶體導通，提供 D_4 之七段顯示器電源，若 P2.3=1 則 Q_4 電晶體截止、D_4 之七段顯示器無電源供應。

此範例由實驗 6-3 程式加以修改而成，主要介紹陣列應用在七段顯示器之使用方式，將表 7-1 之七段顯示碼規劃儲存在陣列中提供指令提取顯示。程式 9~10 行宣告一維陣列 tab 總共 17 筆無符號字元資料，由於第 13 行設定 i=6，因此在程式 20 行 P1=tab[i]=tab[6]=0x82 初值顯示 6。

函式 delay 主要使用計時器 0 模式 1(程式第 15 行)每次計時 5 mS(程式第 32、33 行)，第 21 行程式“delay(100);”呼叫 delay 函式時參數傳入值 100，因此在 30、31 與 37 的 for 迴圈控制執行計時 100 次，以達到 100×5 mS = 500 mS (0.5 秒鐘)延遲效果。

作業

一、請設計初值為 0、每隔 2 秒鐘數字增加一，顯示範圍為 0~9。

二、請設計初值為 0、每隔 1 秒鐘數字減少一，顯示範圍為 0~F。

三、請設計初值為 3、每隔 1 秒鐘數字減少一，顯示範圍為 0~9。

實驗 7-2 兩個七段顯示器顯示實驗

功　能： 兩個七段顯示器顯示，每隔一秒鐘數字增加一，初值顯示 12，顯示數值範圍爲 0~15(十進制顯示)。

電路圖： 如圖 7-5 所示。

流程圖： 如圖 7-6 所示。

程　式：

```
/* C7-2.c*/
#include <AT89X51.H>
void delay(unsigned char val);
main()
{
unsigned char i=12,j,k;
  TMOD=0x00;
    while(1)
    {
    for(k=50;k>=1;k--)
    {
       j=i/10;
       P1=j|0xf0;
       P1=P1&0xdf;
       delay(2);
       P1=i%10|0xf0;
       P1&=0xef;
       delay(2);
    }
    i++;
    if(i>0x0f)    i=0;
    }
}
void delay(unsigned char val )
{
    unsigned char n;
    for(n=1;n<=val;n++)
    {
 TH0=0x63;
 TL0=0x18;
 TCON=0x10;
 while(TF0==0);
 TCON=0x00;
    }
}
```

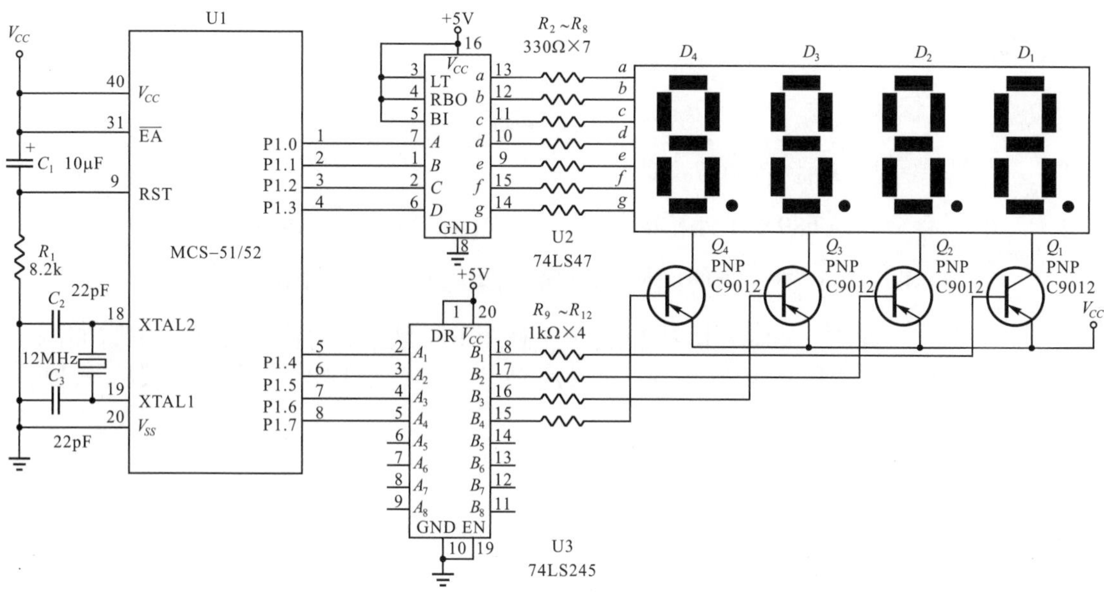

圖 7-5　實驗 7-2 電路圖

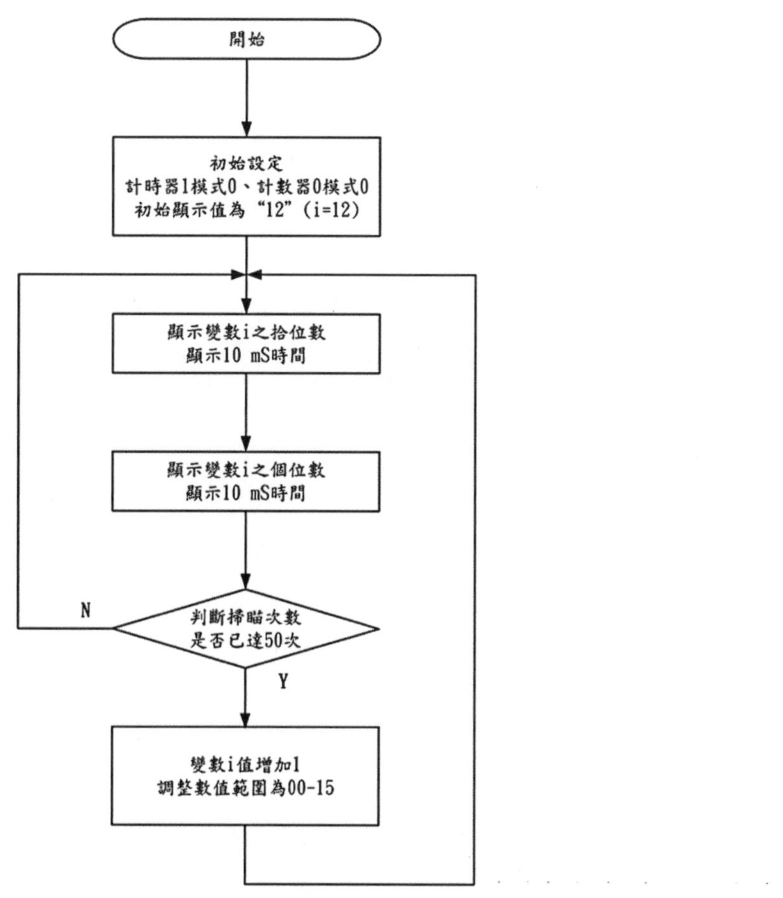

圖 7-6　實驗 7-2 流程圖

程式說明：

行號	說明
1	註解標示程式檔名為 C7-2.C。
2	前置命令將 AT89X51.H 標頭檔引入進來(請參考 2-8 章節)。
3	宣告名叫 delay 函式無傳回值但有參數傳入(參考 2-5 章節)。
4~23	主函式。使用一個 while 無窮迴圈，利用 for 迴圈指令依序控制十位數與個位數分別顯示 10mS，顯示 50 次後達到 1 秒鐘，顯示數字增加 1(數字範圍為 0~15)。
6	設定初值顯示 12。
7	設定計時器 1 模式 0，計時器 0 模式 0。
10	for 迴圈執行 12~18 之敘述(指令)總共 50 次。
12~15	在編號 D_2 之七段顯示器顯示十位數 10mS。
16~18	在編號 D_1 之七段顯示器顯示個位數 10mS。
20~21	顯示數字增加 1，數字範圍為 0~15。
24~35	delay 函式。延遲時間單位為 5mS，利用傳入變數調整控制延遲時間長短。
29~30	設定計時器 0 計時 5000 單位。
31	啓動計時器 0 開始計時。
32	判斷計時器 0 之溢位旗號(TF0=1)是否為 1，未完成則持續等待。
33	停止計時器 0 計時工作，並清除溢位旗號(TF0=0)。

練習

一、請將程式第 7 行改為"TMOD=0x01;"有何改變？

二、請將程式第 10 行改為"for(k=50;k>=1;k--);"有何改變？

三、請將程式第 10 行改為"for(k=100;k>=1;k--)"有何改變？

四、請將程式第 14 行改為"P1=P1&0x7f;"有何改變？

五、請將程式第 15 行取消有何改變？

六、請將程式第 15 行改為"delay(10);"有何改變？

七、請將程式第 21 行改為"if(i>0x0a) i=0;"有何改變？

八、請將程式第 31 行改為"TCON=0x40;"有何改變？

九、請將程式第 33 行取消有何改變？

討論

實驗 7-1 必須使用 7 支接腳控制顯示字型，在此實驗使用 74LS47 共陽型七段顯示器驅動 IC 只要 4 支接腳，但輸出字型固定較無變化，電路圖顯示 P1.0 連接 74LS47 之 A(低權值、權值為 1)接腳，P1.3 連接 74LS47 之 D(高權值、權值為 8) 接腳，當 (P1.3,P1.2,P1.1,P1.0)=(0,0,0,0) 時七段顯示器顯示“0”、當(P1.3,P1.2,P1.1,P1.0)=(1,0,0,1)時顯示“9”、當(P1.3,P1.2,P1.1,P1.0)=(1,1,1,1)時則不顯示。74LS245 為雙向緩衝器，當 DR=1 時信號由 A 接腳送到 B 接腳(如 A_1 到 B_1)，當 DR=0 時信號由 B 接腳送到 A 接腳(如 B_1 到 A_1)。

在範例程式 13~14(16~17)行採取先送顯示碼、但關閉七段顯示器的電源，達到遮沒顯示的功效，以防止兩相鄰七段顯示器數字重疊造成鬼影產生，換句話說執行第 13(16)行程式時，七段顯示器不顯示、直到執行第 14(17)行時才會顯示。

程式 12~14 行採取逐步運算方式呈現，先取出 i 的十位數值(12 行)，送出顯示碼(13 行)，編號 D_2 之七段顯示器供電(14 行)。程式 16 行將算術運算子與邏輯運算子同時呈現，參考 2-3-5 章節運算子優先順序，會先取出 i 之個位數，再與 0xf0 進行邏輯或運算後送到 P1(此時只送出顯示碼、但無電源)，程式 17 行單獨將編號 D_1 之七段顯示器供電。

範例中，兩個七段顯示器並不會同時顯示，每次只有一個七段顯示器顯示，個位數顯示(十位數不顯示)10mS，十位數顯示(個位數不顯示)10mS，交替顯示一次時間需要 20mS，因此使用 for 迴圈控制交替顯示 50 次剛好達到 1 秒鐘(程式第 10、11 與 19 行)，每隔 1 秒鐘數字增加 1。個位數與十位數交替顯示一次需要 20mS，以頻率觀點來看個位數(十位數)每秒鐘顯示，不顯示達 50 次。由於眼睛視覺暫留效應(如卡通)，若顯示，不顯示每秒鐘達到 16 次時，會呈現持續顯示的效果。

作業

一、請設計初值為 21、每隔一秒鐘數字增加 1，顯示範圍為 0~59(十進制顯示)。

二、請設計初值為 21、每隔一秒鐘數字減少 1，顯示範圍為 0~59(十進制顯示)。

實驗 7-3 兩個七段顯示器與兩個按鍵實驗

功　能： 兩個七段顯示器，初值顯示 12，顯示數值範圍爲 0~15(十進制顯示)，以 P2.0 連接按鍵當作遞增鍵(INC_KEY)，每按鍵乙次數字增加一，以 P2.1 連接按鍵當作遞減鍵(DEC_KEY)，每按鍵乙次數字減少一。按遞增鍵數字上限爲 15。按遞減鍵數字下限爲 0。兩鍵同時按則恢復初值 12。

電路圖： 如圖 7-7 所示。

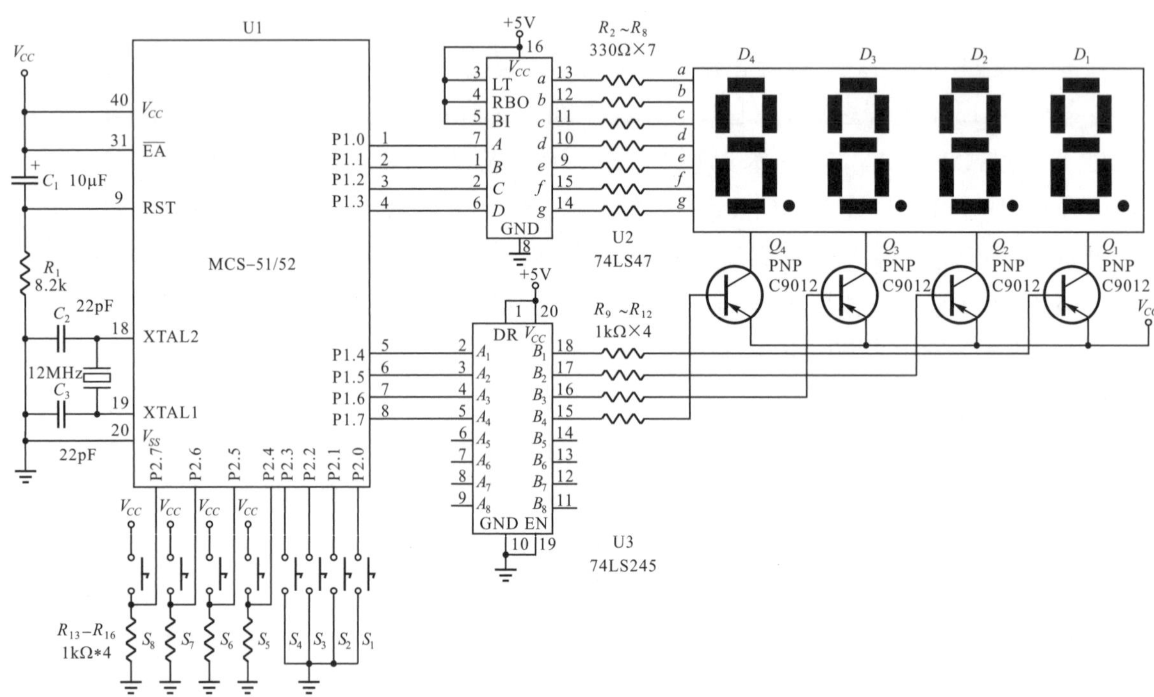

圖 7-7　實驗 7-3 電路圖

流程圖： 如圖 7-8 所示。

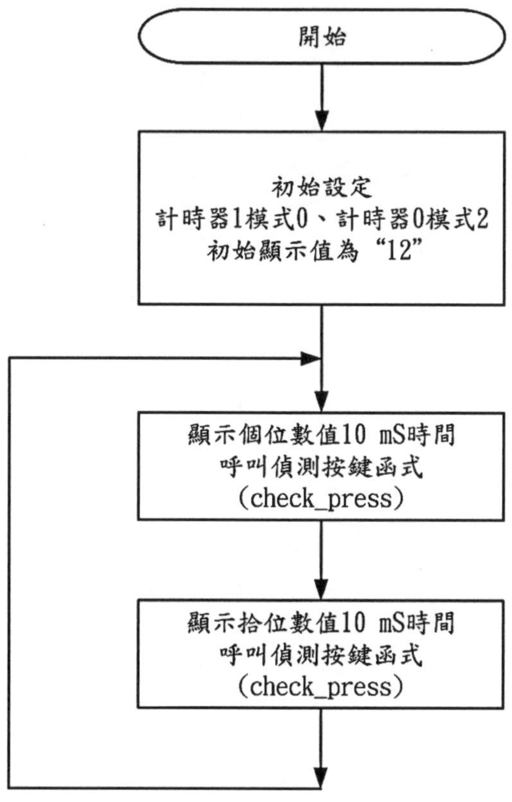

(a) 實驗 7-3 主函式流程圖

圖 7-8　實驗 7-3 流程圖

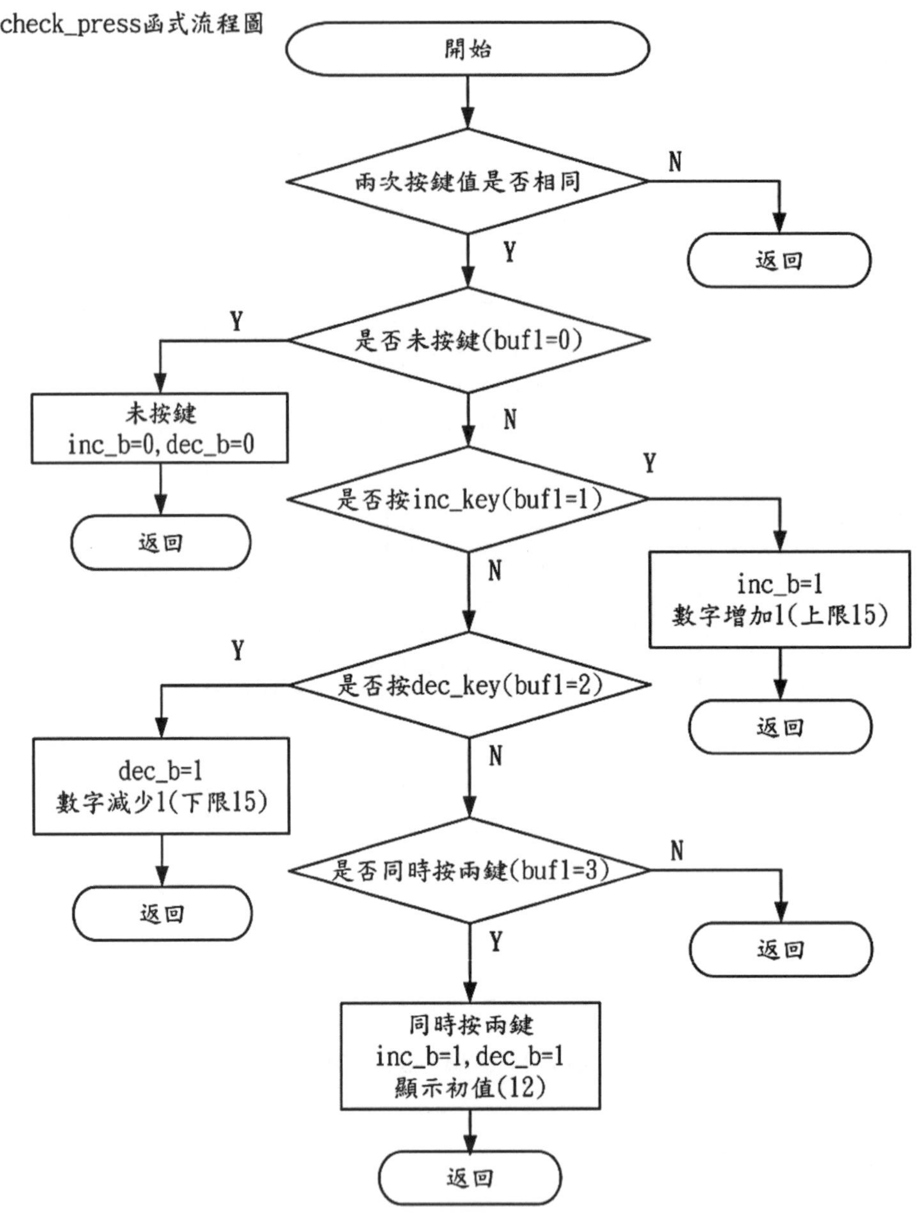

(b) check_press 函式流程圖

圖 7-8　實驗 7-3 流程圖(續)

程　式：

```
// C7-3.c
#include <AT89X51.H>
unsigned char num=12,buf1,buf2;
bit inc_b,dec_b;
void delay_10m(void);
void check_press(void);
main()
{
 TMOD=0x02;
 while(1)
   {
     P1=num/10|0xf0;
     P1=P1&0x7f;
     delay_10m();
     check_press();
     P1=num%10|0xf0;
     P1&=0xbf;
     delay_10m();
     check_press();
   }
}
void delay_10m(void )
{
   unsigned char n;
   TH0=56;
   TL0=56;
   for(n=50;n>=1;n--)
   {
 TCON=0x10;
 while(TF0==0);
 TR0=0;
   }
}
void check_press(void)
{
P2=0xff;
buf2=buf1;
buf1=~P2&0x03;
if(buf1^buf2==0)
 {
    switch (buf1)
    {
    case 0:
            inc_b=0;
            dec_b=0;
            break;
```

```
47          case 1:
48                  if(inc_b==0&&num<15)
49                     {
50                     num++;
51                     inc_b=1;
52                     }
53                  break;
54          case 2:
55                  if(dec_b==0&&num>=1)
56                    {
57                    num--;
58                    dec_b=1;
59                    }
60                  break;
61          case 3:
62                  num=12;
63                  inc_b=1;
64                  dec_b=1;
65                  break;
66          }
67        }
68       }
```

程式說明：

行號	說明
1	註解標示程式檔名為 C7-3.C。
2	前置命令將 AT89X51.H 標頭檔引入進來(請參考 2-8 章節)。
3~4	全域變數宣告。num,buf1 與 buf2 為無符號字元變數，inc_b 與 dec_b 為位元變數。
5~6	宣告 delay_10m 與 check_press 函式無傳回值及無參數傳入(參考 2-5 章節)。
7~21	主函式。使用一個 while 無窮迴圈，依序控制十位數與個位數分別顯示 10mS，每隔 10mS 偵測按鍵情形。
9	設定計時器 1 模式 0，計時器 0 模式 2。
12~14	在編號 D_4 之七段顯示器顯示十位數 10mS。
15	偵測按鍵情形。
16~18	在編號 D_3 之七段顯示器顯示個位數 10mS。
19	偵測按鍵情形。
22~33	delay_10m 函式。每次計時 200μS 前後 50 次達到 10mS 效果。
24	區域變數宣告。n 為無符號字元變數，數字範圍為 0~255。

25~26　設定計時器 0 計時 200 單位。

27　for 迴圈設定計時 50 次，計時 50×200μS=10mS。

29　啓動計時器 0 開始計時。

30　判斷計時器 0 之溢位旗號(TF0=1)是否爲 1，未完成則持續等待。模式 2 當溢位時 TH 值自動載入到 TL 中。

33　停止計時器 0 計時工作。

34~68　check_press 函式。依據按鍵情形作對應處理。

36　設定 P2 爲輸入埠。

37~38　讀取 P2.0 與 P2.1 按鍵值，有按鍵其對應按鍵值爲高電位、未按鍵爲低電位。前一次之按鍵值轉移到 buf2，新的按鍵值則存入 buf1 中。

39　判斷按鍵狀態是否穩定，buf1 與 buf2 互斥或運算後爲 0(buf1=buf2)表示按鍵狀態穩定。

43~46　在 buf1=buf2(穩定按鍵)的前提下，若 buf1=0 表示兩鍵均未按(鬆鍵)。清除 inc_b=0、dec_b=0。

47~53　在 buf1=buf2(穩定按鍵)的前提下，若 buf1=1 表示按遞增(P2.0)鍵。非持續按遞增鍵(inc_b=0)且數字(num)小於 15 時數字增加 1，設定 inc_b=1。

54~60　在 buf1=buf2(穩定按鍵)的前提下，若 buf1=2 表示按減增(P2.1)鍵。非持續按遞增鍵(dec_b=0)且數字(num)大於 1 時數字減少 1，設定 dec_b=1。

61~65　在 buf1=buf2(穩定按鍵)的前提下，若 buf1=3 表示同時按遞增(P2.0)鍵與按減增(P2.1)鍵。數字(num)重置爲初值 12，設定 inc_b=1 與 dec_b=1。

練習

一、請將程式第 9 行改爲“TMOD=0x20;”有何改變？

二、請將程式第 12 行改爲“P1=num/16|0xf0;”有何改變？

三、請將程式第 13 行改爲“P1=P1&0xcf;”有何改變？

四、請將程式第 13 行改爲“P1=P1&0x8f;”有何改變？

五、請將程式第 14 行取消有何改變？

六、請將程式第 16 行改爲“P1=num%16|0xf0;”有何改變？

七、請將程式第 25 行改爲“TH0=0;”有何改變？

八、請將程式第 27 行改爲“for(n=200;n>=1;n--)”有何改變？

九、請將程式第 36 行改為“P2=0xfc;”有何改變？

十、請將程式第 58 行取消有何改變？

討論

在此實驗的電路圖中 P2.3~P2.0 連接的按鍵，規劃設計成低電位作動，未按鍵為高電位、按鍵則為低電位，此種設計方式與圖 7-2(c)雷同，由於 P2 內部有提昇電阻因此可將電阻省略。P2.7~P2.4 連接的按鍵，規劃設計成高電位作動，未按鍵為低電位，按鍵則為高電位。規劃為輸入腳時一定要設定為高電位，方能正確讀取接腳電位值(程式 36 行)，在此範例中即使將第 36 行取消也能正確執行按鍵讀取動作，主要原因係 MCS-51 重置時 4 個埠均為高電位，雖然如此，但還是誠摯建議在讀取按鍵時，先設定為高電位以確保高枕無憂。

範例中使用連續兩次按鍵值加以判斷是否穩定按鍵，兩次按鍵間隔 10mS 當作彈跳時間，若兩次按鍵值均一樣表示處在穩定狀態，可以放心判斷按鍵情況，若兩次按鍵值不同，表示處在彈跳期間。

範例中，強調每按鍵乙次(按鍵與鬆鍵)調整數字一次，巧妙使用 inc_b 與 dec_b 位元值，當按鍵時會先檢查判斷 inc_b(或 dec_b)位元值是否為 1，若是表示持續按鍵不予處理，若不是才進行對應處理外並將 inc_b(或 dec_b)位元值設定為 1，只有當兩鍵未按時，才會清除 inc_b(或 dec_b)位元值。若將 58 行取消，只要一按遞減鍵(P2.1)數字立即遞減為 0。

作業

一、請設計初值為 12，顯示範圍為 0~15(十進制顯示)。改以 P2.2 連接按鍵當作遞增鍵(INC_KEY)，每按鍵乙次數字增加一，以 P2.3 連接按鍵當作遞減鍵(DEC_KEY)，每按鍵乙次數字減少一。按遞增鍵數字上限為 15，按遞減鍵數字下限為 0。兩鍵同時按則恢復初值 12。

二、請設計初值為 21，顯示範圍為 0~59(十進制顯示)。改以 P2.2 連接按鍵當作遞增鍵(INC_KEY)，每按鍵乙次數字增加一，以 P2.3 連接按鍵當作遞減鍵(DEC_KEY)，每按鍵乙次數字減少一。按遞增鍵數字上限為 59，按遞減鍵數字下限為 0。兩鍵同時按則恢復初值 21。

實驗 7-4　電子鐘分、秒顯示實驗(計時器中斷)

功　能： 分鐘顯示器初值顯示 59，秒鐘顯示器初值顯示 56，顯示數值範圍都爲 0~59(十進制顯示)。

電路圖： 如圖 7-7 所示。

流程圖： 如圖 7-9 所示。

主函式流程圖：

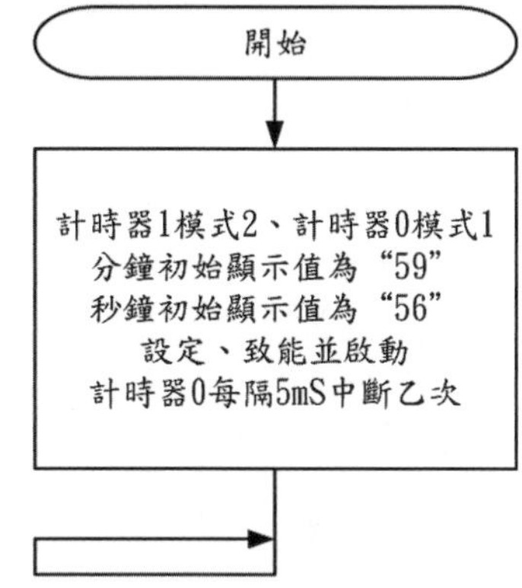

計時器中斷函式流程圖：

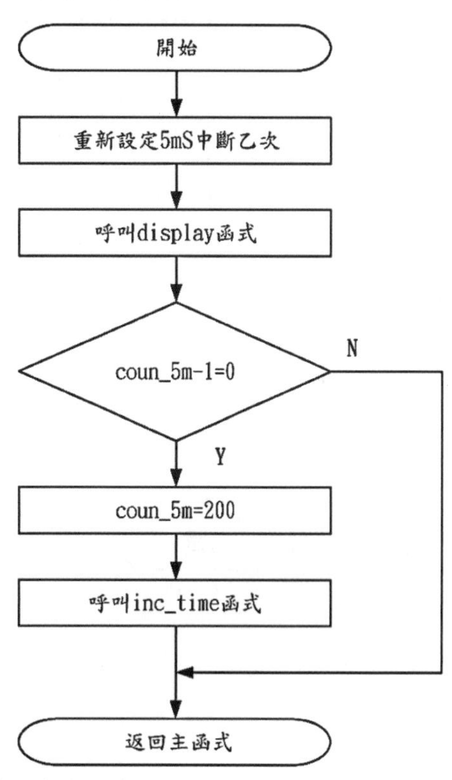

(a)　實驗 7-4 主函式及計時器中斷函式流程圖

圖 7-9　實驗 7-4 流程圖

display函式流程圖：

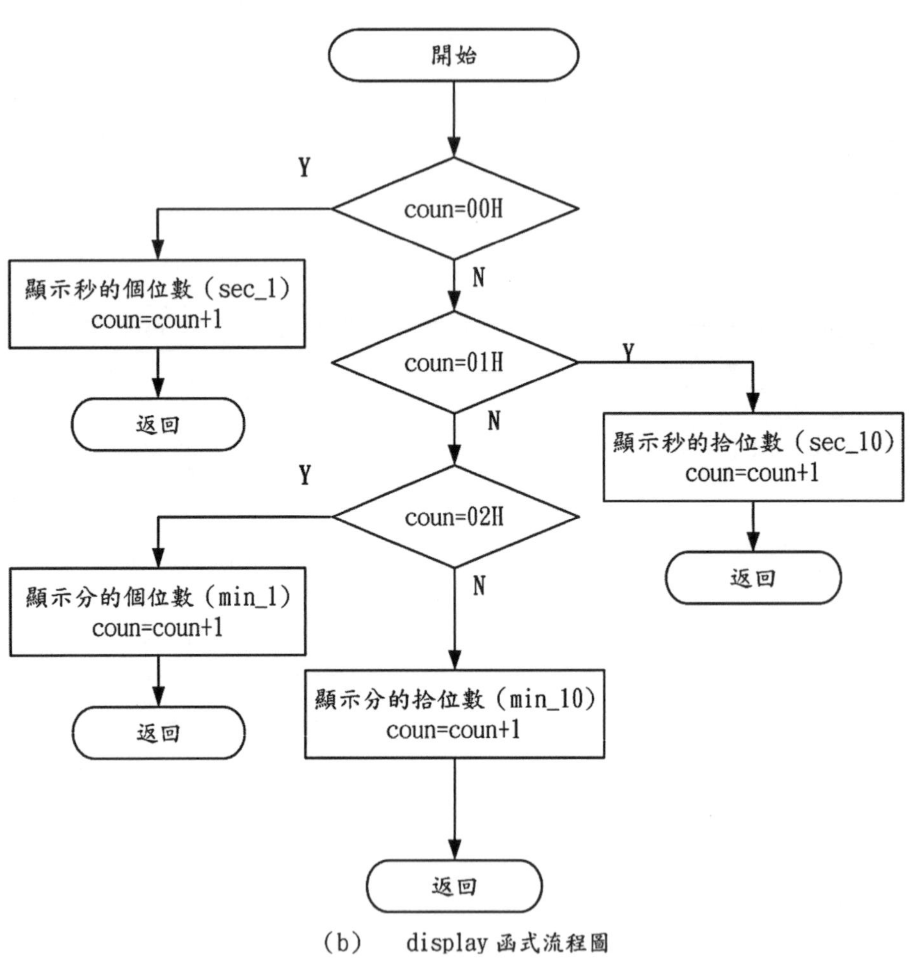

（b） display 函式流程圖

圖 7-9 實驗 7-4 流程圖(續)

inc_time函式流程圖：

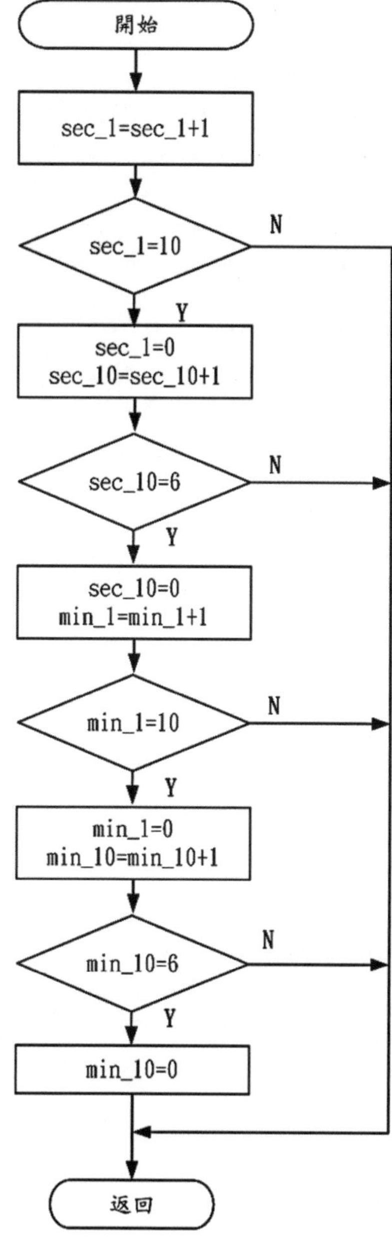

（ c ） inc_time 函式流程圖

圖 7-9　實驗 7-4 流程圖(續)

程 式：

```
// C7-4.c
#include <AT89X51.H>
#define u_ch unsigned char
u_ch sec_10=5,sec_1=6,min_10=5,min_1=9,coun=0,coun_5m=200;
void display (void);
void inc_time(void);
main()
{
 TMOD=0x21;
 TH0=(65536-5000)/256;
 TL0=(65536-5000)%256;
 IE=0x82;
 TR0=1;
 while(1);
}

void t0_int (void) interrupt 1
{
 TH0=(65536-5000)/256;
 TL0=(65536-5000)%256;
 display();
 if(--coun_5m==0)
 {
 coun_5m=200;
 inc_time();
 }
}
void display(void)
{
switch (coun)
 {
 case 0:
    P1=sec_1|0xf0;
    P1&=0xef;
    coun++;
    break;
 case 1:
    P1=sec_10|0xf0;
    P1&=0xdf;
    coun++;
    break;
 case 2:
    P1=min_1|0xf0;
    P1&=0xbf;
    coun++;
    break;
 default:
```

```
48          P1=min_10|0xf0;
49          P1&=0x7f;
50          coun=0;
51          break;
52      }
53    }
54    void inc_time(void)
55    {
56    if(++sec_1==0x0a)
57     {
58        sec_1=0;
59        if(++sec_10==0x06)
60           {
61           sec_10=0;
62           if(++min_1==0x0a)
63              {
64                 min_1=0;
65                 if (++min_10==0x06)  min_10=0;
66              }
67           }
68     }
69    }
```

程式說明：

行號	說明
1	註解標示程式檔名爲 C7-4.C。
2	前置命令將 AT89X51.H 標頭檔引入進來(請參考 2-8 章節)。
3	前置命令宣告 u_ch 代表 unsigned char。
4	全域變數宣告。使用 u_ch 宣告 min_10=5(分之十)，min_1=9(分之個)，sec_10=5(秒之十)，sec_1=9(秒之個)，coun=0(掃描參數)，coun_5m=200(5mS×200=1sec)，爲無符號字元變數。
5~6	宣告 display 與 inc_time 函式無傳回値及無參數傳入(參考 2-5 章節)。
7~15	主函式。設定計時器 0 模式 1，每隔 5000μS 中斷乙次。
17~27	計時器 0 中斷服務程式。每隔 5mS 中斷乙次，每次中斷輪流掃描顯示分與秒之十位數與個位數，中斷 200 次時秒鐘增加 1。
	19~20　設定 5mS 中斷乙次。
	21　呼叫 display()函式，輪流掃描顯示分與秒之十位數與個位數。
	22~26　判斷是否中斷 200 次，若是呼叫 inc_time()函式秒鐘增加 1。
28~53	display 函式。使用 switch 指令依據 coun 値顯示分與秒之十位數與個位數値。

32~36 當 coun=0 時，編號 D_1 七段顯示器顯示秒之個位數值。

37~41 當 coun=1 時，編號 D_2 七段顯示器顯示秒之十位數值。

42~46 當 coun=2 時，編號 D_3 七段顯示器顯示分之個位數值。

47-51 當 coun 爲非 0,1,2 時，編號 D_4 七段顯示器顯示分之十位數值。

54~69 inc_time 函式。遞增 1 秒鐘，分與秒數值範圍爲 00~59。

56 秒的個位數(sec_1)遞增 1 後再判斷 sec_1=10 是否成立，若是往下執行，否則結束 inc_time 函式。

58~59 秒的個位數(sec_1)清除爲 0，秒的十位數(sec_10)遞增 1 後再判斷 sec_10=6 是否成立，若是往下執行，否則結束 inc_time 函式。

61~62 秒的十位數(sec_10)清除爲 0，分的個位數(min_1)遞增 1 後再判斷 min_1=10 是否成立，若是往下執行，否則結束 inc_time 函式。

64~65 分的個位數(min_1)清除爲 0，分的十位數(min_10)遞增 1 後再判斷 min_10=6 是否成立，若是將分的十位數(min_10)清除爲 0，否則結束 inc_time 函式。

練習

一、請將程式第 9 行改爲“TMOD=0x01;”有何改變？

二、請將程式第 12 行改爲“IE=0x02;”有何改變？

三、請將程式第 13 行改爲“TR0=0;”有何改變？

四、請將程式第 19、20 行取消有何改變？

五、請將程式第 24 行取消有何改變？

六、請將程式第 34 行改爲“P1= P1&0xef;”有何改變？

七、請將程式第 56 行改爲“if(sec_1++==0x0a)”有何改變？

討論

此實驗主要介紹計時器的中斷使用，掃描頻率與週期，在主程式將計時器與中斷參數設定並啓動計時器，則可宣稱大功告成，絕大部分都在休息等待計時器的中斷要求(程式 14 行進行無窮迴圈)，實驗 7-3 使用輪詢(POLLING)方式(CPU 停留在第 30 行程式)，重複偵測溢位旗號(TF0)，兩個實驗互相比較可有天壤之別，還是中斷設計方式較有效益。

每隔 5mS 中斷乙次分別輪流點亮每一個七段顯示器，每個七段顯示器亮 5mS、暗 15mS，因此掃描週期 T=20mS、掃描頻率 f=1/T=1/(20 mS) = 50 Hz，每秒鐘亮，暗 50 次。由於眼睛視覺暫留效應，會有四個七段顯示器同時亮的錯覺產生，若將中斷時間調整成 20mS，掃描頻率更改爲 12.5Hz，則會產生閃爍顯示的現象。

分鐘與秒鐘分成個位數與十位數儲存佔四個位元組，若採用十位數與個位數合併成一個位元組總共只要兩個位元組即可，將在實驗 7-5 中使用此種設計方式呈現。

作業

一、請參考範例程式使用計時器 1 模式 1 設計電子鐘，掃描頻率 100Hz，分鐘初值 53 範圍爲 0~59、秒鐘初值爲 19 範圍爲 0~59　。

二、請參考範例程式使用計時器 1 模式 1 設計電子鐘，掃描週期 T=4 mS，時鐘初值 23 範圍爲 0~23、分鐘初值爲 58 範圍爲 0~-59。每隔 5 秒鐘，分鐘遞增一。

實驗 7-5 電子鐘時、分與四個按鍵調整設定實驗(計時器中斷)

功　能： 時鐘初值顯示 23，規劃使用 P2.6 之按鍵當作上調鍵，P2.7 之按鍵當作下調鍵，上調與下調數值範圍為 0~23。分鐘初值顯示 56，使用 P2.0 之按鍵當作上調鍵，P2.1 之按鍵為下調鍵，上調與下調數值範圍為 0~59。

電路圖： 如圖 7-7 所示。

流程圖： 如圖 7-10 所示。

主函流程圖：

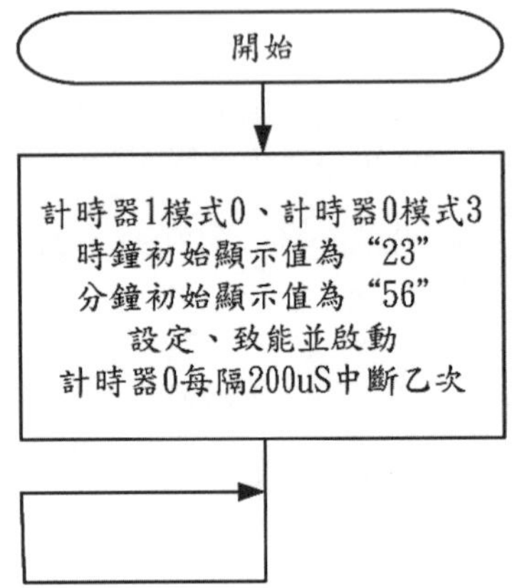

計時器0中斷函式流程圖：

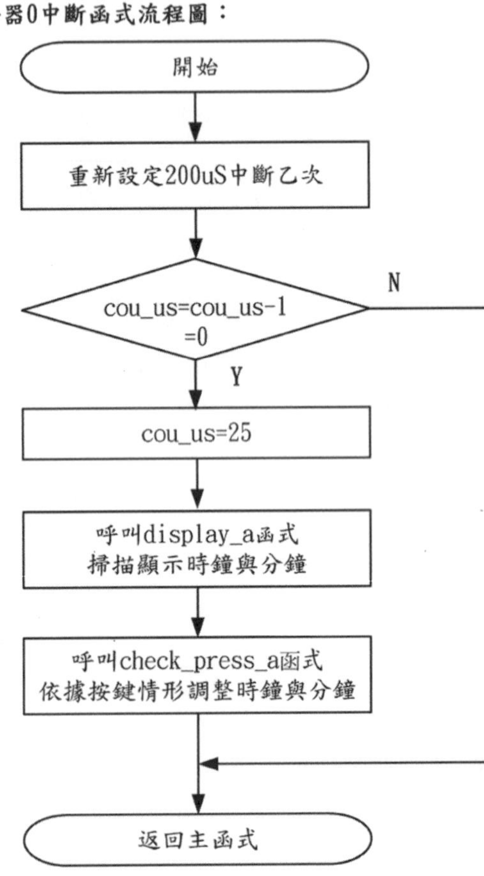

(a)　實驗 7-5 函式及計時器中斷函式流程圖

圖 7-10　實驗 7-5 流程圖

display_a函式流程圖：

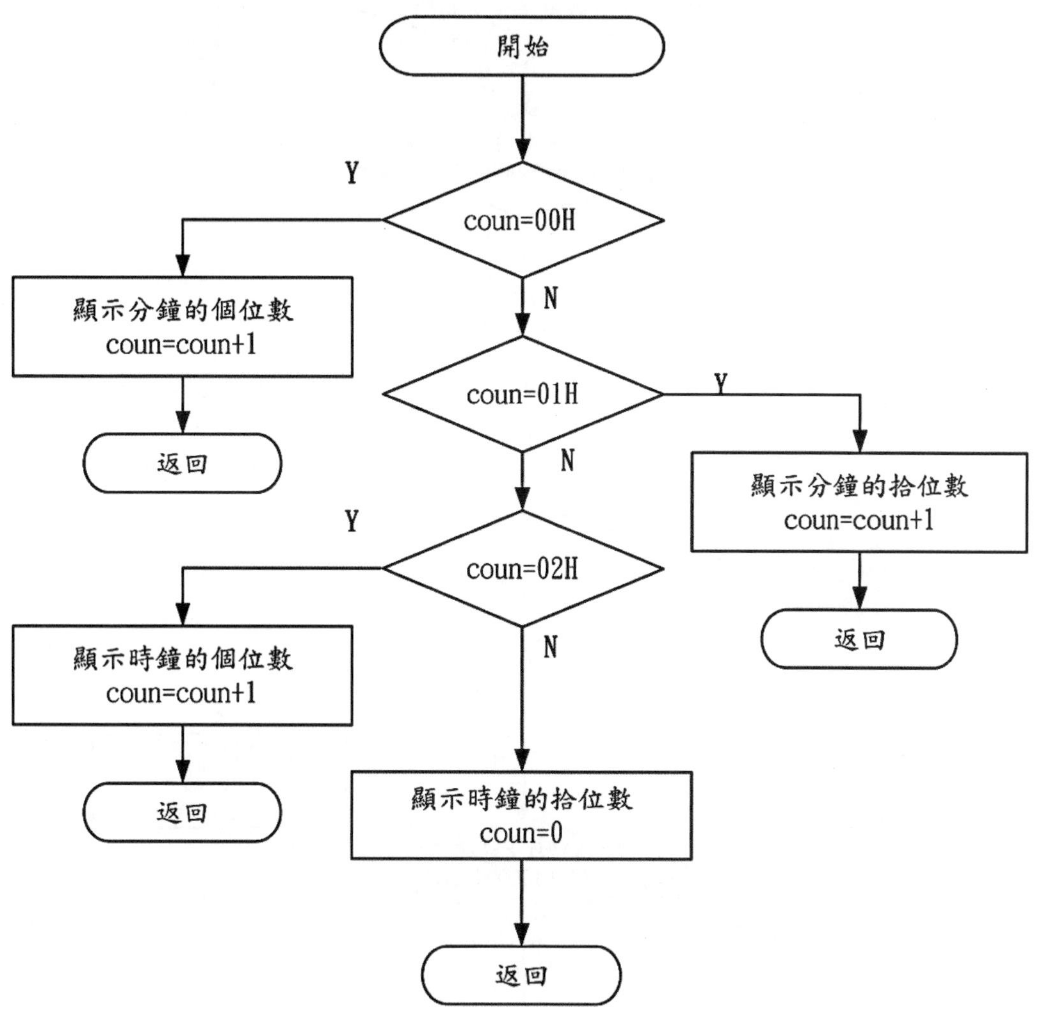

(b)　display_a 函式流程圖

圖 7-10　實驗 7-5 流程圖(續)

check_press_a函式流程圖：

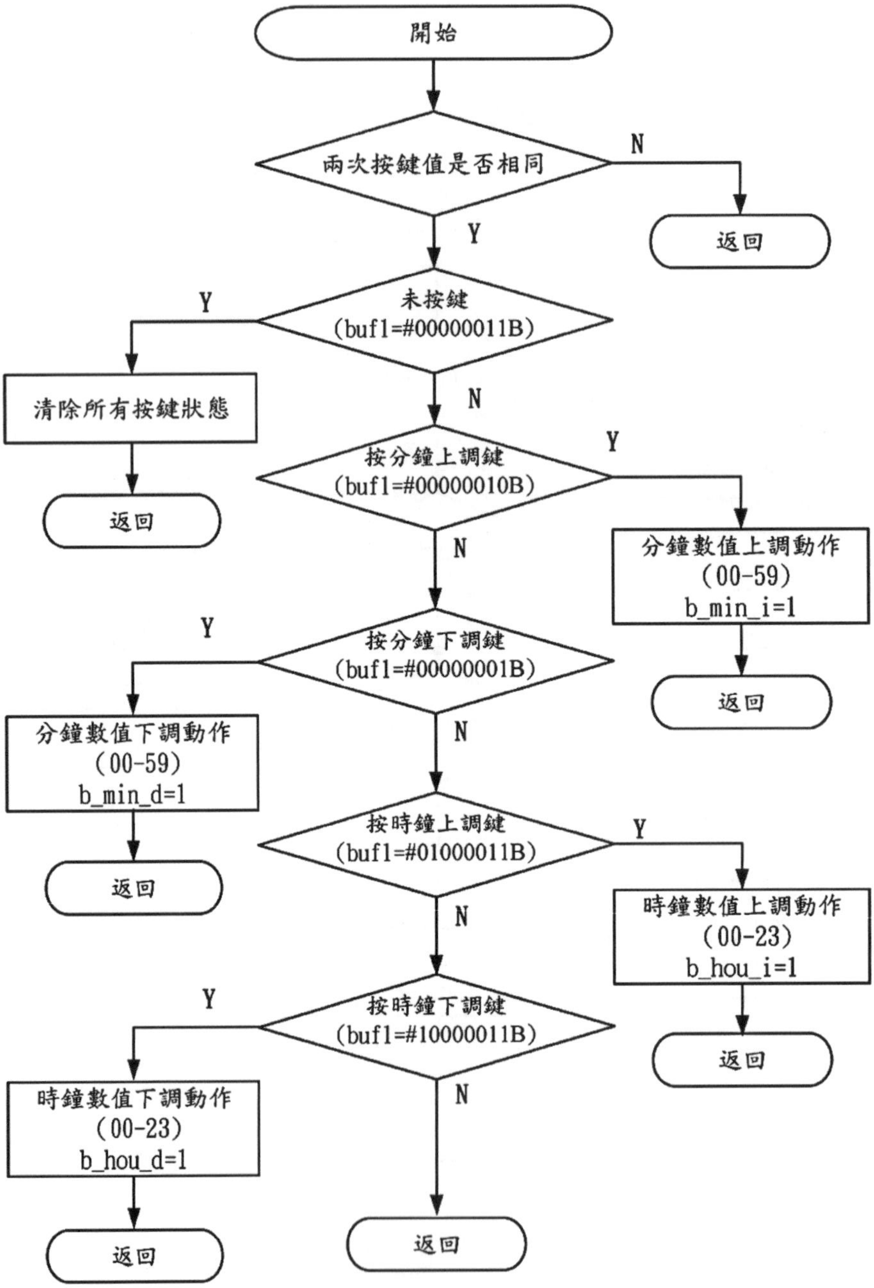

（ c ） check_press_a 函式流程圖

圖 7-10 實驗 7-5 流程圖(續)

程　式：

```
// c7-5.c
#include <AT89X51.H>
#define u_ch unsigned char
u_ch hou=23,min=56,coun=0,coun_us=25,buf1,buf2;
bit b_min_i,b_min_d,b_hou_i,b_hou_d;
void display_a (void);
void check_press_a(void);
main()
{
 TMOD=0x03;
 TL0=256-200;
 IE=0x82;
 TR0=1;
 while(1);
}
void aaa (void) interrupt 1
{
 TL0=256-200;
 if(--coun_us==0)
 {
 coun_us=25;
 display_a();
 check_press_a();
 }
}
void display_a(void)
{
switch (coun)
 {
 case 0:
    P1=min%10|0xf0;
    P1=P1&0xef;
    coun++;
    break;
 case 1:
    P1=min/10|0xf0;
    P1&=0xdf;
    coun++;
    break;
 case 2:
    P1=hou%10|0xf0;
    P1=P1&0xbf;
    coun++;
    break;
 default:
    P1=hou/10|0xf0;
```

```
            P1&=0x7f;
            coun=0;
            break;
        }
    }
    void check_press_a(void)
    {
    P2=0xff;
    buf2=buf1;
    buf1=P2&0xc3;
    if(buf1^buf2==0)
     {
        switch (buf1)
        {
            case 0x03:
          b_min_i=0;
          b_min_d=0;
          b_hou_i=0;
          b_hou_d=0;
          break;
        case 0x02:
          if(b_min_i==0)
          {
          if(++min==60)min=0;
          b_min_i=1;
          b_min_d=0;
          b_hou_i=0;
          b_hou_d=0;
          }
          break;
        case 0x01:
          if(b_min_d==0)
          {
          if(--min==0xff)min=59;
          b_min_i=0;
          b_min_d=1;
          b_hou_i=0;
          b_hou_d=0;
          }
          break;
        case 0x43:
          if(b_hou_i==0)
          {
          if(++hou==24)hou=0;
          b_min_i=0;
          b_min_d=0;
          b_hou_i=1;
          b_hou_d=0;
          }
```

```
96              break;
97          case 0x83:
98              if(b_hou_d==0)
99              {
100             if(--hou==0xff)hou=23;
101             b_min_i=0;
102             b_min_d=0;
103             b_hou_i=0;
104             b_hou_d=1;
105             }
106             break;
107         }
108       }
109     }
```

程式說明：

行號	說明
1	註解標示程式檔名爲 C7-5.C。
2	前置命令將 AT89X51.H 標頭檔引入進來(請參考 2-8 章節)。
3	前置命令宣告 u_ch 代表 unsigned char。
4~5	全域變數宣告。使用 u_ch 宣告 hou=23、min=56、coun=0 與 coun_us=200 爲有初始值之無符號字元變數。buf1 與 buf2 爲無符號字元變數。b_min_i、b_min_d、b_hou_i 與 b_hou_d 爲位元變數。
6~7	宣告 display_a 與 check_press_a 函式無傳回值及無參數傳入(參考 2-5 章節)。
8~15	主函式。規劃計時器 0 模式 3，啓動致能計時器 0 中斷每隔 200μS 中斷乙次。
10	設定計時器 1 模式 0，計時器 0 模式 3。
11	計時器 0 模式 3，TL0 計時 200μS，其初值爲 56。
12~13	啓動致能計時器 0 中斷。
16~25	計時器 0 中斷服務函式，函式名稱爲 aaa。每次計時 200uS 前後 25 次達到 5mS 效果。規劃設計每隔 5mS 進行掃描顯示與鍵盤按鍵偵測。
18	200μS 中斷乙次。
19	查核是否達到 25 次(200μS×25=5000uS=5mS)。
22	呼叫 display_a 函式進行掃描顯示。
23	呼叫 check_press_a 函式進行鍵盤按鍵偵測。
26~51	display_a 函式。使用 switch 指令依據 coun 值顯示時與分之十位數與個位數值。

30~34　當 coun=0 時，編號 D_1 七斷顯示器顯示分之個位數値。

35~39　當 coun=1 時，編號 D_2 七斷顯示器顯示分之十位數値。

40~44　當 coun=3 時，編號 D_3 七斷顯示器顯示時之個位數値。

45~49　當 coun 爲非 0,1,2 時，編號 D_4 七斷顯示器顯示時之十位數値。

52~109　check_press_a 函式。依據按鍵情形作對應處理。

54　設定 P2 爲輸入埠。

55~56　讀取 P2.0、P2.1、P2.6 與 P2.7 按鍵值，P2.6 與 P2.7 當有按鍵其對應按鍵值爲高電位，未按鍵爲低電位。P2.0 與 P2.1 當有按鍵其對應按鍵值爲低電位，未按鍵爲高電位。前一個按鍵值存入 buf2，後一個按鍵值存入 buf1。

57　判斷按鍵狀態是否穩定，buf1 與 buf2 互斥或運算後爲 0(buf1=buf2) 表示按鍵狀態穩定。

61~65　在 buf1=buf2(穩定按鍵)的前提下，若 buf1=0x03 表示四鍵均未按(鬆鍵)。清除 b_min_i=0、b_min_d=0、b_hou_i=0、b_hou_d=0。

67~76　在 buf1=buf2(穩定按鍵)的前提下，若 buf1=0x02 表示按分鐘之上調(P2.0)鍵。非持續按分鐘之上調鍵(b_min_i=0)則將分鐘 (min)數字增加 1，調整範圍爲 00~59 循環方式呈現，並設定 b_min_i=1。

77~86　在 buf1=buf2(穩定按鍵)的前提下，若 buf1=0x01 表示按分鐘之下調(P2.1)鍵。非持續按分鐘之下調鍵(b_min_d=0)則將分鐘(min)數字遞減 1，調整範圍爲 00~59 循環方式呈現，並設定 b_min_d=1。

87~96　在 buf1=buf2(穩定按鍵)的前提下，若 buf1=0x43 表示按時鐘之上調(P2.6)鍵。非持續按時鐘之上調鍵(b_hou_i=0)則將時鐘 (hou)數字增加 1、調整範圍爲 00~23 循環方式呈現，並設定 b_hou_i=1。

97~106　在 buf1=buf2(穩定按鍵)的前提下，若 buf1=0x83 表示按時鐘之下調(P2.7)鍵。非持續按時鐘之下調鍵(b_hou_d=0)則將時鐘 (hou)數字遞減 1，調整範圍爲 00~23 循環方式呈現，並設定 b_hou_d=1。

練習

一、請將程式第 10 行改爲“TMOD=0x02;”有何改變？

二、請將程式第 12 行改爲“IE=0x84;”有何改變？

三、請將程式第 13 行改爲“TR1=1;”有何改變？

四、請將程式第 21 行改爲“coun_us=250;”有何改變？

五、請將程式第 33 行取消有何改變？

六、請將程式第 36 行改爲“P1=min/16|0xf0;”有何改變？

七、請將程式第 37 行改為“P1&=0xcf;”有何改變？

八、請將程式第 71 行取消有何改變？

九、請將程式第 76 行取消有何改變？

十、請將程式第 78 行取消有何改變？

討論

此實驗主要介紹計時器 0 模式 3 的中斷使用，模式 3 只有 8 位元最多只能計時 256μS，只好使用 COU_US 輔助計數 25 次達到 5mS，每隔 5mS 中斷乙次分別輪流點亮每一個七段顯示器，每個七段顯示器亮 5mS，暗 15mS，因此掃瞄週期 T = 20mS、掃瞄頻率 f = 1/T = 1/(20mS) = 50Hz，每秒鐘亮，暗 50 次，此與實驗 7-4 相同。

時鐘(分鐘)使用一個位元組儲存個位數與十位數，此與實驗 7-4 表達方式有所不同，請讀者仔細比較兩者不同地呈現方式。若將 31 行修改為“P1=min%16|0xf0;”，將 36 行修改為“P1=min/16|0xf0;”則分鐘將呈現 16 進制顯示。

程式 56 行直接讀取 P2 的按鍵值，由圖 7-7 中可以了解 P2.1(P2.0)之按鍵設計成未按鍵時呈現高電位，按鍵時則為低電位。而 P2.7(P2.6)之按鍵剛好相反，未按鍵時呈現低電位，按鍵時則為高電位，因此程式 56 行讀取按鍵值存入 buf1 中，當 buf1=0x03 則表示四個按鍵都未按，而 buf1=0xc0 時則表示四個按鍵都按。前一次按鍵值存入 buf2 中、而下一次的按鍵值存入 buf1 中，若兩次按鍵值均相同，則為穩定按鍵狀態，若不同，表示在彈跳階段不予處理。

作業

一、請參考範例程式，掃瞄頻率為 100Hz，分鐘初值為 53 範圍為 0~59(P2.4 之按鍵為上調鍵、P2.5 之按鍵為下調鍵)，時鐘初值為 9 範圍為 0~12(P2.6 之按鍵為上調鍵、P2.7 之按鍵為下調鍵)。

二、請參考範例程式，掃瞄週期 4mS，分鐘初值 35 範圍為 0~59(P2.0 之按鍵為上調鍵、P2.1 之按鍵為下調鍵)，時鐘初值為 9 範圍為 0~23(P2.3 之按鍵為上調鍵、P2.4 之按鍵為下調鍵)。

實驗 7-6 四個七段顯示器與 4×4 鍵盤按鍵實驗(計時器中斷)

功　能：四個七段顯示器開機時由左而右顯示 6789，使用 4×4 鍵盤更改數字，更改數字由右邊進入。

電路圖：如圖 7-11 所示。

流程圖：如圖 7-12 所示。

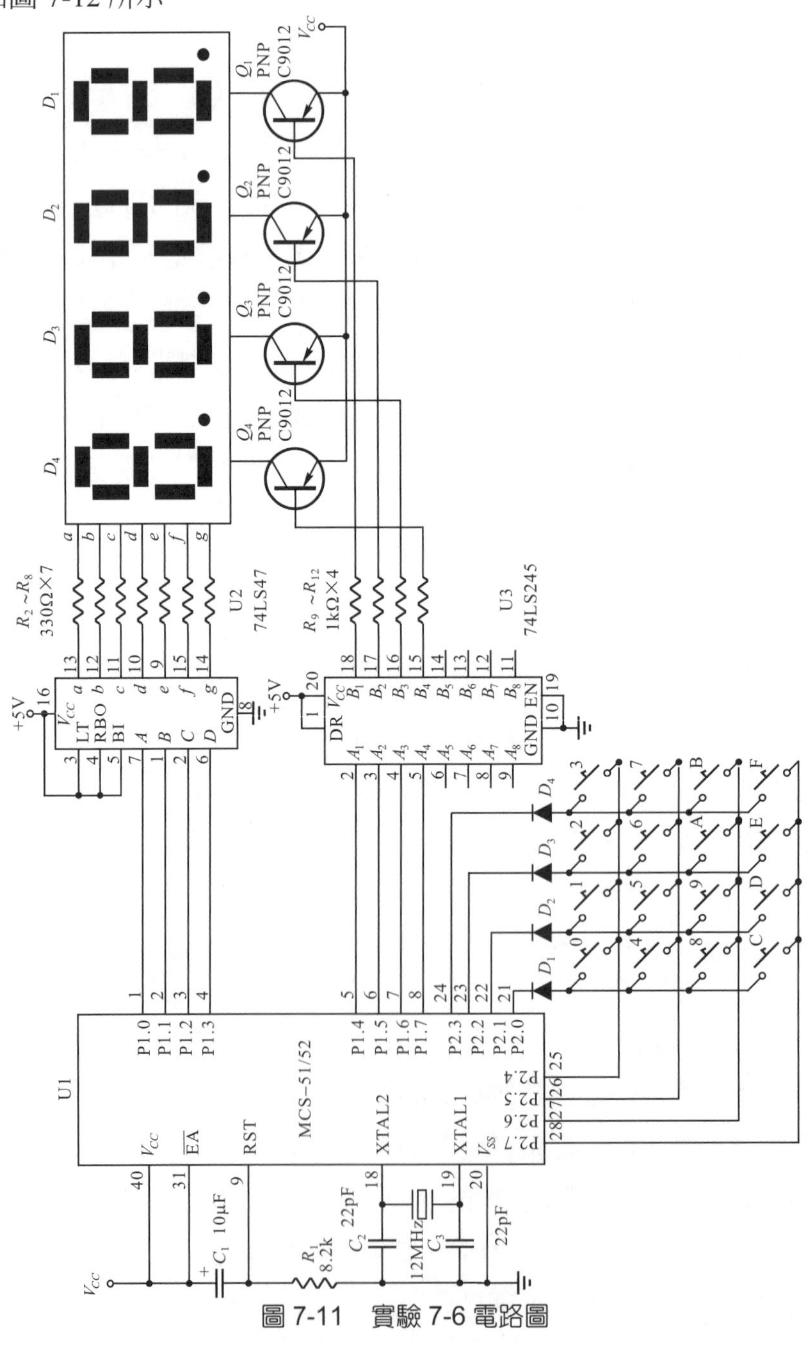

圖 7-11　實驗 7-6 電路圖

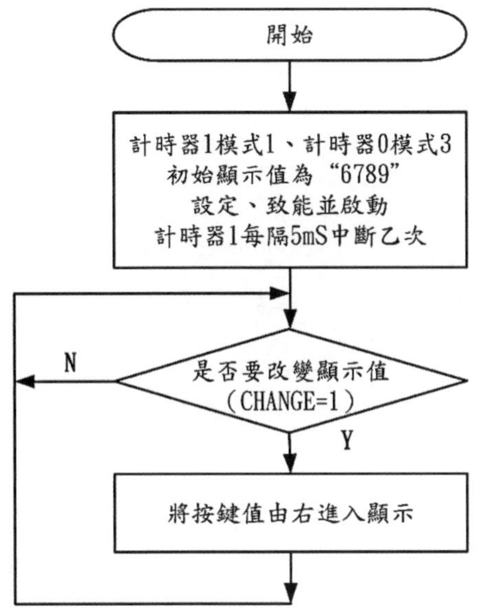

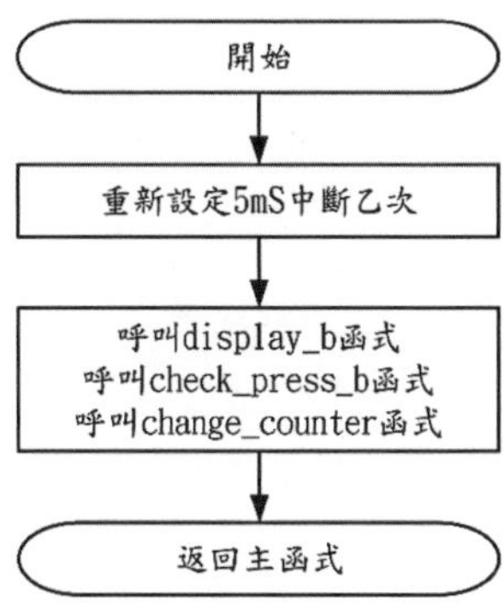

(a)　實驗 7-6 主函式及計時器 1 中斷程式流程圖

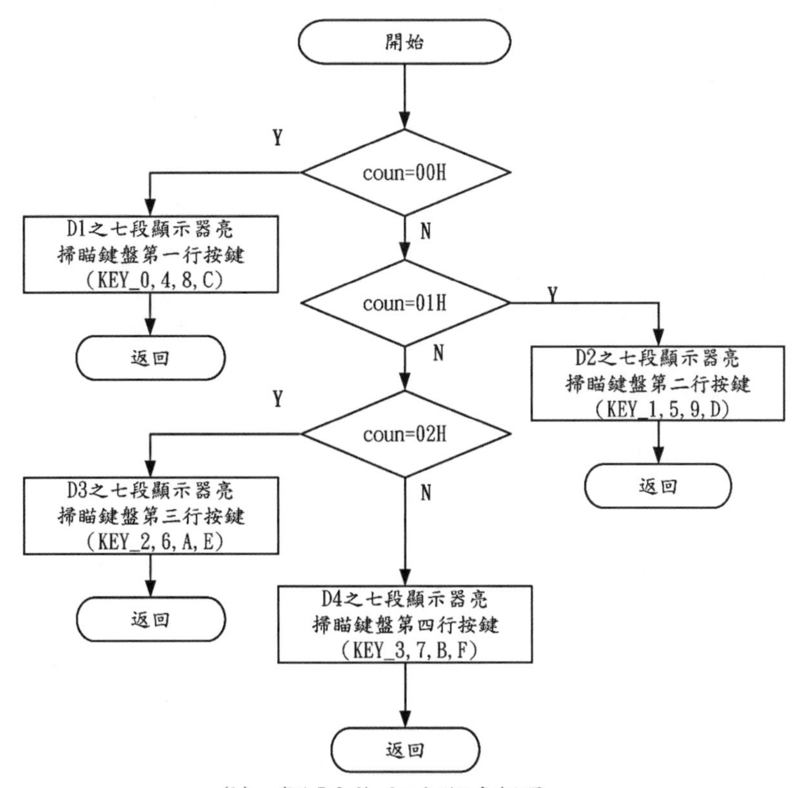

(b)　實驗 7-6 display_b 副程式流程圖

圖 7-12　實驗 7-6 流程圖

check_press_b函式流程圖：

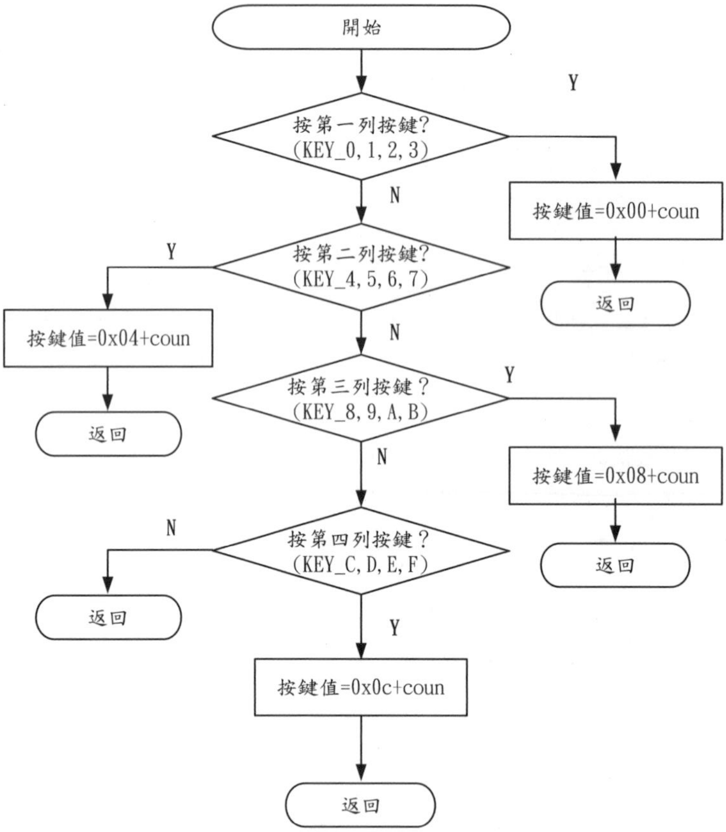

開始

按第一列按鍵?
(KEY_0, 1, 2, 3)

Y

按鍵值=0x00+coun

返回

N

按第二列按鍵?
(KEY_4, 5, 6, 7)

Y

按鍵值=0x04+coun

返回

N

按第三列按鍵？
(KEY_8, 9, A, B)

Y

按鍵值=0x08+coun

返回

N

按第四列按鍵？
(KEY_C, D, E, F)

N

返回

Y

按鍵值=0x0c+coun

返回

(c) 實驗 7-6 check_press_b 函式流程圖

圖 7-12　實驗 7-6 流程圖(續)

程　式：

```
// C7-6.c
#include <AT89X51.H>
#define u_ch unsigned char
u_ch coun=0,buf1,buf2;
u_ch dis[4]={9,8,7,6};
bit open=0,press=0,change=0;
void display_b (void);
void check_press_b(void);
void change_counter(void);
main()
{
 u_ch i;
 TMOD=0x13;
 TH1=(65536-5000)/256;
 TL1=(65536-5000)%256;
```

```
  IE=0x88;
  TR1=1;
  while(1)
   {
   while(change==0);
   change=0;
   for(i=3;i>0;i--)dis[i]=dis[i-1];
   dis[0]=buf1;
   open=1;
   }
}
void aaa (void) interrupt 3
{
 TH1=(65536-5000)/256;
 TL1=(65536-5000)%256;
 display_b();
 check_press_b();
 change_counter();
}
void display_b(void)
{
switch (coun)
 {
 case 0:
     P1=dis[0]|0xf0;
     P1=P1&0xef;
     P2=0xfe;
     break;
 case 1:
     P1=dis[1]|0xf0;
     P1=P1&0xdf;
     P2=0xfd;
     break;
 case 2:
     P1=dis[2]|0xf0;
     P1=P1&0xbf;
     P2=0xfb;
     break;
 default:
     P1=dis[3]|0xf0;
     P1=P1&0x7f;
     P2=0xf7;
     break;
 }
}
void check_press_b(void)
{
switch (P2&0xf0)
 {
```

```
65        case 0xe0:
66            buf2=buf1;
67            buf1=0x00+coun;
68            press=1;
69            break;
70        case 0xd0:
71            buf2=buf1;
72            buf1=0x04+coun;
73            press=1;
74            break;
75        case 0xb0:
76            buf2=buf1;
77            buf1=0x08+coun;
78            press=1;
79            break;
80        case 0x70:
81            buf2=buf1;
82            buf1=0x0c+coun;
83            press=1;
84            break;
85        }
86      }
87      void change_counter(void)
88      {
89      if(++coun==0x04)
90       {
91       coun=0;
92       if(press==0)open=0;
93       else
94           {
95           press=0;
96           if (open==0&&buf1^buf2==0)change=1;
97           }
98       }
99      }
```

程式說明：

行號	說明
1	註解標示程式檔名為 C7-6.C。
2	前置命令將 AT89X51.H 標頭檔引入進來(請參考 2-8 章節)。
3	前置命令宣告 u_ch 代表 unsigned char。
4~6	全域變數宣告。使用 u_ch 宣告 coun=0,buf1,buf2 與一維陣列 dis[4]爲無符號字元變數，dis[0]=9、dis[1]=8、dis[2]=7 與 dis[3]=6。位元變數 open=0、press=0 與 change=0。

7~9 宣告 display_b、check_press_b 與 change_counter 函式無傳回值及無參數傳入(參考 2-5 章節)。

10~26 主函式。規劃計時器 1 模式 1、啓動致能計時器 1 中斷、每隔 5000μS 中斷乙次，若有按鍵，按鍵值由右而左進入。

12 使用 u_ch 宣告區域變數 i 爲無符號字元變數。

13~17 計時器 1 模式 1 規劃設定每隔 5000μS 中斷乙次。

20 change=0 表示沒有穩定按鍵，在此等待，直到有穩定按鍵爲止。

21~23 按鍵值由右而左進入(放入個位數中)。將原佰位數 dis[2]移到仟位數 dis[3]，原十位數 dis[1]移到佰位數 dis[2]，原個位數 dis[0]移到十位數 dis[1]，按鍵值則存入個位數 dis[0]，清除 change 爲 0。

24 按鍵已處理，因此設定 open=1、要求鬆鍵。

27~34 計時器 1 中斷服務函式、函式名稱爲 aaa。每隔 5mS 中斷乙次，進行掃描顯示與鍵盤按鍵偵測等動作。

29~30 5mS 中斷乙次。

31 呼叫 display_b 函式進行掃描顯示。

32 呼叫 check_press_b 函式進行鍵盤按鍵偵測。

33 呼叫 change_counter 函式進行是否確定按鍵。

35~60 display_b 函式。使用 switch 指令依據 coun 值顯示仟、佰、十與個位數值。

39~43 當 coun=0 時，編號 D_1 七段顯示器顯示個位數值(dis[0]) ，並掃瞄 4×4 鍵盤之第一行(按鍵 0,4,8,C)。。

44~48 當 coun=1 時，編號 D_2 七段顯示器顯示十位數值(dis[1]) ，並掃瞄 4×4 鍵盤之第二行(按鍵 1、5、9、D)。。

49~53 當 coun=3 時，編號 D_3 七段顯示器顯示佰位數值(dis[2])，並掃瞄 4×4 鍵盤之第三行(按鍵 2、6、A、E)。

54~58 當 coun 爲非 0、1、2 時，編號 D_4 七段顯示器顯示仟位數值(dis[3]) ，並掃瞄 4×4 鍵盤之第四行(按鍵 3、7、B、F)。

61~86 check_press_b 函式。依據按鍵情形作對應處理。在此函式中主要讀取 4×4 鍵盤之返回線，由返回線值與 coun 值可以判斷那一個鍵被按。

63 讀取 4×4 鍵盤之返回線(P2.7~P2.4)判斷按鍵值。

65~69 讀取 4×4 鍵盤之返回線判斷爲第一列(按鍵 0、1、2、3)被按，配合 coun 值可以判斷 0~3 鍵何鍵被按。當 coun=0 表示按鍵 0，同理 coun=3 表示按鍵 3。前一次按鍵值存入 buf2 中，此次按鍵值則存入 buf1 中。press=1 表示有按鍵。

70~74 讀取 4×4 鍵盤之返回線判斷爲第二列(按鍵 4、5、6、7)被按，配合 coun 值可以判斷 4~7 鍵何鍵被按。當 coun=0 表示按鍵 4，同理 coun=3 表示按鍵 7。前一次按鍵值存入 buf2 中，此次按鍵值則存入 buf1 中。press=1 表示有按鍵。

75~79 讀取 4×4 鍵盤之返回線判斷爲第三列(按鍵 8、9、a、b)被按，配合 coun 值可以判斷 8-a 鍵何鍵被按。當 coun=1 表示按鍵 9，同理 coun=2 表示按鍵 a。前一次按鍵值存入 buf2 中，此次按鍵值則存入 buf1 中。press=1 表示有按鍵。

80~84 讀取 4×4 鍵盤之返回線判斷爲第四列(按鍵 c、d、e、f)被按，配合 coun 值可以判斷 e~f 鍵何鍵被按。當 coun=0 表示按鍵 c，同理 coun=2 表示按 e 鍵。前一次按鍵值存入 buf2 中，此次按鍵值則存入 buf1 中。press=1 表示有按鍵。

87~99 change_counter 函式。當 coun=0,1,2,3 到 0 表示掃描顯示個、十、佰與仟位數外，並且已經掃描 4×4 鍵盤一回合，若 press=1 表示有按鍵情形，經由判斷 buf1 與 buf2 值是否相同，若相同將 change=1 通知主程式，將按鍵值移入個位數中。

89~91 coun 值遞增，coun 數字範圍爲 0~3。

92 若 press=0 表示未按鍵，open=0 清除鬆鍵要求。

96 在 open=0(不要求鬆鍵)及 buf1=buf2 條件下，change=1 通知主程式將按鍵值移入個位數中。

練習

一、請將程式第 13 行改爲“TMOD=0x23;”有何改變？

二、請將程式第 16 行改爲“IE=0x84;”有何改變？

三、請將程式第 17 行改爲“TR0=1;”有何改變？

四、請將程式第 24 行取消有何改變？

五、請將程式第 29、30 行取消有何改變？

六、請將程式第 40 行改爲“P1=dis[1]|0xf0;”有何改變？

七、請將程式第 42 行改爲“P2=0xfd;”有何改變？

八、請將程式第 66 行取消有何改變？

九、請將程式第 68 行取消有何改變？

討論

此實驗與實驗 7-4 及實驗 7-5 頗有相似之處、三個實驗之掃瞄週期均一樣。鍵盤在日常生活中不可或缺，例如手機、電話機等均可看到。圖 7-11 電路圖顯示鍵盤之內部結構，外觀圖如圖 7-13 所示。以圖 7-13(a)之鍵盤爲例介紹鍵盤接腳辨認檢查方式，按下按鍵 0，使用三用電表歐姆檔測試，當導通時則紅、黑棒兩隻腳必爲 C_1 與 R_1，同理，按下按鍵 1，導通時必爲 C_2 與 R_1。鍵盤利用掃描線與返回線方式偵測按鍵情形，本範例使用行掃描與列返回方式設計，規劃 P2.3~P2.0 爲輸出腳送出行掃描信號，每次只掃描一行按鍵，P2.7~P2.4 爲輸入腳讀取列返回信號，表格 7-2 爲返回線、掃描線與按鍵對應關係。

圖 7-11 電路圖，增加四個二極體 D_4~D_1 主要是保護掃描信號不會有短路現象，圖 7-14(a)中顯示送出第一行掃描信號(P2.3,P2.2,P2.1,P2.0)=(1,1,1,0)時，同一時間按了按鍵 0、按鍵 1 與按鍵 2，因爲按鍵 0 導通之原因造成返回線 P2.4=0，雖然按鍵 1 與按鍵 2 均導通，但因二極體 D_2 與 D_3 存在阻隔了短路現象。圖 7-14(b)顯示缺少二極體 D_2，造成掃描信號 P2.1=1 因按鍵 1 導通，與返回線 P2.4=0 造成短路現象產生，而掃描信號 P2.2=1 因有二極體 D_3 保護，不會因爲按鍵 2 導通而產生短路現象。

作業

一、請參考範例程式，初值顯示“1234”且按鍵值由左邊進入。

二、請參考範例程式，若鍵盤排列方式由圖 7-13(a)更改爲 7-13(b)排列時，則程式該如何修改？

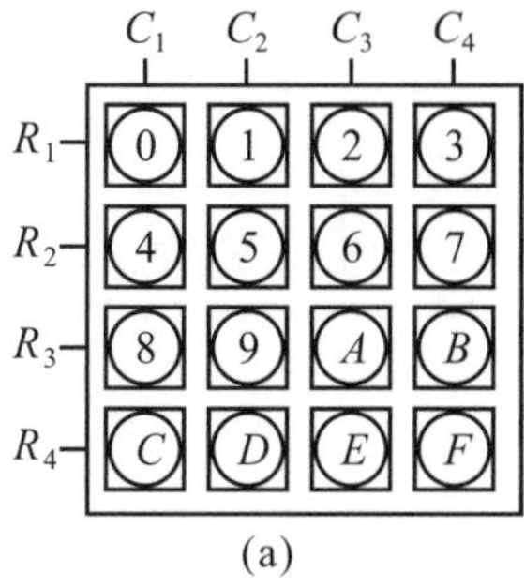

(a)

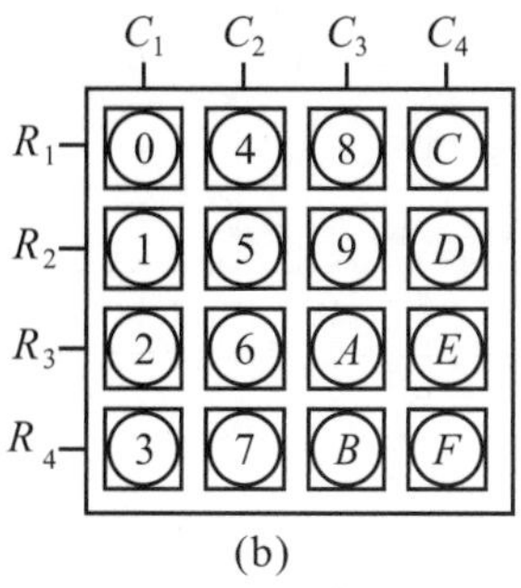

(b)

圖 7-13　4×4 鍵盤外觀圖

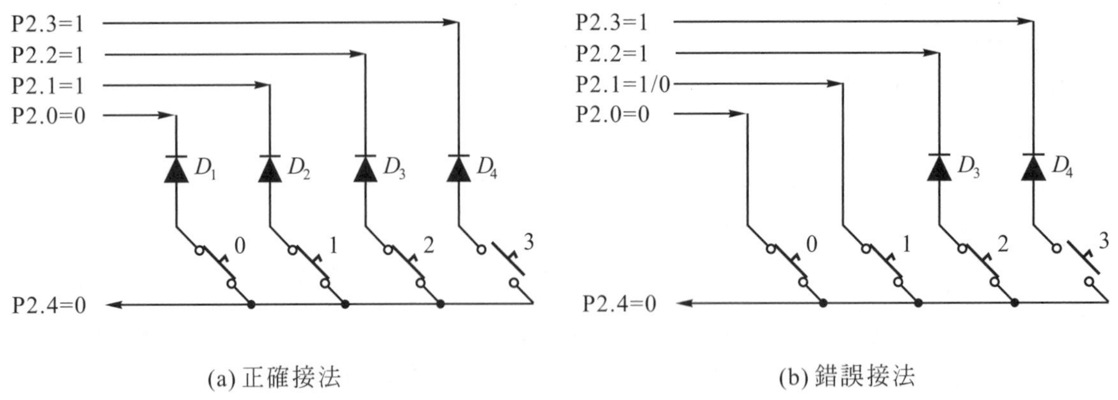

(a) 正確接法　　(b) 錯誤接法

圖 7-14　鍵盤與二極體接法

表 7-2　返回線、掃描線與按鍵對應表

鍵值	返回線(輸入)				掃描線(輸出)				說明
	P2.7	P2.6	P2.5	P2.4	P2.3	P2.2	P2.1	P2.0	
0	1	1	1	0	1	1	1	0	第一列第一行按鍵
1	1	1	1	0	1	1	0	1	第一列第二行按鍵
2	1	1	1	0	1	0	1	1	第一列第三行按鍵
3	1	1	1	0	0	1	1	1	第一列第四行按鍵
4	1	1	0	1	1	1	1	0	第二列第一行按鍵
5	1	1	0	1	1	1	0	1	第二列第二行按鍵
6	1	1	0	1	1	0	1	1	第二列第三行按鍵
7	1	1	0	1	0	1	1	1	第二列第四行按鍵
8	1	0	1	1	1	1	1	0	第三列第一行按鍵
9	1	0	1	1	1	1	0	1	第三列第二行按鍵
A	1	0	1	1	1	0	1	1	第三列第三行按鍵
B	1	0	1	1	0	1	1	1	第三列第四行按鍵
C	0	1	1	1	1	1	1	0	第四列第一行按鍵
D	0	1	1	1	1	1	0	1	第四列第二行按鍵
E	0	1	1	1	1	0	1	1	第四列第三行按鍵
F	0	1	1	1	0	1	1	1	第四列第四行按鍵

實驗 7-7　兩個七段顯示器與計數器、計時器(中斷)顯示實驗

功　能： 時器 1 與計數器 0 整合實驗，計數器 0 初值為 12、計數範圍 0~15，計時器 1 產生 1Hz 信號經由 P3.3 接腳送出，經由 P3.4(T0)接腳進入，當作計數器 0 之觸發信號。

電路圖： 如圖 7-15 所示。

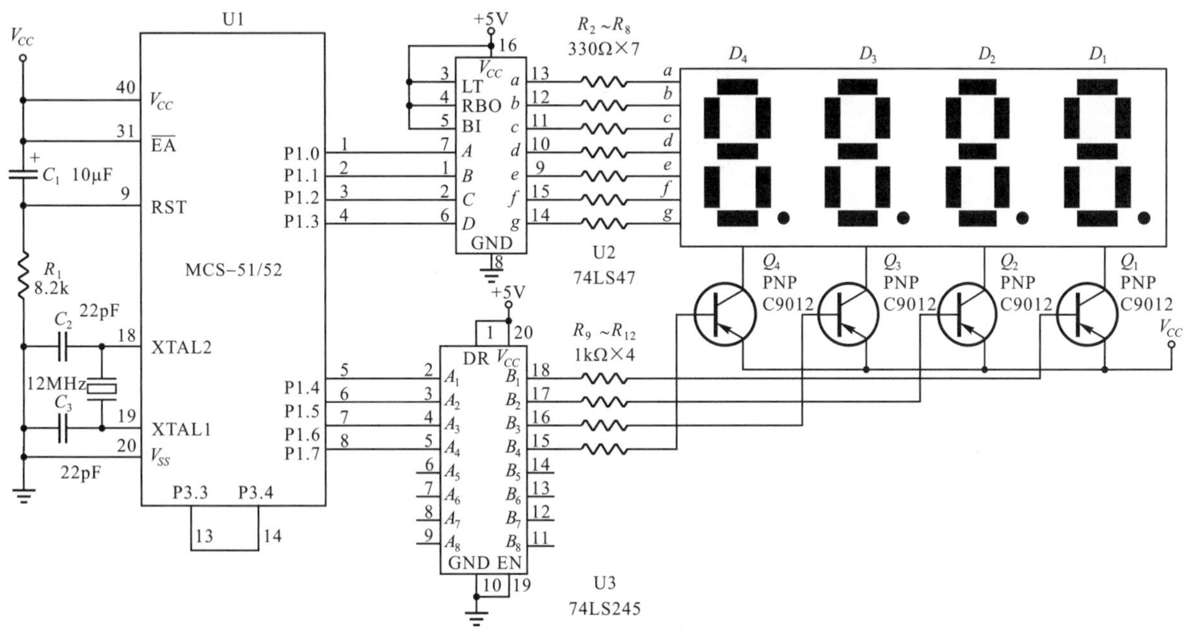

圖 7-15　實驗 7-7 電路圖

流程圖：如圖 7-16 所示。

主函式流程圖：

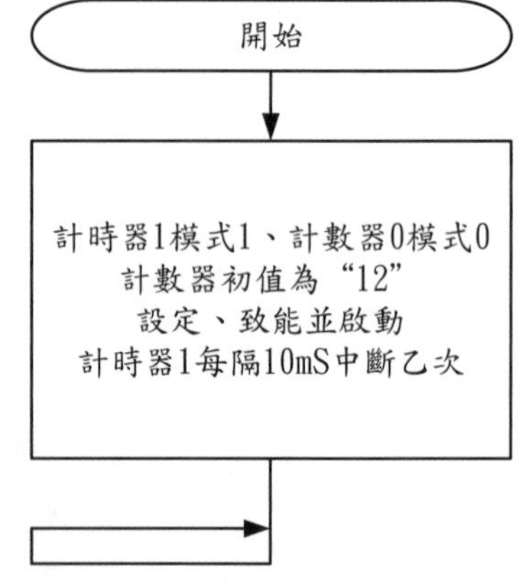

計時器中斷函式流程圖：

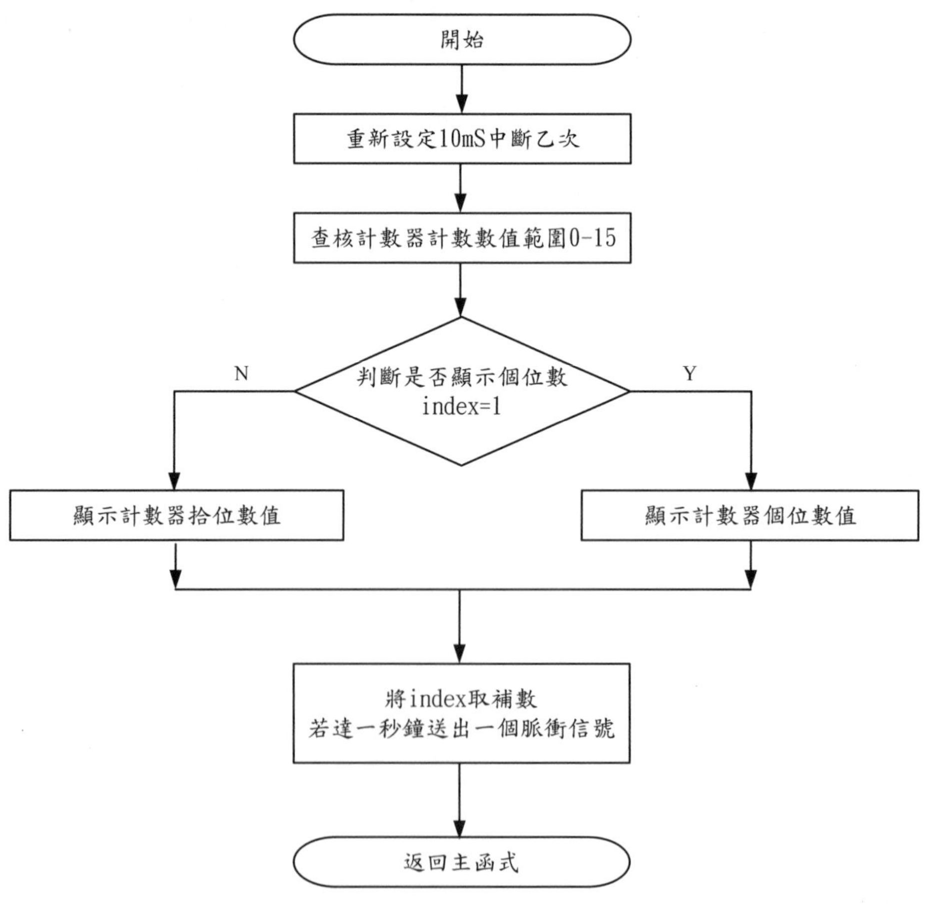

圖 7-16　實驗 7-7 流程圖

程　式：

```
/* C7-7.c*/
#include <AT89X51.H>
bit index;
sbit op=0xb3;
unsigned char coun=100;
main()
{
  TMOD=0x14;
  TH1=(65536-10000)/256;
  TL1=(65536-10000)%256;
  TH0=0x00;
  TL0=12;
  IE=0x88;
  op=0;
  TR1=1;
  TR0=1;
  while(1);
}
void aaa (void) interrupt 3
{
unsigned char i;
  TH1=(65536-10000)/256;
  TL1=(65536-10000)%256;
  if(TL0>15)TL0=0;
  if(index==0)
     {
      P1=TL0/10|0xf0;
      P1=P1&0x7f;
     }
  else
     {
      P1=TL0%10|0xf0;
      P1=P1&0xbf;
     }
  index=!index;
  if(--coun==0)
     {
     coun=100;
     op=1;
```

```
40          for(i=10;i>=1;i--);
41          op=0;
42          }
43      }
```

程式說明：

行號	說明
1	註解標示程式檔名爲 C7-7.C。
2	前置命令將 AT89X51.H 標頭檔引入進來(請參考 2-8 章節)。
3~5	全域變數宣告。宣告 index 與 op 爲位元變數，op 爲 P3 之位元 3。宣告 coun 爲無符號字元變數，初值爲 100。
6~18	主函式。規劃計時器 1 模式 1，計數器 0 模式 0，啓動致能計時器 1 中斷每隔 10000μS 中斷乙次，啓動計數器 0、其初值爲 12。
8	時器 1 模式 1、計數器 0 模式 0。
9~10	計時器 1 模式 1 規劃設定每隔 10000μS 中斷乙次。
11~12	計數器 0，其初值爲 12。
13~16	啓動計時器 1 與計數器 0，並致能計時器 1 中斷。op(P3.3.)初值爲低電位 0。
17	無窮迴圈。
19~43	計時器 1 中斷服務函式、函式名稱爲 aaa。每隔 10mS 中斷乙次、進行掃描顯示。間隔 1 秒鐘送出一個脈波信號(頻率爲 1Hz)。
21	區域變數宣告。宣告 i 爲無符號字元變數。
9~10	計時器 1 設定每隔 10000μS 中斷乙次。
24	設定計數器 0 計數範圍 0~15。
25~34	使用 if_else 判斷，當 index=0 時顯示計數器 0 之十位數、index=1 則顯示計數器 0 之個位數。
36~42	產生 1Hz 信號。每隔 10mS 中斷乙次，因此計數 100 次中斷剛好 1 秒鐘，每達到 1 秒鐘送出一個脈波信號。

練習

一、請將程式第 8 行改爲“TMOD=0x23;”有何改變？

二、請將程式第 13 行改爲“IE=0x84;”有何改變？

三、請將程式第 15 行取消有何改變？

四、請將程式第 19 行改爲“void bbb (void) interrupt 3”有何改變？

五、請將程式第 19 行改爲“void bbb (void) interrupt 1”有何改變？

六、請將程式第 24 行改爲“if(TL0>0x15)TL0=0;”有何改變？

七、請將程式第 24 行改爲“if(TL0>=15)TL0=0”有何改變？

八、請將程式第 35 行取消有何改變？

九、請將程式第 38 行取消有何改變？

十、請將程式第 38 行改爲“coun=200;”有何改變？

討論

此實驗與實驗 7-2 之功能非常相似，在實驗 7-2 中 CPU 非常忙碌，但在此範例中 CPU 則顯現出悠閒自在(在第 17 行停留等待中斷信號)。此範例主要是介紹計數器之使用，利用計時器 1 計時產生 1Hz 脈波信號透過 P3.3 接腳送出當作計數器 0 的觸發信號，計數器 0 的觸發信號必須經由 P3.4(T0)輸入才有效，若將圖 7-16 電路圖中 P3.3 與 P3.4 之連線去除則數字固定不變。

作業

一、請設計初值爲 21、每隔兩秒鐘數字增加 1，顯示範圍爲 0~59(十進制顯示)。

二、請設計初值爲 36、每隔兩秒鐘數字增加 1，顯示範圍爲 0~168(十進制顯示)。

實驗 7-8 喇叭單音發聲實驗(兩個計時器中斷)實驗

功　能： 計時 1 與計時器 0 整合實驗，計時器 0 控制喇叭振動頻率發出 DO、RE、MI 單音，計時器 1 控制每個聲音作動 0.5 秒鐘。

電路圖： 如圖 7-17 所示。

流程圖： 如圖 7-18 所示。

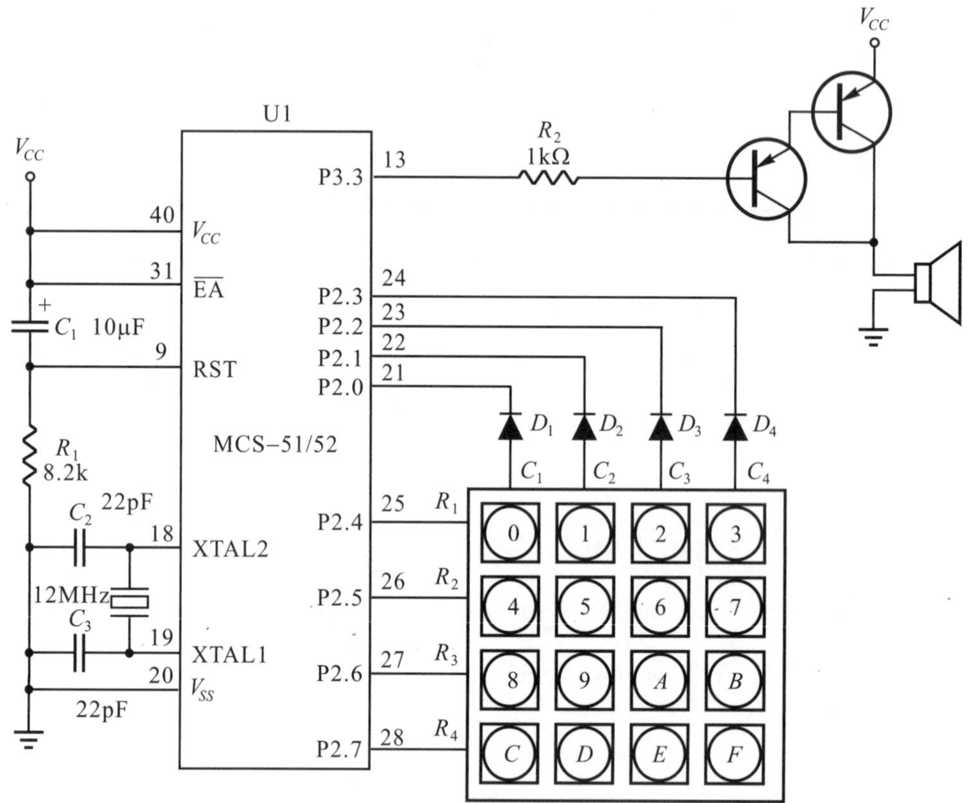

圖 7-17　實驗 7-8 電路圖

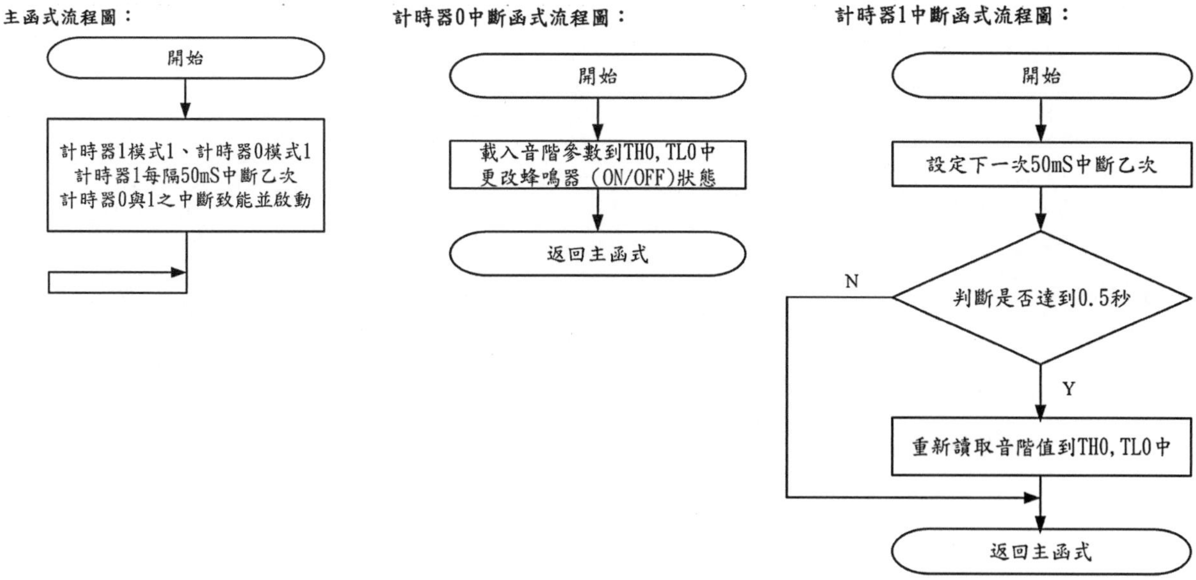

主函式流程圖：

開始

計時器1模式1、計時器0模式1
計時器1每隔50mS中斷乙次
計時器0與1之中斷致能並啟動

計時器0中斷函式流程圖：

開始

載入音階參數到TH0, TL0中
更改蜂鳴器（ON/OFF)狀態

返回主函式

計時器1中斷函式流程圖：

開始

設定下一次50mS中斷乙次

判斷是否達到0.5秒

N

Y

重新讀取音階值到TH0, TL0中

返回主函式

圖 7-18　實驗 7-8 流程圖

程　式：

```
/* C7-8.c*/
#include <AT89X51.H>
sbit buzzer=P3^3;
unsigned char coun=10,i=0;
unsigned int tone[8]=
{0xf889,0xf95a,0xfa15,0xfa68,0xfb05,0xfb90,0xfc0a,0xfc45};
main()
{
 TMOD=0x11;
 TH1=(65536-50000)/256;
 TL1=(65536-50000)%256;
 TH0=tone[i]>>8;
 TL0=tone[i];
 IE=0x8a;
 TCON=0x50;
 for(;;);
}
void aaa (void) interrupt 1
{
 TH0=tone[i]>>8;
 TL0=tone[i];
 buzzer=~buzzer;
}
void bbb (void) interrupt 3
{
 TH1=(65536-50000)/256;
 TL1=(65536-50000)%256;
```

```
28          if(--coun==0)
29            {
30            coun=10;
31            if(++i>=8)i=0;
32            TH0=tone[i]>>8;
33            TL0=tone[i];
34            }
35        }
```

程式說明：

行號	說明
1	註解標示程式檔名為 C7-8.C。
2	前置命令將 AT89X51.H 標頭檔引入進來(請參考 2-8 章節)。
3~5	全域變數宣告。宣告 buzzer 為位元變數為 P3 之位元 3。宣告無符號字元變數 coun=10、i=0。宣告一維陣列 tone 存放 8 筆無符號 16 元資料，tone[0]=0xf889、tone[7]=0xfc45。
7~17	主函式。規劃計時器 1 模式 1、計時器 0 模式 1，啓動致能計時器 1 中斷每隔 50000μS 中斷乙次，計時器 0 控制喇叭振動頻率。
9	時器 1 模式 1、計時器 0 模式 1。
10~11	計時器 1 模式 1 規劃設定每隔 50000μS 中斷乙次。
12~13	音階振動參數，高 8 位元放入 TH0、低 8 位元放入 TL0。
14~15	啓動計時器 1 與計時器 0，並致能計時器 1 與計時器 0 之中斷。
16	無窮迴圈。
18~23	計時器 0 中斷服務函式、函式名稱為 aaa。依據各音階之振盪參數控制喇叭 ON-OFF 之狀態達到所要的音階。
20~21	音階振盪參數，高 8 位元放入 TH0、低 8 位元放入 TL0。
22	改變喇叭 ON-OFF 動作狀態。
24~35	計時器 1 中斷服務函式、函式名稱為 bbb。主要控制間隔 0.5 秒更改音階，從 DO 到高音 DO 總共 8 組音階，各音階週期之高位元組放到 TH0、低位元組放到 TL0。
26~27	設定每隔 50mS 中斷乙次。
30	中斷 10 次剛好 500mS(0.5 秒鐘)。
31	從 DO 到高音 DO 總共 8 組音階，變數 i 的數字範圍為 0~7。
32~33	依據 i 值讀取從 DO 到高音 DO 之間的音階，各音階週期之高位元組放到 TH0、低位元組放到 TL0。

練習

一、請將程式第 9 行改為"TMOD=0x00;"有何改變？

二、請將程式第 12 行改為"TH0=tone[i]>>3;"有何改變？

三、請將程式第 14 行取消有何改變？

四、請將程式第 16 行改為"while(1);"有何改變？

五、請將程式第 22 行取消有何改變？

六、請將程式第 30 行改為"coun=100;"有何改變？

七、請將程式第 31 行改為"if(i++>8)i=0;"有何改變？

八、請將程式第 31 行改為"if(++i>=6)i=0;"有何改變？

九、請將程式第 33 行改為"TL0=tone[i]>>8;"有何改變？

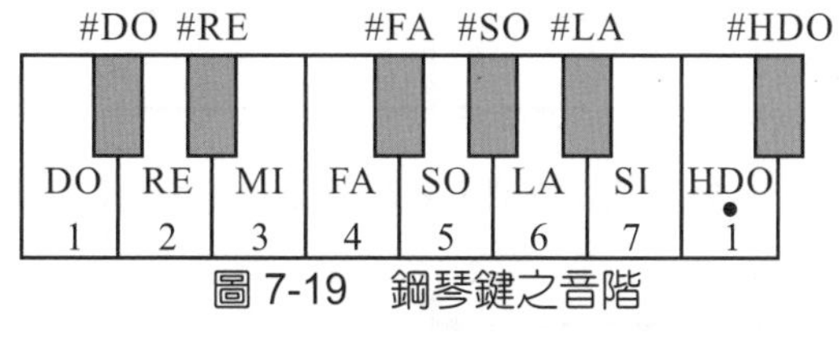

圖 7-19　鋼琴鍵之音階

八度音	DO	DO#	RE	RE#	MI	FA	FA#	SO	SO#	LA	LA#	SI
第 3 度	131	139	147	156	165	175	185	196	208	220	233	247
第 4 度	262	277	294	311	330	349	370	392	415	440	466	494
第 5 度	523	554	587	622	659	698	740	784	831	880	932	988

圖 7-20　音階頻率表　(單位：Hz)

討論

圖 7-19 為鋼琴鍵之音階、圖 7-20 為各音階頻率表，蜂鳴器利用線圈激磁(on)與不激磁(off)，使金屬薄膜振動發出聲音。隨著 on 與 off 信號的快慢而產生不同頻率的聲音，例如第 4 度 MI 的聲音其頻率為 330Hz(週期為 3.030mS)，規劃蜂鳴器線圈激磁(on)1.515mS 與不激磁(off)1.515mS，持續作動即可發 MI 音。

範例中使用計時器 0 模式 1、控制蜂鳴器線圈激磁與不激磁方式達到所要的音階，若要發出 MI 音(程式第 6 行之 tone[2])計算方式如下：

65536−1515=64021(=FA15H)

作業

一、參考範例修改為計數器 1 控制喇叭振動頻率發出 DO、RE、MI 單音，計時器 0 控制每個聲音作動 1 秒鐘。。

二、請參考圖 7-20 將程式第 6 行 tone 陣列中儲存第 4 度音階更改為第 5 度音階。

實驗 7-9 喇叭單音演奏實驗(兩個計時器中斷)實驗

功　能： 演奏兩隻老虎，計數器 0 控制喇叭振動頻率發出 DO、RE、MI 單音，計時器 1 控制每個聲音作動時間，以 1/8 拍(0.0625 秒鐘)為基準。

電路圖： 如圖 7-17 所示。

流程圖： 如圖 7-21 所示。

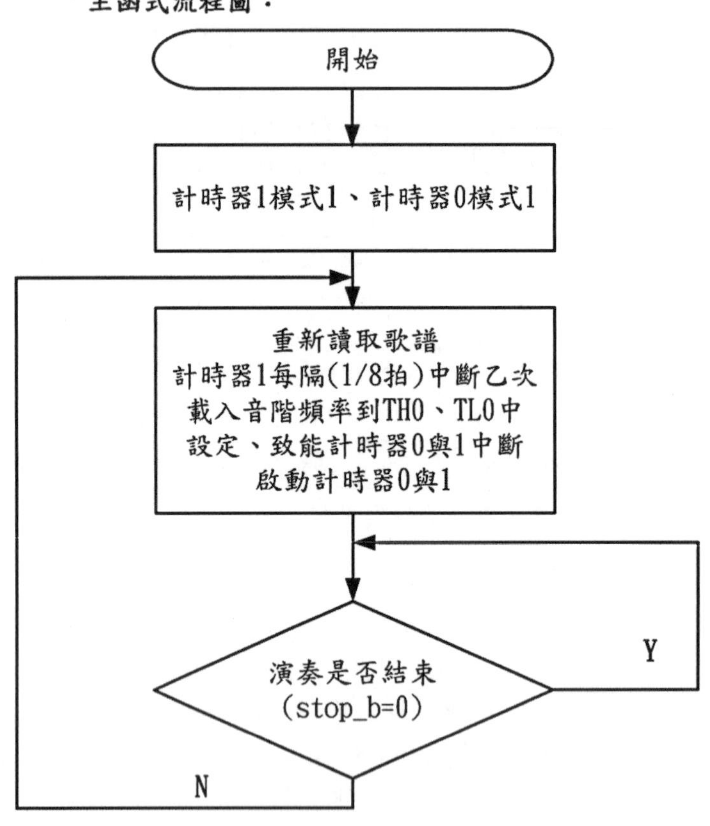

圖 7-21　實驗 7-9 流程圖

計時器1中斷函式流程圖：

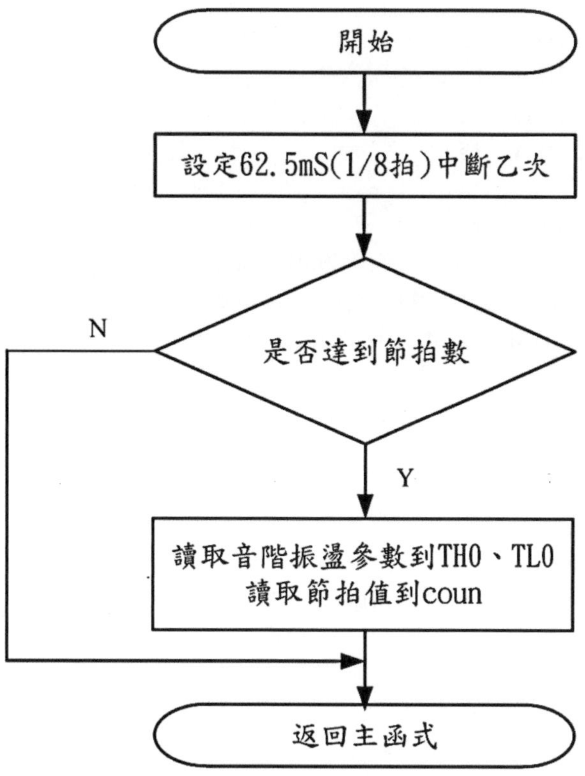

圖 7-21　實驗 7-9 流程圖(續)

程　式：

```
/* C7-9.c*/
#include <AT89X51.H>
sbit buzzer=P3^3;
bit stop_b=0;
unsigned char coun,i,song_index=0;
#define LSO    0
#define LLA    1
#define LSI    2
#define DO     3
#define RE     4
#define MI     5
#define FA     6
#define SO     7
#define LA     8
#define SI     9
```

```
#define HDO   10
#define HRE   11
#define HMI   12
#define HFA   13
#define HSO   14
#define HLA   15

unsigned int tone[16]={
 0xf609,0xf71f,0xf817,0xf889,0xf95a,0xfa15,
 0xfa68,0xfb05,0xfb90,0xfc0a,0xfc45,0xfcad,
 0xfc0d,0xfd34,0xfd82,0xfdc8};

 unsigned char code song[]={
 DO,4,RE,4,MI,4,DO,4,
 DO,4,RE,4,MI,4,DO,4,
 MI,4,FA,4,SO,8,
 MI,4,FA,4,SO,8,
 SO,2,LA,2,SO,2,FA,2,MI,4, DO,4,
 SO,2,LA,2,SO,2,FA,2,MI,4, DO,4,
 DO,4,LSO,4,DO,8,
 DO,4,LSO,4,DO,8, "$"};
void song_para (void);
 main()
{
 TMOD=0x11;
 TH1=(65536-62500)/256;
 TL1=(65536-62500)%256;
 song_para ();
 IE=0x8a;
 TCON=0x50;
 while(1)
    {
    while(stop_b==0);
    stop_b=0;
    song_index=0;
    song_para ();
    TCON=0x50;
    }
}
void aaa (void) interrupt 1
{
 TH0=tone[i]>>8;
```

```
58      TL0=tone[i];
59      buzzer=~buzzer;
60    }
61    void bbb (void) interrupt 3
62    {
63      TH1=(65536-62500)/256;
64      TL1=(65536-62500)%256;
65      if(--coun==0)
66      song_para();
67
68    }
69    void song_para (void)
70    {
71    i=song[song_index++];
72    if(i=='$')
73       {
74       stop_b=1;
75       TCON=0x00;
76       }
77    else
78       {
79       TH0=tone[i]>>8;
80       TL0=tone[i];
81       coun=song[song_index++];
82       }
83    }
```

程式說明：

行號	說明
1	註解標示程式檔名為 C7-9.C。
2	前置命令將 AT89X51.H 標頭檔引入進來(請參考 2-8 章節)。
3~5	全域變數宣告。宣告 buzzer 爲位元變數，爲 P3 之位元 3。宣告無符號字元變數 coun、i 與 song_index=0。
6~21	使用前置命令低音 SO 到高音 LA 相對一維陣列 tone 中之關係，例如 tone[0]存放低音 SO 的振盪參數 0xf609，因此低音 SO(LSO)=0，tone[1]存放低音 LA 的振盪參數 0xf71f，因此低音 LA(LLA)=1。
23~26	宣告一維陣列 tone 存放 16 筆無符號 16 元資料，tone[0]=0Xf609 低音 SO(LSO)的振盪參數，tone[1]=0xf71f 低音 LA 的振盪參數。

28~36 宣告一維陣列 song 存放兩隻老虎的歌譜以“$”當作結束符號。DO,4 表示發 DO 音長度為 4 個 1/8 拍(1/2 拍)。記憶體型態 code 宣告為程式記憶體(ROM)。

38~54 主函式。規劃計時器 1 模式 1、計時器 0 模式 1，啓動致能計時器 1 與計時器 0 中斷，計時器 1 每隔 62500μS(1/8 拍)中斷乙次，計時器 0 控制喇叭振動頻率。

40 時器 1 模式 1、計時器 0 模式 1。

41~42 計時器 1 模式 1 規劃設定每隔 62500μS(1/8 拍)中斷乙次。

43 song_para 函式讀取音階振盪參數與節拍數。

44~45 啓動計時器 1 與計時器 0，並致能計時器 1 與計時器 0 之中斷。

46~53 若演奏完畢則重新開始達到重複演奏的效果。

55~60 計時器 0 中斷服務函式、函式名稱為 aaa。依據各音階之振盪參數控制喇叭 ON-OFF 之狀態達到所要的音階。

57~58 音階振盪參數，高 8 位元放入 TH0，低 8 位元放入 TL0。

59 改變喇叭 ON-OFF 動作狀態。

61~68 計時器 1 中斷服務函式，函式名稱為 bbb。主要控制 62500μS (1/8 拍)為單位，若達到節拍數則讀取下一個音階與節拍參數。

63~64 設定每隔 62500μS (1/8 拍)中斷乙次。

65~66 coun 儲存節拍參數，若達到節拍數則讀取下一個音階與節拍參數。

69~83 依據 song_index 讀取音階放到 i 變數，節拍參數存到 coun 變數，依據 i 值將音階振盪參數之高 8 位元放入 TH0，低 8 位元放入 TL0。若讀取到“$”表示歌譜到此結束 stop_b=1。

71 依據 song_index 讀取音階放到 i 變數。

72~76 若讀取到“$”表示歌譜到此結束 stop_b=1。

78~82 依據 i 值將音階振盪參數之高 8 位元放入 TH0，低 8 位元放入 TL0。節拍參數存到 coun 變數。

練習

一、請將程式第 40 行改為“TMOD=0x00;”有何改變？

二、請將程式第 45 行改為“tcon=0x50;”有何改變？

三、請將程式第 45 行改為“TCON=0x10;”有何改變？

四、請將程式第 49 行取消有何改變？

五、請將程式第 50 行取消有何改變？

六、請將程式第 57 行改為“TH0=tone[i]>>4;”有何改變？

七、請將程式第 59 行取消有何改變？

八、請將程式第 74 行取消有何改變？

討論

此範例與實驗 7-8 雷同，實驗 7-8 每個音階發音固定 0.5 秒鐘，而此範例則加入節拍觀念，採用每分鐘 120 拍的節奏(120RPM)、每一拍剛好 0.5 秒，歌譜以 1/8 拍為單位，程式 29 為例(DO,4)表示音階為 DO 發 4 個 1/8 拍(即 1/2 拍)，使用計時器 1 控制 1/8 拍(0.0625 秒)發聲單位(程式 63-64)、配合 coun 變數調整節拍(程式 65)。1/8 拍(0.0625 S = 62.5 mS = 62500 μS)。

程式 6-21 定義各音階數值，此數值係配合程式 23~26 行對應關係，例如第 8 行定義 LSI=2、此表示對應到第 24 行 tone[2]=0xf817，同理、第 9 行定義 DO=3、此表示對應到第 24 行 tone[3]=0xf889。由於每個音階均佔兩個位元組長度，因此若要讀取 DO 音階時經由程式 71 行 i=3(DO)，程式 79~80 行依據 i 值讀取 tone[3]=0xf889，程式 79 行將 0xf889(DO) 音之高 8 位元 0xF8 存入 TH_0 中、低 8 位 0x89 存入 TL_0 中，有關各音階之頻率及計時器 0 之流程圖請參考實驗 7-8。

作業

一、參考範例修改為計數器 1 控制音階頻率，計時器 0 控制節拍。

二、參考範例原節拍長度以 1/8 拍為單位，修改成以 1/16 拍為單位。

實驗 7-10 電子琴(兩個計時器中斷)實驗

功　能： 使用 4×4 鍵盤當作琴鍵，按鍵 0 按下時發出低音 SO(LSO)，按鍵 F 按下時發出高音 LA(HLA)，總共 16 個音階。

電路圖： 如圖 7-18 所示。

流程圖： 參考實驗 7-6。

程　式：

```
/* C7-10.c*/
#include <AT89X51.H>
sbit buzzer=P3^3;
bit press=0;
unsigned char coun,i,key,buf1,buf2;
void check_press_c(void);
void change_counter_a(void);

unsigned int tone[16]={
  0xf609,0xf71f,0xf817,0xf889,0xf95a,0xfa15,
  0xfa68,0xfb05,0xfb90,0xfc0a,0xfc45,0xfcad,
  0xfd0a,0xfd34,0xfd82,0xfdc8};

  main()
{
  TMOD=0x11;
  TH1=(65536-5000)/256;
  TL1=(65536-5000)%256;
  IE=0x8a;
  TCON=0x40;
  while(1);
}
void aaa (void) interrupt 1
{
        TH0=tone[key]>>8;
        TL0=tone[key];
        buzzer=~buzzer;
}
void bbb (void) interrupt 3
{
  TH1=(65536-5000)/256;
```

```
  TL1=(65536-5000)%256;
  check_press_c();
  change_counter_a();
}
void check_press_c(void)
{
  switch (coun)
        {
        case 0:
                P2=0xfe;
                break;
        case 1:
                P2=0xfd;
                break;
        case 2:
                P2=0xfb;
                break;
        default:
                P2=0xf7;
                break;
        }

switch (P2&0xf0)
        {
        case 0xe0:
                buf2=buf1;
                buf1=0x00+coun;
                press=1;
                break;
        case 0xd0:
                buf2=buf1;
                buf1=0x04+coun;
                press=1;
                break;
        case 0xb0:
                buf2=buf1;
                buf1=0x08+coun;
                press=1;
                break;
        case 0x70:
                buf2=buf1;
                buf1=0x0c+coun;
```

```
74                              press=1;
75                              break;
76                      }
77          }
78          void change_counter_a(void)
79          {
80          if(++coun==0x04)
81                  {
82                  coun=0;
83                  if(press==0)TR0=0;
84                  else
85                          {
86                          press=0;
87                          if (buf1^buf2==0)
88                                  {
89                                  key=buf1;
90                                  TH0=tone[key]>>8;
91                                  TL0=tone[key];
92                                  TR0=1;
93                                  }
94                          }
95                  }
96          }
```

程式說明：

行號	說明
1	註解標示程式檔名爲 C7-10.C。
2	前置命令將 AT89X51.H 標頭檔引入進來(請參考 2-8 章節)。
3~5	全域變數宣告。宣告 buzzer 與 press 爲位元變數，buzzer 爲 P3 之位元 3。宣告無符號字元變數 coun、I,key,buf1 與 buf2。
6~7	宣告函式 check_press_c 與 change_counter_a 爲無參數傳入與無回傳值。
9~12	宣告一維陣列 tone 存放 16 筆無符號 16 元資料，tone[0]=0xf609 低音 SO(LSO) 的振盪參數，tone[1]=0xf71f 低音 LA 的振盪參數。
14~22	主函式。規劃計時器 1 模式 1、計時器 0 模式 1，啓動致能計時器 1 與計時器 0 中斷，計時器 1 每隔 5000μS 中斷乙次，計時器 0 控制喇叭振動頻率。
16	時器 1 模式 1、計時器 0 模式 1。
17~18	計時器 1 模式 1 規劃設定每隔 5000μS 中斷乙次。

19~20	致能計時器 1 與計時器 0 之中斷，單獨啓動計時器 1 計時。
21	CPU 到此進行無窮迴圈，等待計時器 1 的中斷。

23~28 計時器 0 中斷服務函式、函式名稱爲 aaa。依據按鍵值讀取相對音階之振盪參數，控制喇叭 ON-OFF 之狀態達到所要的音階。

25~26	音階振盪參數，高 8 位元放入 TH0，低 8 位元放入 TL0。
27	改變喇叭 ON-OFF 動作狀態。

29~35 計時器 1 中斷服務函式、函式名稱爲 bbb。每次間隔 5000μS 中斷乙次，每次中斷執行 check_press_c 函式與 change_counter_a 函式。

31~32	設定每隔 5000μS 中斷乙次。
33	check_press_c 函式。一行、一行掃描鍵盤。
34	change_counter_a 函式。

36~77 check_press_c 函式。依據 coun 值逐行掃描鍵盤並由返回值判斷何鍵被按，前一次按鍵值存入 buf2 中，而新的按鍵值則存在 buf1 中。

40~42	當 coun=0 時將 P2.0=0 掃描鍵盤第一行 (0、4、8、*C*) 按鍵。
43~45	當 coun=1 時將 P2.1=0 掃描鍵盤第二行 (1、5、9、*D*) 按鍵。
46~48	當 coun=2 時將 P2.2=0 掃描鍵盤第三行 (2、6、A、*E*) 按鍵。
49~51	當 coun 非 0、1 與 2 時，將 P2.3=0 掃描鍵盤第四行(3、7、*B*、*F*) 按鍵。
54	讀取鍵盤返回值(P2.7~P2.4)，低電位表示有按鍵。
56~60	若鍵盤返回值中 P2.4=0 表示第一列鍵盤被按，由 coun 值可以判斷是何鍵被按，若 coun=0 表示 key_0、coun=3 則表示 key_3 被按。前一次按鍵值存入 buf2 中，這一次按鍵值則存入 buf1 中。
61~65	若鍵盤返回值中 P2.5=0 表示第二列鍵盤被按，由 coun 值可以判斷是何鍵被按，若 coun=0 表示 key_4、coun=3 則表示 key_7 被按。前一次按鍵值存入 buf2 中，這一次按鍵值則存入 buf1 中。
66~70	若鍵盤返回值中 P2.6=0 表示第三列鍵盤被按，由 coun 值可以判斷是何鍵被按，若 coun=0 表示 key_8、coun=3 則表示 key_B 被按。前一次按鍵值存入 buf2 中，這一次按鍵值則存入 buf1 中。
71~75	若鍵盤返回值中 P2.7=0 表示第四列鍵盤被按，由 coun 值可以判斷是何鍵被按，若 coun=0 表示 key_C、coun=3 則表示 key_F 被按。前一次按鍵值存入 buf2 中，這一次按鍵值則存入 buf1 中。

78~96 change_counter_a 函式。將 coun 值遞增、coun 數字範圍爲 0~3，每當 coun=0

時表示已經掃描鍵盤一回合。檢視是否有按鍵，若有發出相對應按鍵的頻率，若沒有則停止喇叭震盪。

80~82　將 coun 值遞增，coun 數字範圍為 0~3。

83　若未按鍵(press=0)停止喇叭震盪。

85~95　有按鍵的前提下，判斷前(buf2)、後(buf1)兩次按鍵是否一樣，若一樣表示穩定按鍵，依據按鍵值將震盪參數的高 8 位元放入 TH0，低 8 位元放入 TL0，啟動計時器 0。

練習

一、請將程式第 3 行改為"sbit buzzer=0xb3;"有何改變？

二、請將程式第 3 行改為"sbit buzzer=0xb0^3;"有何改變？

三、請將程式第 16 行改為"TMOD=0x33;"有何改變？

四、請將程式第 17、18 行取消有何改變？

五、請將程式第 31、32 行取消有何改變？

六、請將程式第 41 行改為"P2=0x0e;"有何改變？

七、請將程式第 57 行取消有何改變？

八、請將程式第 59 行取消有何改變？

九、請將程式第 86 行取消有何改變？

討論

此範例與實驗 7-9 雷同，實驗 7-9 係依據歌譜發出聲音，而此範例則使用按鍵控制聲音，每一個按鍵對應音階關係如程式第 9~12 行所示，按 0 鍵則經由程式 90~91 行將對應到發出低音 SO，tone[0]=0xf609 中高 8 位元 0xf6 送到 TH0、低 8 位元 0x09 送到 TL0。按 1 鍵則 tone[1]=0xf71f 中高 8 位元 0xf7 送到 TH0、低 8 位元 0x1f 送到 TL0。第 54~76 行程式偵測鍵盤返回信號，只有按單一按鍵才會發出聲音，若按複合鍵(雙鍵或以上)則靜音。有關鍵盤介紹請參考實驗 7-6。

作業

一、參考範例修改為計數器 1 控制音階頻率，計時器 0 控制鍵盤掃瞄。

二、若鍵盤改為 7-13(a)則程式如何修改。

chapter 8

LED 點矩陣顯示實驗

8-1 LED 點矩陣顯示器

LED 點矩陣顯示器外觀如圖 8-1(a)所示，係由數列與數行個 LED 燈組合而成，規格種類很多，如圖 8-1(a)所表示爲 8×8(八列×八行)LED 點矩陣顯示器。若 LED 燈的陽(P)極接在同一列，陰(N)極接在同一行，則稱爲列陽行陰型點矩陣，如圖 8-1(b)所示，若陰極接在同一列，陽極接在同一行，稱爲列陰行陽型點矩陣，如圖 8-1(c)所示。我們使用三用電表測試接腳與型態，將三用電表調到歐姆檔將黑棒、紅棒接任何支腳，假設圖 8-1(a)左上方(第一列第一行)的 LED 燈亮，則表示紅、黑棒確定是 R_1 與 C_1，將黑棒(紅棒)固定而移動紅棒(黑棒)到任一接腳，若右上方(第一列第八行)的 LED 燈亮，表示目前黑棒(紅棒)爲 R_1 腳，而紅棒(黑棒)爲 C_8 腳，並且確定此爲列陽行陰(列陰行陽)型點矩陣。點矩陣與 LED 用法一樣，必須串接限流電阻，阻值在 100~330Ω 之間。

在實際應用中，點矩陣係以掃描顯示方式，每次只有一列(行)顯示，圖 8-2 爲列陽行陰點矩陣之列驅動電路，圖中顯示電晶體(Q_1)導通，因此第一列(R_1)供電，至於第一列中哪些 LED 燈會亮則依 C_1~C_8 之信號而定，C_1=0(低電位)則亮、C_2=1(高電位)則暗。電晶體(Q_2)截止，因此第二列(R_2)不供電，整列 LED 均不亮。

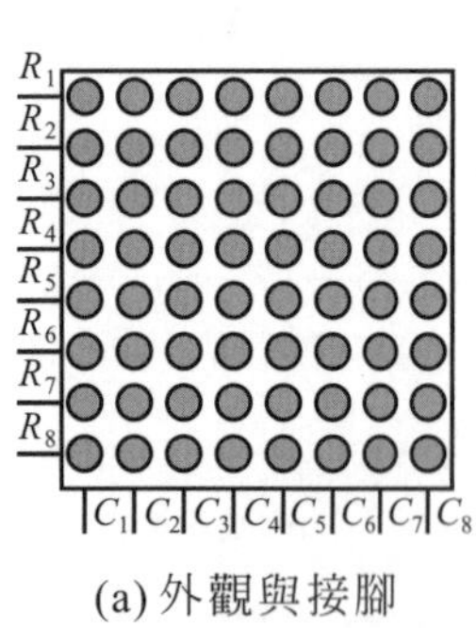

(a) 外觀與接腳

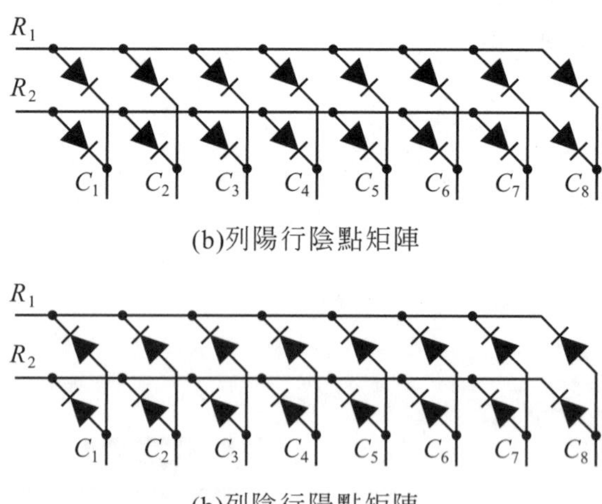

(b)列陽行陰點矩陣

(b)列陰行陽點矩陣

圖 8-1　LED8 × 8 點矩陣

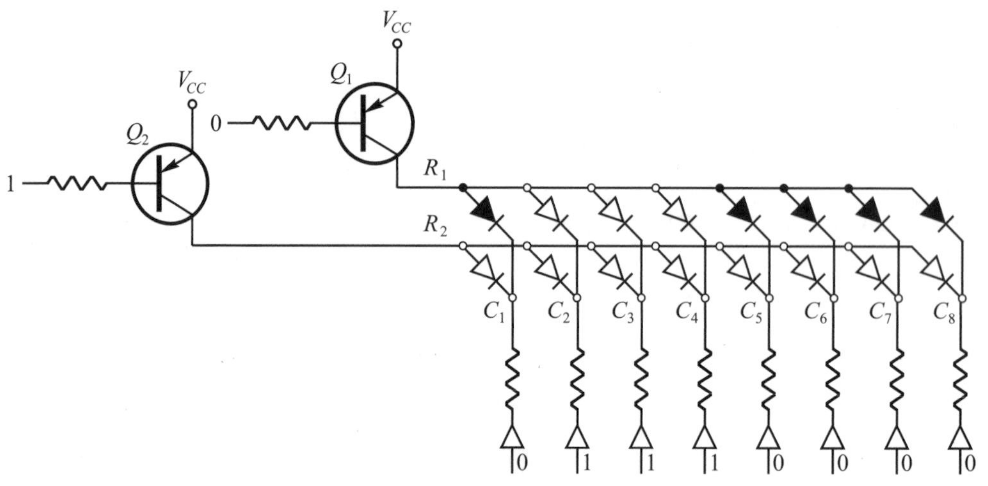

圖 8-2　列驅動電路原理

圖 8-3 爲 8×8 字型“D”之對應碼，對應碼依照電路規劃設計而有所差別，圖 8-3 位元 0(LSB、B_0)連接第一行(C_1)，位元 7(MSB、B_7)連接第八行(C_8)，黑點表示亮以“1”表示，白點表示暗以“0”表示。

圖 8-4 爲配合圖 8-3 之“D”字型碼顯示時序圖，先送出第一列之顯示碼“1FH”後將 R_1 致能(高電位降爲低電位)，此時只有第一列顯示(其它列則不顯示)。更換第二列顯示時，先將 R_1 禁止顯示(高電位)，此時 R_2 禁止顯示(高電位)，避免第二列的資料瞬間在第一列顯示(如圖標示遮沒顯示部份)，送第二列顯示碼“21H”後將 R_2 致能(高

電位降爲低電位)，依序送出列顯示碼、列致能及列禁止顯示，從第一列顯示到第八列顯示，所花費時間稱爲顯示週期(T)。

B_0	B_1	B_2	B_3	B_4	B_5	B_6	B_7	十六進制
1	1	1	1	1	0	0	0	1FH
1	0	0	0	0	1	0	0	21H
1	0	0	0	0	0	1	0	41H
1	0	0	0	0	0	0	1	81H
1	0	0	0	0	0	0	1	81H
1	0	0	0	0	0	1	0	41H
1	0	0	0	0	1	0	0	21H
1	1	1	1	1	0	0	0	1FH

圖 8-3　"D"字型碼

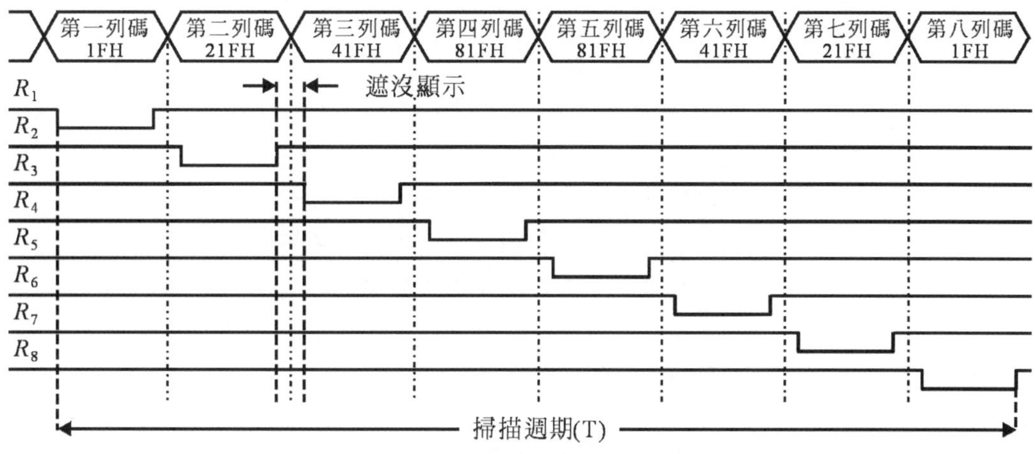

圖 8-4　"D"字型碼掃描時序圖

點矩陣利用視覺暫留效應，當每列(行)每秒鐘顯示 16 次以上時，會產生持續顯示的錯覺，換句話說，掃描週期不得大於 1/16 秒鐘。掃描週期越短(頻率越高)，則顯示效果越穩定，掃描頻率以 50Hz 爲例，則掃描週期 $T = 1/50\text{Hz} = 20\text{mS}$，8 列點矩陣則每列顯示時間爲 2.5mS，16 列點矩陣則每列顯示時間爲 1.25mS。

若要顯示中文字型必須使用 16×16 點矩陣或 24×24 點矩陣，大尺寸的點矩陣係由小型點矩陣組合而成，圖 8-5 介紹使用 8×8 點矩陣組合成 16×8、8×16 與 16×16 點矩陣接腳示意圖。

圖 8-5(a) 8×16 點矩陣使用兩個 8×8 點矩陣組合而成，點矩陣標號 MTX-1 之 R_1 與 MTX-2 之 R_1 並接在一起，同樣命名爲 R_1 (R_2~R_8 同理類推)，MTX-1 之 C_1~C_8 固定不變，MTX-2 之 C_1 則更改爲 C_9，C_8 則更改爲 C_{16}，如此具備有 8 列，每列有 16 行之 8×16 點矩陣。

圖 8-5(b) 16×8 點矩陣同樣使用兩個 8×8 點矩陣，點矩陣標號 MTX-1 之 C_1 與 MTX-4 之 C_1 並接在一起，同樣命名爲 C_1 (C_2~C_8 同理類推)，MTX-1 之 R_1~R_8 固定不變，MTX-4 之 R_1 則更改爲 R_9，R_8 則更改爲 R_{16}，如此具備有 16 列，每列有 8 行之 16×8 點矩陣。

圖 8-5(c) 16×16 點矩陣使用四個 8×8 點矩陣，點矩陣標號 MTX-1 之 C_1 與 MTX-4 之 C_1 並接在一起，同樣命名爲 C_1 (C_2~C_8 同理類推)，MTX-2 之 C_1 與 MTX-3 之 C_1 並接在一起，同樣命名爲 C_9(C_{10}~C_{16} 同理類推)，點矩陣標號 MTX-1 之 R_1 與 MTX-2 之 R_1 並接在一起，同樣命名爲 R_1 (R_2~R_8 同理類推)，MTX-4 之 R_1 與 MTX-3 之 R_1 並接在一起更改爲 R_9(R$_{10}$~R_{16} 同理類推)，如此具備有 16 列，每列有 16 行之 16×16 點矩陣。

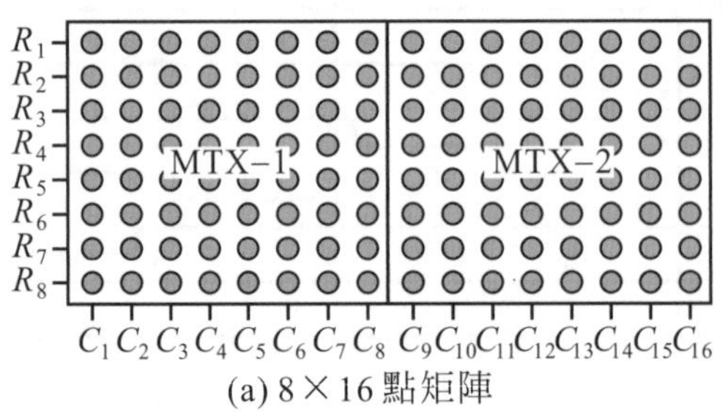

(a) 8×16 點矩陣

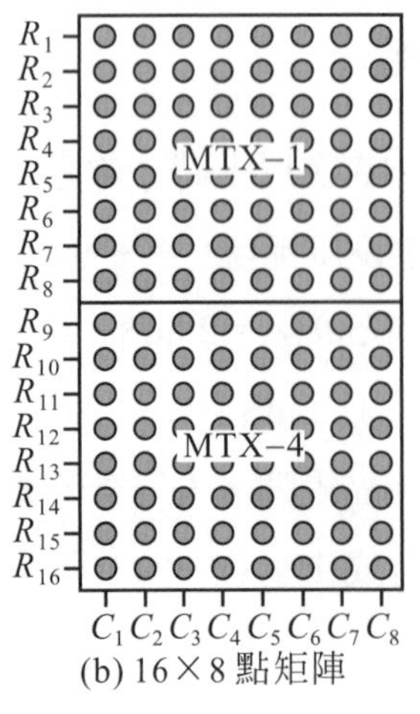

(b) 16×8 點矩陣

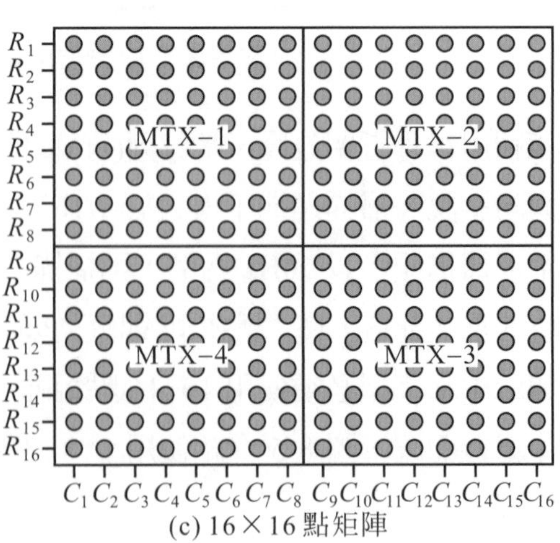

(c) 16×16 點矩陣

圖 8-5　點矩陣擴充示意圖

實驗 8-1 點矩陣顯示器顯示實驗

功　能：點矩陣顯示器顯示英文字“D”。

電路圖：如圖 8-6 所示。

流程圖：如圖 8-7 所示。

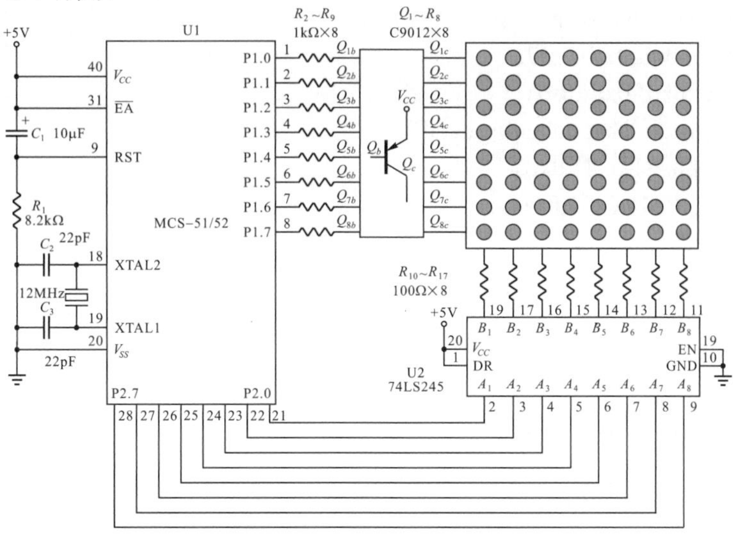

圖 8-6　實驗 8-1 電路圖

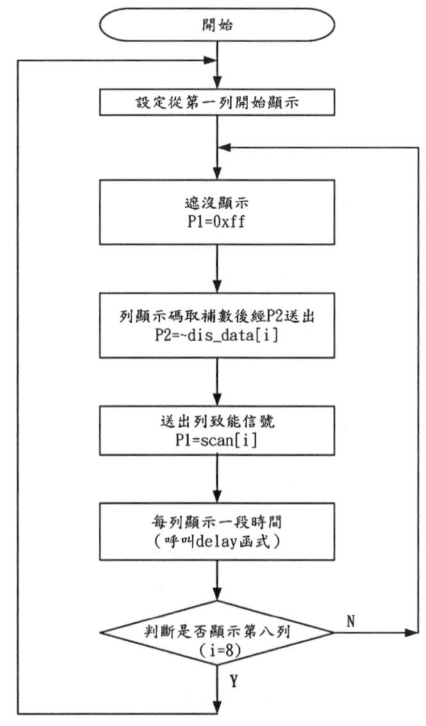

圖 8-7　實驗 8-1 流程圖

程　式：

```
1   //c8-1.c
2   #include <AT89X51.H>
3   void delay(void);
4   unsigned char scan   [8]=   {
5    0xfe,0xfd,0xfb,0xf7,
6    0xef,0xdf,0xbf,0x7f};
7   unsigned   char code dis_data[8]={
8    0x1f,0x21,0x41,0x81,
9    0x81,0x41,0x21,0x1f};
10   main()
11  {
12   unsigned   char   i;
13   while(1)
14   {
15    for (i=0;i<8;i++)
16          {
17          P1=0xff;
18          P2=~dis_data[i];
19          P1=scan[i];
20          delay();
21          }
22    }
23  }
24  void delay(void)
25   {
26   unsigned   int j;
27   for (j=1;j<200;j++);
28   }
```

程式說明：

行號	說明
1	註解標示程式檔名為 C8-1.C。
2	前置命令將 AT89X51.H 標頭檔引入進來(請參考 2-8 章節)。
3	宣告函式 delay 為無參數傳入與無回傳值。
4~6	宣告一維陣列 scan 存放 8 筆無符號字元資料(8 位元)，scan 記憶體型態為資料記憶體(RAM)。scan[0]=0xfe 掃描顯示 8×8 點矩陣中第一列，scan[7]=0x7f 掃描顯示 8×8 點矩陣中第八列。

7~9　宣告一維陣列 dis_data 存放 8 筆無符號字元資料(8 位元)，dis_data 記憶體型態爲程式記憶體(ROM)。dis_data [0]=0x1f 爲圖 8-3 之“D”字型第一列資料、dis_data [1]=0x2f 爲圖 8-3 之“D”字型第二列資料。

10~23　主函式。輪流掃描 8×8 點矩陣顯示“D”字型。

- 17　遮沒顯示。防止上、下列資料重疊而產生鬼影現象。
- 18　將“D”字型資料一列、一列送到 P2 顯示。
- 19　致能列顯示信號。P1.0、P1.1、…、P1.7 輪流送出低電位信號。
- 20　呼叫延遲函式 delay。

24~28　delay 函式。設定每列顯示時間。

練習

一、請將程式第 15 行改爲“for (i=0;i<6;i++)”有何改變？

二、請將程式第 17 行取消有何改變？

三、請將程式第 18 行改爲“P2=dis_data[i];”有何改變？

四、請將程式第 20 行取消有何改變？

五、請將程式第 27 行改爲“for (j=1;j<20000;j++);”有何改變？

討論

圖 8-3“D”字型碼以“1”表示燈亮，“0”表示燈暗，而在圖 8-6 電路圖規劃成使用 P1 控制列驅動信號，P2 供應列顯示碼，當 P1.0=0 時則電晶體導通第一列供應電源，若 P2.0=0 則第一列第一行(左上方)的燈亮、若 P2.7=0 則第一列第八行(右上方)的燈亮，列顯示碼爲低電位作動方式而圖 8-3 使用高電位動作剛好相反，因此在程式 18 行先將顯示碼取補數。程式 17 行主要作用爲遮沒(禁止)顯示，如同圖 8-4 中在第二列碼與第三列碼中間，R_1~R_8 均爲高電位，防止上、下列重疊顯示。

作業

一、請設計顯示字型“9”。

二、請設計奇數列亮、偶數列暗。

三、請設計奇數行亮、偶數行暗。

實驗 8-2 點矩陣動態顯示器顯示實驗

功　能：點矩陣動態顯示器顯示英文字“D”，每隔一秒鐘顯示字幕向右旋轉一位元。
電路圖：如圖 8-6 所示。
流程圖：如圖 8-8 所示。

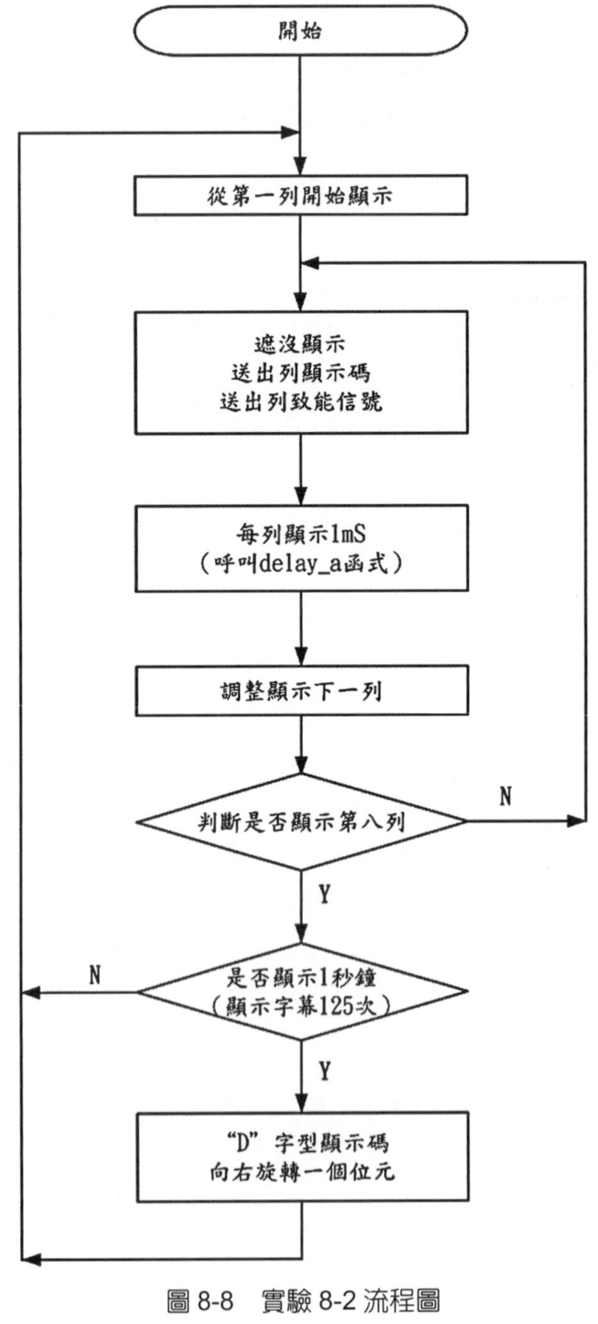

圖 8-8　實驗 8-2 流程圖

程　式：

```
//c8-2.c
#include <AT89X51.H>
unsigned char *id;
void delay_a(void);
void change_data(void);
unsigned char code scan    [8]=    {
  0xfe,0xfd,0xfb,0xf7,
  0xef,0xdf,0xbf,0x7f};
unsigned    char    dis_data[8]={
  0x1f,0x21,0x41,0x81,
  0x81,0x41,0x21,0x1f};
  main()
{
  unsigned    char    i,j;
  TMOD=0x11;
  id=&dis_data[0];
    while(1)
                {
                for (j=125;j>0;j--)
                        {
                         for (i=0;i<8;i++)
                                {
                                P1=0xff;
                                P2=~dis_data[i];
                                P1=scan[i];
                                delay_a();
                                }
                        }
                 change_data();
                 }
}
void delay_a(void)
  {
  TH0=(65536-1000)/256;
  TL0=(65536-1000)%256;
  TCON=0x10;
  while(TF0==0);
```

```
38          TR0=0;
39          }
40          void change_data(void)
41          {
42           unsigned    char    k;
43          for (k=0;k<8;k++)
44                  if(*(id+k)%2==0x01)
45                          {
46                          *(id+k)=*(id+k)>>1;
47                          *(id+k)=*(id+k)|0x80;
48                          }
49                  else *(id+k)=*(id+k)>>1;
50          }
```

程式說明：

行號	說明
1	註解標示程式檔名為 C8-2.C。
2	前置命令將 AT89X51.H 標頭檔引入進來(請參考 2-8 章節)。
3	宣告 id 為指標變數，資料型態為無符號字元(8 位元)。
4~5	宣告 delay_a 與 change_data 為無傳入值與無回傳值之函式。
6~8	宣告一維陣列 scan 存放 8 筆無符號字元資料(8 位元)，scan 記憶體型態為程式記憶體(ROM)。scan[0]=0xfe 掃描顯示 8×8 點矩陣中第一列，scan[7]=0x7f 掃描顯示 8×8 點矩陣中第八列。
9~11	宣告一維陣列 dis_data 存放 8 筆無符號字元資料(8 位元)，dis_data 記憶體型態為資料記憶體(RAM)。dis_data [0]=0x1f 為圖 8-3 之“D”字型第一列資料、dis_data [1]=0x2f 為圖 8-3 之“D”字型第二列資料。
12~31	主函式。輪流掃描 8×8 點矩陣顯示“D”字型，間隔一秒鐘後“D”字型向右旋轉一個位元，呈現動態顯示的效果。
14	宣告區域變數。i 與 j 為無符號字元變數。
15	設定計時器 1 模式 1 與計時器 0 模式 1。
16	指標暫存器 id 指向一維陣列 dis_data[0]的位址。
17	無窮迴圈。重複執行 18~30 行之間的指令。
19	for 迴圈指令。每一回合重複執行 20~28 行之間的指令總共 125 次。

21　for 迴圈指令。每一回合重複執行 22~27 行之間的指令總共 8 次。

23　遮沒顯示。防止上、下列資料重疊而產生鬼影現象。

24　將“D”字型資料一列、一列送到 P2 顯示。

25　致能列顯示信號。P1.0、P1.1、…、P1.7 輪流送出低電位信號。

26　呼叫延遲函式 delay_a，每次延遲 1mS。

29　呼叫 change_data 函式。將“D”字型向右旋轉一個位元。

32~39　delay_a 函式。使用計時器 0 模式 1 計時 1000μS(=1mS)。

40~50　change_data 函式。將存放在 RAM 中的 8×8 點矩陣顯示“D”字型碼，間隔一秒鐘後“D”字型向右旋轉一個位元，呈現動態顯示的效果。

42　宣告區域變數。k 爲無符號字元變數。

43　for 迴圈指令。每一回合重複執行 44~49 行之間的指令總共 8(k=0~7)次。

44~48　判斷以(id+k)爲位址所儲存的資料，若位元 0 爲 1(B_0=1)，將(id+k)爲位址所儲存的資料向右移一個位元。由於右移前位元 0 爲 1，因此將位元 7(B_7)=1，達到封閉右旋的效果。

49　(id+k)爲位址所儲存的資料、位元 0 爲 0(B_0=0)，只要進行右移動作即可，位元 7(B_7)自動補 0。

練習

一、請將程式第 19 行改爲“for (j=250;j>0;j--)”有何改變？

二、請將程式第 19 行改爲“for (j=125;j>0;j--);”有何改變？

三、請將程式第 21 行改爲“for (i=0;i<5;i++)”有何改變？

四、請將程式第 21 行改爲“for (i=0;i<5;i++);”有何改變？

五、請將程式第 23 行取消有何改變？

六、請將程式第 24 行改爲“P2=dis_data[i];”有何改變？

七、請將程式第 34、35 行取消有何改變？

八、請將程式第 44 行改爲“if(*(id+k)&0x01==0x01)”有何改變？

討論

範例程式 21~27 行逐列掃描顯示，每列顯示時間由 delay_a 函式控制(26 行)，使用計時器 0 計時 1mS(34~35 行程式)，因此顯示一個字幕“D”總共八列需要

8mS。程式 19 行 for 迴圈控制顯示 125 次字幕，前後時間需要 125×8mS=1000mS。每達到 1 秒鐘後，呼叫 change_data 函式將存放在 9~11 行“D”之顯示碼存放在 RAM 中(有別於實驗 8-1 放在 ROM)。只要讀取 RAM 的顯示碼經由 P2 送出顯示(參考程式 24 行)即可呈現字幕右旋的動態效果。

change_data 函式(程式 40~50 行)主要將顯示字型向右旋轉一個位元，B_7 右旋到 B_6、B_6 右旋到 B_5，依此類推、B_0 要旋轉到 B_7，考量位元邏輯運算子只有右移(>>)運算並沒有右旋(封閉式旋轉)運算，因此在程式 44 行先判斷 B_0 是否爲 1，若是則先進行右移(程式 46 行)後，再將 B_7 設定爲 1(程式 47 行)，若 B_0 爲 0 則直接進行右移即可(右移時 B_7 固定填入 0)。

在此範例中若要執行左旋、向上捲動與向下捲動的效果，只要將 change_data 函式(程式 40~50)修改即可，圖 8-9(a)爲左旋效果、8-9(b)爲向上捲動、8-9(c)爲向下捲動。

```
40    void change_data(void)
41    {
42     unsigned    char    k;
43    for (k=0;k<8;k++)
44    if(*(id+k)>=0x80)
45    {
46    *(id+k)=*(id+k)<<1;
47    *(id+k)=*(id+k)|0x01;
48    }
49    else *(id+k)=*(id+k)<<1;
50    }
```

(a)左旋效果

```
40    void change_data(void)
41    {
42     unsigned    char    k,m;
43    m=*(id);
44    for (k=0;k<7;k++)
45    *(id+k)=*(id+k+1);
46    *(id+k)=m;
47     }
```

(b)上捲效果

```
40    void change_data(void)
41    {
42     unsigned    char    k,m;
43    m=*(id+7);
44    for (k=7;k>0;k--)
45    *(id+k)=*(id+k-1);
46    *(id+k)=m;
47     }
```

(c)下捲效果

圖 8-9　左旋、上捲與下捲顯示函式

作業

一、將範例更改成每隔 0.5 秒向左旋轉一個位元。

二、將範例更改成每隔 0.5 秒向上捲動一個位元。

實驗 8-3　點矩陣(16×8)顯示器顯示實驗

功　能： 點矩陣顯示器使用貼圖方式呈現動態圖案　。

電路圖： 如圖 8-10 所示。

流程圖： 如圖 8-11 所示。

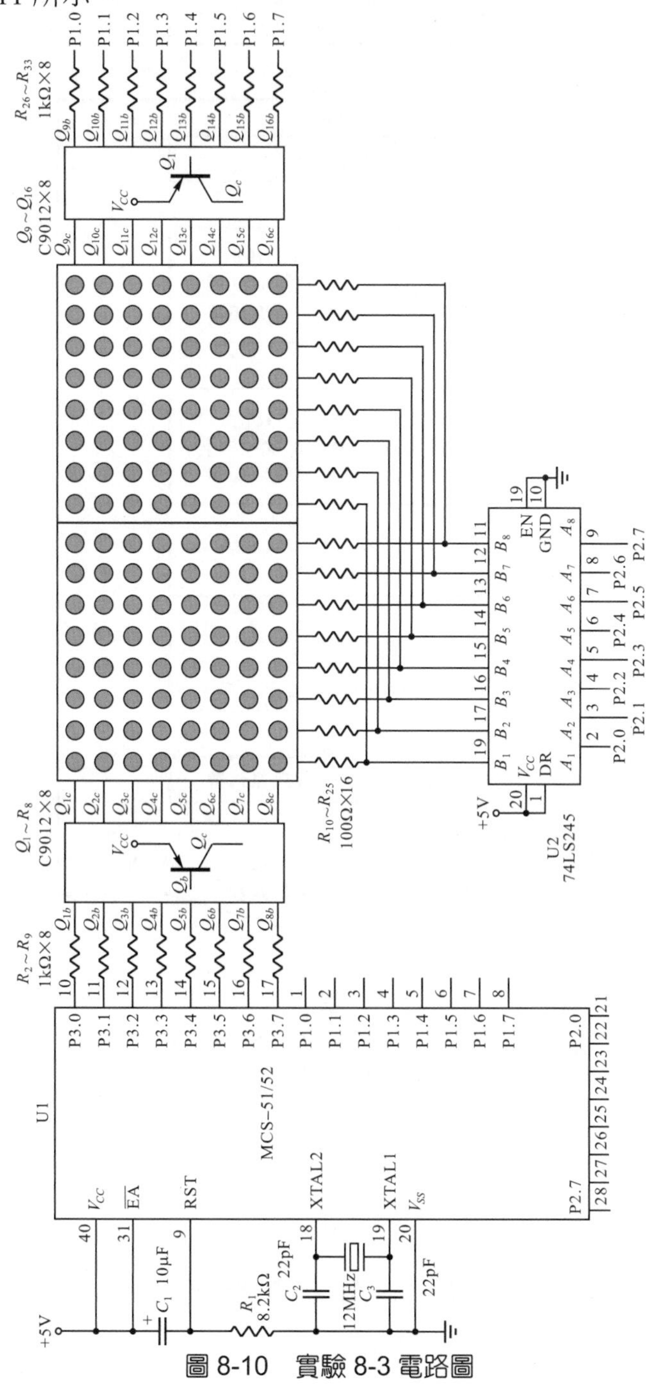

圖 8-10　實驗 8-3 電路圖

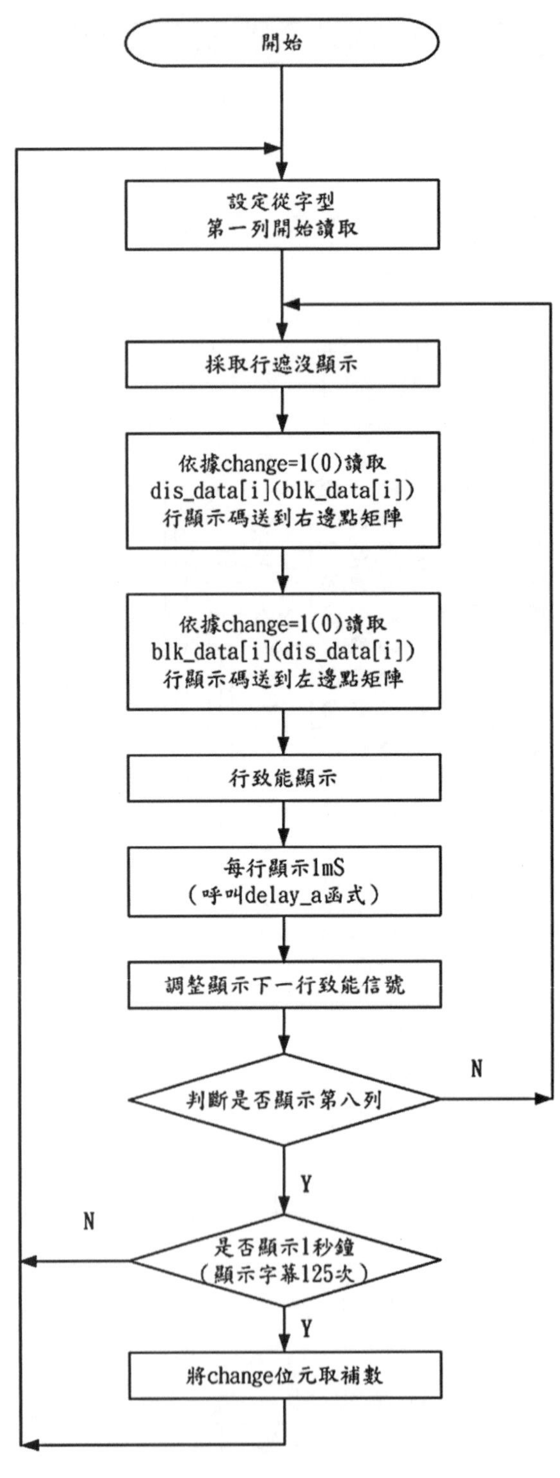

圖 8-11　實驗 8-3 流程圖

程　式：

```
//C8-3.C
#include <AT89X51.H>
unsigned char *id,*point;
bit change;
void delay_a(void);
unsigned char code scan    [8]=    {
  0xfe,0xfd,0xfb,0xf7,
  0xef,0xdf,0xbf,0x7f};
unsigned    char code dis_data[8]={
  0x1f,0x21,0x41,0x81,
  0x81,0x41,0x21,0x1f};
unsigned    char code blk_data[8]={
  0xe0,0xde,0xbe,0x7e,
  0x7e,0xbe,0xde,0xe0};
  main()
{
  unsigned    char    I,j;
  TMOD=0x11;
  id=&dis_data[0];
  point=blk_data;
    while(1)
            {
            for (j=125;j>0;j--)
                    {
                    for (i=0;i<8;i++)
                            {
                            P2=0xff;
                                    if(change==1)
                                            {
                                            P1=*(id+i);
                                            P3=*(point+i);
                                            }
                                    else
                                            {
                                            P1=~dis_data[i];
                                            P3=~blk_data[i];
                                            }
```

```
38                              P2=scan[i];
39                              delay_a();
40                              }
41                      }
42              change=!change;
43              }
44      }
45      void delay_a(void)
46       {
47       TH0=(65536-1000)/256;
48       TL0=(65536-1000)%256;
49       TCON=0x10;
50       while(TF0==0);
51       TR0=0;
52       }
```

程式說明：

行號	說明
1	註解標示程式檔名為 C8-3.C。
2	前置命令將 AT89X51.H 標頭檔引入進來(請參考 2-8 章節)。
3	宣告 id 與 point 為指標變數，資料型態為無符號字元(8 位元)。
4	宣告 change 為位元變數。
5	宣告 delay_a 為無傳入值與無回傳值之函式。
6~8	宣告一維陣列 scan 存放 8 筆無符號字元資料(8 位元)，scan 記憶體型態為程式記憶體(ROM)。Scan[0]=0Xfe 掃描顯示 8×8 點矩陣中第一列，scan[7]=0x7f 掃描顯示 8×8 點矩陣中第八列。
9~11	宣告一維陣列 dis_data 存放 8 筆無符號字元資料(8 位元)，dis_data 記憶體型態為程式記憶體(ROM)。Dis_data [0]=0x1f 為圖 8-3 之“D”字型第一列資料，dis_data [1]=0x2f 為圖 8-3 之“D”字型第二列資料。
12~14	宣告一維陣列 blk_data 存放 8 筆無符號字元資料(8 位元)，blk_data 記憶體型態為程式記憶體(ROM)，與 dis_data 存放資料呈現互補。Dis_data [0]=0x1f 而 blk_data [0]=0xe0。
15~44	主函式。當 change=1 時右半邊(由 P1 控制)顯示暗的 “D”字型，左半邊(由 P3 控制)顯示亮的“D”字型，change=0 時右半邊(由 P1 控制)顯示亮的“D”字型，左半邊(由 P3 控制)顯示暗的“D”字型，間隔一秒鐘後 change 取補數，

呈現動態顯示的效果。

17　宣告區域變數。i 與 j 爲無符號字元變數。

18　設定計時器 1 模式 1 與計時器 0 模式 1。

19~20　指標暫存器 id 指向一維陣列 dis_data[0]的位址。陣列名稱 blk_data 就是一個指標變數、並指向 blk_data [0]之位址。第 20 行宣告變數 blk_data 之值放入指標變數(point)中、強調不需使用指標運算子"&"。

21　無窮迴圈。重複執行 22~43 行之間的指令。

23　for 迴圈指令。每一回合重複執行 24~41 行之間的指令總共 125 次。

25　for 迴圈指令。每一回合重複執行 26~40 行之間的指令總共 8 次。

27　遮沒顯示。防止左、右行資料重疊而產生鬼影現象。

28~32　當 change=1 時右半邊(由 P1 控制)顯示暗的"D"字型，左半邊(由 P3 控制)顯示亮的"D"字型。字型資料是以行的方式送出。

33~37　當 change=0 時右半邊(由 P1 控制)顯示亮的"D"字型，左半邊(由 P3 控制)顯示暗的"D"字型。字型資料是以行的方式送出。

38　致能行顯示信號。P2.0、P2.1、…、P2.7 輪流送出低電位信號。

39　呼叫延遲函式 delay_a，每次延遲 1mS。

42　將位元 change 取補數。

45~52　celay_a 函式。使用計時器 0 模式 1 計時 1000μS(=1mS)。

練習

一、請將程式第 19 行改爲"id=dis_data;"有何改變？

二、請將程式第 20 行改爲"point=&blk_data[0];"有何改變？

三、請將程式第 23 行改爲"for (j=2;j>0;j--)"有何改變？

四、請將程式第 25 行改爲"for (i=0;i<5;i++);"有何改變？

五、請將程式第 27 行取消有何改變？

六、請將程式第 35 行改爲"P1=blk_data[i];"有何改變？

七、請將程式第 42 行取消有何改變？

討論

在圖 8-6 之實驗 8-1 電路圖規劃成使用 P1 控制列驅動信號，P2 供應列顯示碼，則圖 8-10 之實驗 8-3 電路圖使用 P1(P3)控制列驅動信號，但是 P2 同時連接左、右兩個 8×8 點矩陣，此種設計方式比較特殊，當 P2.0=0 時左、右兩個點矩陣最左邊那一行的 LED 燈會亮，至於哪些燈會亮則由 P1(P3)控制，演變爲 P2 控制行驅動信號、P1(P3) 供應行顯示碼。在點矩陣擴充設計時建議參考圖 8-5(a)設計方式，由 P1 控制 MTX-1 與 MTX-2 之列驅動信號(R_1~R_8)，P2 供應列顯示碼(C_1~C_8)，P3 供應列顯示碼(C_9~C_{16})。

考量 P2 同時連接兩個點矩陣之行接腳，因此程式 27 行主要採取將行接腳接高電位方式，達到遮沒(禁止)顯示，防止左、右兩行重疊顯示，此點與同圖 8-4 防止上、下列重疊顯示有異曲同工之妙。遮沒(禁止)顯示後再送出左、右兩邊點矩陣行顯示碼(程式 30~31 行或 35~36 行)之後，由 P2 送出行致能信號(程式 38 行)。每行顯示時間爲 1mS(程式 39 行)，雖然總共有 16 行但每次有 2 行同時顯示，因此掃描週期同樣爲 8mS(掃描頻率爲 1/8mS=125Hz)，可以穩定顯示圖案。範例中爲了達到 1 秒鐘更換圖案，掃描週期爲 8mS 由 23 行 for 迴圈控制顯示字幕 125 次剛好達到 1 秒鐘，若將字幕更改時間更改爲 8mS(練習三)，則字幕每隔 8mS(頻率爲 125Hz)更換乙次，將呈現所有 LED 燈均亮的畫面。

作業

一、請設計交互顯示“36”與“63”，每個畫面顯示 1 秒鐘。

二、請設計閃爍顯示“36”。

三、請設計顯示“63”，但只有“3” 會閃爍顯示。

chapter

9

字元液晶顯示器實驗

9-1 液晶顯示器接腳說明

液晶顯示器(Liquid Crystal Display;LCD)具有低消耗電量、價格低等優點，在目前辦公、居家生活等電器設備大量使用。爲了方便與微處理機連線使用，將 LCD 與驅動晶片結合，因此稱爲 LCM(LCD Module)。

字元型 LCM 以 M×N(行×列)表示，例如 20×4 表示每列有 20 行(字)，總共有四列，雖然行列數規格不同，但驅動方式大同小異。LCM 接腳規劃成單排或雙排接腳，接腳編號與功能如圖 9-1 所示。

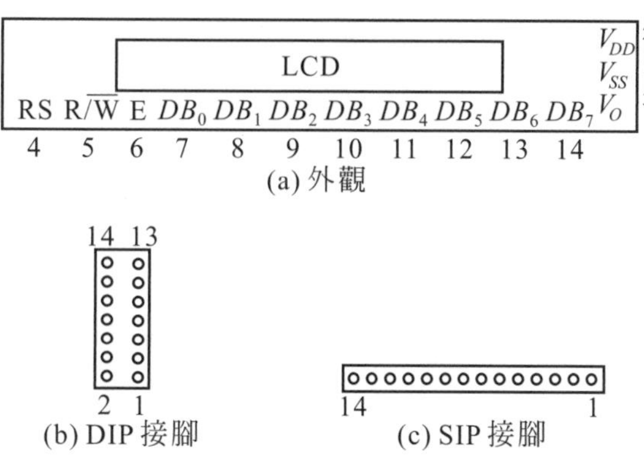

圖 9-1 LCM 接腳名稱與功能說明

接腳	名稱	方向	功能說明
L	V_{ss}		電源地線(0V)
2	V_{cc}		電源正端(5V)
3	V_o		LCD 亮度調整
4	RS	I	暫存器選擇信號線 0：表示指令暫存器 1：表示資料暫存器
5	R/$\overline{\text{W}}$	I	讀寫信號線 0：表示寫入(CPU→LCD) 1：表示讀取(CPU←LCD)
6	E	I	致能信號線 0：表示禁能(DISABLE) 1：表示致能(ENABLE)
7~14	DB_0~DB_7	I/O	資料匯流排信號線 DB_0(第 7 腳)、DB_7(第 14 腳)

(d) 各接腳名稱與功能

圖 9-1　LCM 接腳名稱與功能說明(續)

9-2 LCM 時序

時序圖標示控制信號 RS、R/$\overline{\text{W}}$ 與 E 及資料匯流排之間的動作順序，圖 9-2 為 LCM 讀取時序圖，先送出 RS 信號(RS=0 表示指令、RS=1 表示資料)與 R/$\overline{\text{W}}$ 信號(R/$\overline{\text{W}}$=1 表示讀取)，當 E 信號由高電位到低電位時可以從資料匯流排(DB_7~DB_0)讀取到正確之指令(或資料)。圖 9-3 為寫入時序圖，與讀取時序圖雷同但強調要進行寫入動作時 R/$\overline{\text{W}}$ 信號一定要為低電位。控制信號動作說明如表 9-1 所示。

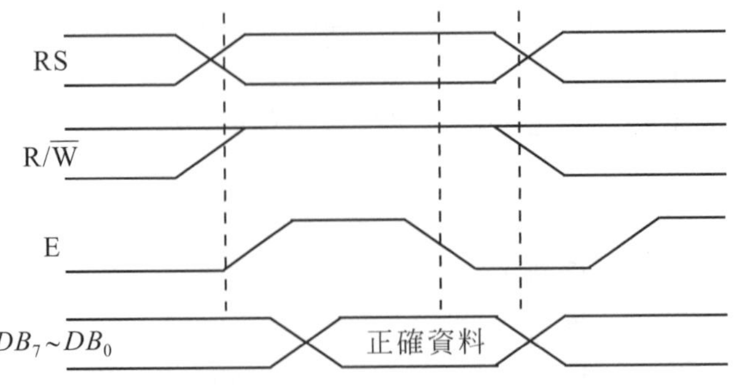

圖 9-2　讀取時序圖

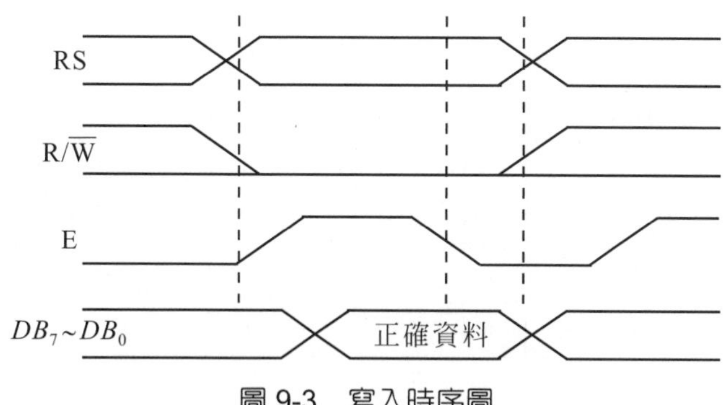

圖 9-3　寫入時序圖

表 9-1　控制信號動作說明表

E	R/$\overline{W}$	RS	功能說明
0	X	X	禁能狀態、無動作
1	0	0	寫入指令(指令 18)
1	0	1	寫入資料(指令 10)
1	1	0	讀取指令(指令 9)
1	1	1	讀取資料(指令 11)

9-3 LCM 內部組織

LCM 內部組織中有幾個主要功能說明如下：

一、顯示資料記憶體(Display Data RAM;DD_RAM)

DD_RAM 總共有 80 Byte 容量，排列方式則依 M×N(行×列)而略有不同，以 20×4 之 LCM 為例，在正常顯示模式下(表 9-2 中間部份)第一列顯示位址為 00H~13H 總共 20 個字(第二列為 40H~53H)，第一列第一行(最左邊)固定顯示 DD_RAM 位址 00H 的值，此值由使用者自行存入，若存入 31H 則顯示“1”、存入 41H 則顯示“A”(請參考表 9-3 LCM 內建字型碼)。

二、內建字型顯示碼記憶體(Character Generator ROM;CG_ROM)

LCM 提供內建字型碼如表 9-3 所示，表中共有 160 個 5×7 點矩陣字型碼(20H~DFH)與 32 個 5×10 點矩陣字型碼(D0H-FFH)外並且提供 8 個使用者自創字型(00H(08H)~07H(0FH))，若要選擇內建字型碼“1”則送出 31H。(參考表 9-3 第二列第三行)

表 9-2　DD_RAM 顯示位址

	DD_RAM 位址(左移顯示)					DD_RAM 位址(正常顯示)					DD_RAM 位址(右移顯示)				
第一列	27H	00H	-	11H	12H	00H	01H	-	12H	13H	01H	02H	-	13H	14H
第二列	67H	40H	-	51H	52H	40H	41H	-	52H	53H	41H	42H	-	53H	54H
第三列	13H	14H	-	25H	26H	14H	15H	-	26H	27H	15H	16H	-	27H	00H
第四列	53H	54H	-	65H	66H	54H	55H	-	66H	67H	55H	56H	-	67H	40H

三、暫存器

暫存器分成指令暫存器(IR)與資料暫存器(DR)兩種，LCM 所有控制指令如游標位移等(9-4 指令集章節中指令 1~9)均經由指令暫存器，資料暫存器則負責存取顯示資料記憶體(DD_RAM)與字元產生記憶體(CG_RAM)。由 RS 腳(指令資料選擇線)決定指令或資料信號，當 RS=1 時表示資料暫存器(DR)、RS=0 則表示指令暫存器(IR)。

四、字型產生器 RAM(Character Generator RAM，CG_RAM)

總共有 64 Byte 隨機存取記憶體提供使用者創作字型，由於每個字型需要 8 Byte，因此整體提供 8 個字型，表 9-3 內建字型碼左邊第一行標示 CG_RAM(1)~CG_RAM(8)就是標示自建的 8 個字型。若要使用 CG_RAM(1)可用字型碼 00H 或 08H，同理，字型碼 01H 或 09H 均指向 CG_RAM(2)。若不需要自建字型碼，可將 64 Byte 規劃成 RAM 使用。

表 9-4 為自建字型碼“A”與“a”，以字型碼“A”為例在表中最左欄位標示“0000*000”，表示將“00H”或“08H”寫入到 DD_RAM 位址、則會顯示“A”。中間欄位為 CG_RAM 位址總共有 6 個位元，高 3 位元(A5~A3)固定為(0，0，0)，低 3 位元(A2~A0)標示(0，0，0) ~ (1，1，1)，表示字型碼“A”之 CG RAM 位址為 00H~07H 總共有 8 個 Byte。最右欄位則是規劃設計的字型碼(“1”表示亮)。同理，字型碼“a”最左欄位標示“0000*001”，表示將“01H”或“09H”寫入到 DD_RAM 位址、則會顯示“a”，中間欄位高 3 位元(A5~A3)固定為(0，0，1)，表示 CG_RAM 位址為 08H~0FH。表 9-3 內建字型碼中有“A”其 ASCII 碼為 41H，而表 9-4 為自建字型，其顯示碼為“00H”或“08H”，表 9-5 同樣自建字型“A”，因 CG_RAM 位址為 20H~27H，所以顯示碼為“04H”或“0CH”。

表 9-3　內建字型碼

Upper 4bit / Lower 4bit	LLLL	LLLH	LLHL	LLHH	LHLL	LHLH	LHHL	LHHH	HLLL	HLLH	HLHL	HLHH	HHLL	HHLH	HHHL	HHHH
LLLL	CG RAM (1)			0	@	P	`	p			Б	Ю	ч	,	Д	[illegible]
LLLH	CG RAM (2)		!	1	A	Q	a	q			Г	Я	ш	ı	Ц	[illegible]
LLHL	CG RAM (3)		"	2	B	R	b	r			Ё	б	ъ	ıı	Щ	[illegible]
LLHH	CG RAM (4)		#	3	C	S	c	s			Ж	в	ы	‼	д	[illegible]
LHLL	CG RAM (5)		$	4	D	T	d	t			З	г	ь	[illegible]	ф	[illegible]
LHLH	CG RAM (6)		%	5	E	U	e	u			И	ё	э	[illegible]	ц	[illegible]
LHHL	CG RAM (7)		&	6	F	V	f	v			Й	ж	ю	[illegible]	щ	[illegible]
LHHH	CG RAM (8)		'	7	G	W	g	w			Л	з	я	Ⅰ	`	[illegible]
HLLL	CG RAM (1)		(	8	H	X	h	x			П	и	«	Ⅱ	¨	[illegible]
HLLH	CG RAM (2)		)	9	I	Y	i	y			У	й	»	↑	[illegible]	[illegible]
HLHL	CG RAM (3)		*	:	J	Z	j	z			Ф	к	„	↓	ê	[illegible]
HLHH	CG RAM (4)		+	;	K	[	k	{			Ч	л	"	[illegible]	ç	[illegible]
LHHL	CG RAM (5)		,	<	L	[illegible]	l	|			Ш	м	№	[illegible]	ü	[illegible]
HHLL	CG RAM (6)		-	=	M	]	m	}			Ъ	н	¿	[illegible]	[illegible]	[illegible]
HHHL	CG RAM (7)		.	>	N	^	n	[illegible]			Ы	п	ƒ	[illegible]	[illegible]	[illegible]
HHHH	CG RAM (8)		/	?	O	_	o	[illegible]			Э	т	£	▪	□	█

五、忙碌旗號(Busy Flag，BF)

忙碌旗號(BF)顯示 LCM 內部運作情形，當 BF=1 時表示忙碌，LCM 無法處理外界事務，若 BF=0 時，可受理外界指令信號或資料信號。要讀取 BF 值，只要將控制信號(E,RS,R/$\overline{W}$)=(1,0,1)即可(參考圖 9-2 讀取時序圖與 9-4 指令集中讀取忙碌旗號與位址命令)。

六、位址計數器(Address Counter，AC)

位址計數器(AC)主要標示顯示資料記憶體(DD_RAM)或字型產生器記憶體(CG_RAM)之位址，經由 9-4 指令集章節中 CG_RAM 位址設定或 DD_RAM 位址設定更改內容。

表 9-4 自建字型

DD RAM 資料 B_7 ... B_0	CG RAM 位址 B_5 ... B_2 ... B_0		CG RAM 資料 B_7 ... B_4 ... B_0
0 0 0 0 * 0 0 0	0 0 0	0 0 0	* * * 0 1 1 1 0
		0 0 1	* * * 1 0 0 0 1
		0 1 0	* * * 1 0 0 0 1
		0 1 1	* * * 1 0 0 0 1
		1 0 0	* * * 1 1 1 1 1
		1 0 1	* * * 1 0 0 0 1
		1 1 0	* * * 1 0 0 0 1
		1 1 1	* * * 0 0 0 0 0
0 0 0 0 * 0 0 1	0 0 1	0 0 0	* * * 0 1 1 1 0
		0 0 1	* * * 0 0 0 0 1
		0 1 0	* * * 0 0 0 0 1
		0 1 1	* * * 0 1 1 1 1
		1 0 0	* * * 1 0 0 0 1
		1 0 1	* * * 1 0 0 0 1
		1 1 0	* * * 0 1 1 1 1
		1 1 1	* * * 0 0 0 0 0
		0 0 0	* * *
		0 0 1	* * *
		0 1 0	* * *
0 0 0 0 * 1 1 1	1 1 1		
		1 0 0	* * *
		1 0 1	* * *
		1 1 0	* * *
		1 1 1	* * *

表 9-5 自建字型"A"

DD RAM 資料 B_7 ... B_0	CG RAM 位址 B_5 ... B_2 B_0(HEX)		CG RAM 資料 B_7 ... B_4 ... B_0	(HEX)
0 0 0 0 * 1 0 0 (04H 或 0CH)	1 0 0	0 0 0 (20H)	* * * 0 1 1 1 0	(0EH)
		0 0 1 (21H)	* * * 1 0 0 0 1	(11H)
		0 1 0 (22H)	* * * 1 0 0 0 1	(11H)
		0 1 1 (23H)	* * * 1 0 0 0 1	(11H)
		1 0 0 (24H)	* * * 1 1 1 1 1	(1FH)
		1 0 1 (25H)	* * * 1 0 0 0 1	(11H)
		1 1 0 (26H)	* * * 1 0 0 0 1	(11H)
		1 1 1 (27H)	* * * 0 0 0 0 0	(00H)

9-4 LCM 指令集

一、清除顯示資料(Display Clear)

RS	R/$\overline{W}$	DB_7	DB_6	DB_5	DB_4	DB_3	DB_2	DB_1	DB_0
0	0	0	0	0	0	0	0	0	1

1. 所有顯示資料記憶體(DD_RAM)清除爲空白碼(20H)。
2. 位址計數器(AC)清除爲 0(游標回到第一列第一行位置)。

二、游標歸位(Cursor Home)

RS	R/$\overline{W}$	DB_7	DB_6	DB_5	DB_4	DB_3	DB_2	DB_1	DB_0
0	0	0	0	0	0	0	0	1	X

X：隨意位元，0、1 均可

1. 所有顯示資料記憶體(DD_RAM)內容不變。
2. 位址計數器(AC)清除爲 0(游標回到第一列第一行位置)。

三、進入模式設定(Enter Mode Set)

RS	R/$\overline{W}$	DB_7	DB_6	DB_5	DB_4	DB_3	DB_2	DB_1	DB_0
0	0	0	0	0	0	0	1	I/$\overline{D}$	S

1. I/D：讀寫 DD_RAM 或 CG_RAM 後，AC 改變設定位元。
   (1) I/D=1:AC 值增加 1 且游標向右移一個字元。
   (2) I/D=0:AC 值減少 1 且游標向左移一個字元。
2. S：顯示視窗設定位元。
   (1) S=1：若 I/$\overline{D}$ =1 顯示視窗向右移動一個字元，I/D=0 顯示視窗向左移動一個字元。
   (2) S=0：顯示視窗固定不動。
   有關顯示視窗左(右)移後其 DD_RAM 位址排列方式，請參考表 9-2 之 DD_RAM 顯示位址。

四、顯示幕啓動/關閉設定(Display ON/OFF Control)

RS	R/$\overline{W}$	DB_7	DB_6	DB_5	DB_4	DB_3	DB_2	DB_1	DB_0
0	0	0	0	0	0	1	D	C	B

1. D：顯示幕啓動/關閉設定位元。
   (1) D=1：顯示幕啓動。
   (2) D=0：顯示幕關閉。DD_RAM 內容保留不變動。
2. C：游標顯示/不顯示設定位元。
   (1) C=1：游標顯示。
   (2) C=0：游標不顯示。
3. B：游標閃爍顯示/不閃爍顯示設定位元。
   (1) B=1：游標閃爍顯示。
   (2) B=0：游標不閃爍顯示。

五、游標/顯示幕位移(Cursor/Display Shift)

RS	R/$\overline{W}$	DB_7	DB_6	DB_5	DB_4	DB_3	DB_2	DB_1	DB_0
0	0	0	0	0	1	S/C	R/L	X	X

X：隨意位元，0、1 均可

1. S/C：顯示幕/游標選擇位元。
   (1) S/C=1：選擇顯示幕。
   (2) S/C=0：選擇游標。
2. R/L：右向/左向移動選擇位元。
   (1) R/L=1：選擇右向移動。
   (2) R/L=0：選擇左向移動。

   在 DD_RAM 內容不變動之前提下，經由執行此指令以改變顯示幕或游標移動方向，由 S/C 與 R/L 兩個位元組合產生四種功能如表 9-6 所示。

表 9-6　S/C 與 R/L 組合功能

S/C	R/L	功　能
0	0	顯示幕固定不變動，游標左移一個位置(AC 值減 1)。
0	1	顯示幕固定不變動，游標右移一個位置(AC 值加 1)。
1	0	顯示幕左移一個位置(DD_RAM 位址如表 9-2 左邊欄位)，AC 值固定不變。
1	1	顯示幕右移一個位置(DD_RAM 位址如表 9-2 右邊欄位)，AC 值固定不變。

六、功能設定 (Function Set)

RS	R/$\overline{W}$	DB_7	DB_6	DB_5	DB_4	DB_3	DB_2	DB_1	DB_0
0	0	0	0	1	DL	N	F	X	X

X：隨意位元，0、1 均可

1. DL：介面資料長度設定位元。
   (1) DL=1：資料長度設定爲 8 位元(DB_7~DB_0)。
   (2) DL=0：資料長度設定爲 4 位元(DB_7~DB_4)，先送高四位元、後送低四位元。
2. N：顯示列數設定位元。(20×4 液晶顯示器必須設定爲 N=1)
   (1) N=1：兩列顯示。
   (2) N=0：單列顯示。
3. F：顯示字型設定位元。
   (1) F=1：選擇 5×7 點矩陣顯示字型。
   (2) F=0：選擇 5×10 點矩陣顯示字型。
   若 N=1 時則 F 不產生作用，固定爲 5×7 點矩陣顯示字型。

七、CG_RAM 位址設定 (CG_RAM Address Set)

RS	R/$\overline{W}$	DB_7	DB_6	DB_5	DB_4	DB_3	DB_2	DB_1	DB_0
0	0	0	1	A_5	A_4	A_3	A_2	A_1	A_0

CG_RAM 總共 64 個 Byte，因此只要 6 個(A_5~A_0)位元位址即可。

八、DD_RAM 位址設定 (DD_RAM Address Set)

RS	R/$\overline{W}$	DB_7	DB_6	DB_5	DB_4	DB_3	DB_2	DB_1	DB_0
0	0	1	A_6	A_5	A_4	A_3	A_2	A_1	A_0

DD_RAM 總共 80 個 Byte，因此只要 7 個(A_6~A_0)位元位址即可。

九、讀取忙碌旗號/位址 (Busy Flag/Address Read)

RS	R/$\overline{W}$	DB_7	DB_6	DB_5	DB_4	DB_3	DB_2	DB_1	DB_0
0	1	BF	A_6	A_5	A_4	A_3	A_2	A_1	A_0

1. BF：忙碌旗號位元。
   (1) BF=1：表示忙碌，LCM 無法處理外界事務。
   (2) BF=0：LCM 可受理外界指令信號或資料信號。

A_6~A_0:位址計數器(AC)值，此位址計數器(AC)值可表示 CG(或 DD)RAM 位址，則依最近執行 CG(或 DD)RAM 位址設定而決定。

十、寫入 CG(或 DD)RAM 資料 (Data Write to CG_RAM or DD_RAM)

RS	R/$\overline{W}$	DB_7	DB_6	DB_5	DB_4	DB_3	DB_2	DB_1	DB_0
1	0	D_7	D_6	D_5	D_4	D_3	D_2	D_1	D_0

D_7~D_0：8 位元二進制資料可表示 CG(或 DD)RAM 之資料，則依最近執行 CG(或 DD)RAM 位址設定而決定。若最近執行 CG_RAM 位址設定則表示使用者自行設計字型、只有 D_4~D_0 有效(請參考表 9-4)。

十一、讀取 CG(或 DD)RAM 資料 (Data Write to CG RAM or DD RAM)

RS	R/$\overline{W}$	DB_7	DB_6	DB_5	DB_4	DB_3	DB_2	DB_1	DB_0
1	1	D_7	D_6	D_5	D_4	D_3	D_2	D_1	D_0

執行此項指令前，必須先進行 CG (或 DD) RAM 之位址設定(命令 7 或命令 8)。

9-5 LCM 初始化程序

表 9-7 為 8 位元介面資料長度重置程序表，經由重置程序後方可正常工作。

表 9-7 8 位元介面資料長度--重置程序表

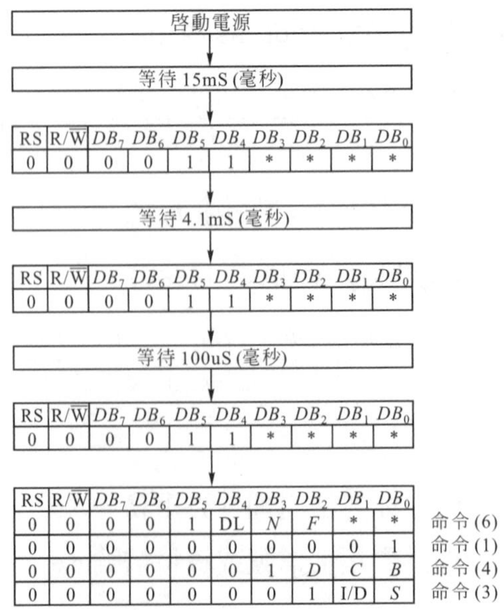

實驗 9-1　LCM 靜態顯示字串實驗

功　能：在第一列第三行與第二列第五行顯示字串"Welcome!"。

電路圖：如圖 9-4 所示。

流程圖：如圖 9-5 所示。

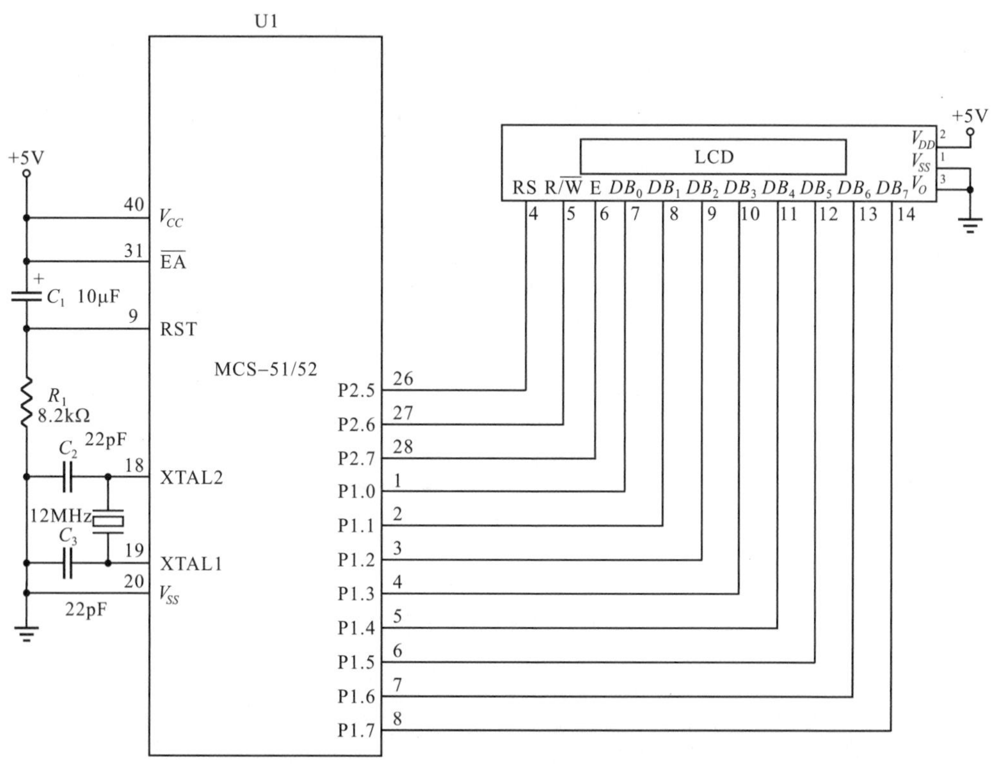

圖 9-4　實驗 9-1 電路圖

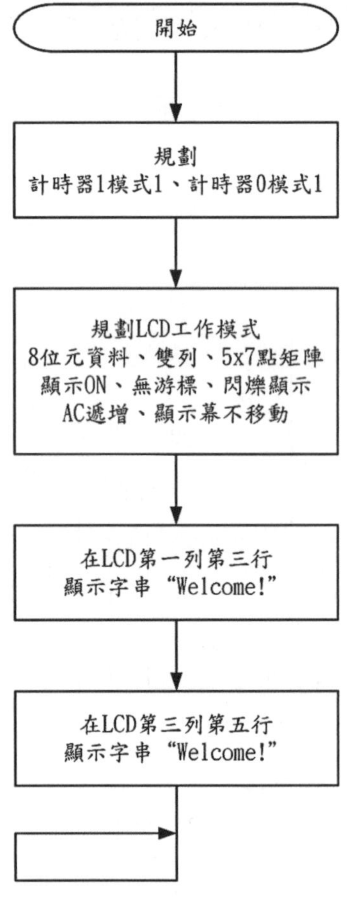

圖 9-5　實驗 9-1 流程圖

程　式：

```
//C9-1.C
#include <AT89X51.H>
#define u_ch unsigned char
#define u_int unsigned int
#define COL_1 0x00
#define COL_2 0x40
sbit LCD_RS=P2^5;
sbit LCD_RW=0xa6;
sbit LCD_E=0xa0^7;
sfr   LCD_B=0x90;
u_ch MSG1[]={0x57,0x65,0x6C,0x63,0x6F,0x6D,0x65,0x21,0x24};
unsigned   char   MSG2[]="Welcome!$";
void lcd_init(void);
void delay_b(u_int t);
void lcd_xy(u_ch x,u_ch y);
void lcd_stri(u_ch * );
```

```
void lcd_inst(u_ch inst) ;
void lcd_busy(void) ;
 main()
{
 TMOD=0x11;
 lcd_init();
 lcd_xy(1,2);
 lcd_stri(MSG1);
 lcd_xy(3,4);
 lcd_stri(MSG2);
 while(1);
}
void lcd_init(void)
 {
 delay_b(15000);
 lcd_inst(0x30);
 delay_b(4100);
 lcd_inst(0x30);
 delay_b(100);
 lcd_inst(0x30);
 lcd_inst(0x38);
 lcd_inst(0x01);
 lcd_inst(0x0d);
 lcd_inst(0x06);
 }
void delay_b(u_int t)
 {
 TH0=(65536-t)/256;
 TL0=(65536-t)%256;
 TCON=0x10;
 while(TF0==0);
 TR0=0;
 }
 void lcd_inst(u_ch inst)
 {
lcd_busy();
 LCD_RS=0;
 LCD_RW=0;
 LCD_E=1;
 LCD_B=inst;
 LCD_E=0;
 }
 void lcd_data(u_ch dat)
 {
 lcd_busy();
```

```
     LCD_RS=1;
     LCD_RW=0;
     LCD_E=1;
     LCD_B=dat;
     LCD_E=0;
     }
    void lcd_busy(void)
     {
     u_ch i;
     do
            {
            LCD_B=0xff;
            LCD_RS=0;
            LCD_RW=1;
            LCD_E=1;
            i=LCD_B;
            LCD_E=0;
            }
     while (i>=0x80);
     }

    void lcd_xy(u_ch x,u_ch y)
     {
     switch(x)
            {
            case 1:
                   lcd_inst((COL_1+y)|0x80);
                   break;
            case 2:
                   lcd_inst((COL_2+y)|0x80);
                   break;
            case 3:
                   lcd_inst((0x14+y)|0x80);
                   break;
            case 4:
                   lcd_inst((0x54+y)|0x80);
                   break;
            }
     }
    void lcd_stri(MSG)
    u_ch MSG[];
    {
    u_ch i;
    for (i=0;;i++)
           {
```

```
107                 if (MSG[i]!='$')
108                     lcd_data(MSG[i]);
109                 else break;
110                 }
111         }
```

程式說明：

行號	說明
1	註解標示程式檔名爲 C9-1.C。
2	前置命令將 AT89X51.H 標頭檔引入進來(請參考 2-8 章節)。
3~4	前置命令“#define u_ch unsigned char”定義使用 u_ch 表示無符號字元(unsigned char)，“#define u_int unsigned int”定義使用 u_int 表示無符號字元(unsigned int)，之後第 11,14,15 與 17 等行均使用 u_ch 與 u_int 宣告。
5~6	前置命令“#define COL_1 0x00”與“#define COL_2 0x40”定義使用宣告 COL_1 與 COL_2 之值爲 LCM 第 1 列與第 4 列之第一行位址(參考表 9-2　DD_RAM 顯示位址之中間欄位(正常顯示))。
7~10	依據圖 9-4 之電路圖宣告 LCD_RS 接腳連接到 P2.5，LCD_RW 接腳連接到 P2.6，LCD_E 接腳連接到 P2.7，LCD 資料匯流排連接到 P1。
11	字串 1(MSG1[])。字串 1 與字串 2 均相同，參考表 9-3 內建字型碼。字型“W”之 ASCII 碼爲“57H”。使用 u_ch 宣告無符號字元資料(8 位元)。
12	字串 2(MSG2[])。字串 1 與字串 2 均相同，參考表 9-3 內建字型碼。字型“W”之 ASCII 碼爲“57H”。 使用 unsigned char 宣告無符號字元資料(8 位元)。
13~18	函式宣告。宣告 lcd_init 與 lcd_busy 爲無傳入値與無傳回値之函式。delay_b、lcd_xy、lcd_stri 與 lcd_inst 爲有傳入値與無傳回値之函式。
19~28	主函式。在 LCD 第一列第三行、第三列第五行處開始顯示字串“Welcome!”。
	21　規劃計時器 1 模式 1、計時器 0 模式 1。
	22　呼叫 lcd_init 函式，初始規劃 LCD。
	23~24　在 LCD 第一列、第三行處開始顯示字串 1“Welcome!”。
	25~26　在 LCD 第三列、第五行處開始顯示字串 2“Welcome!”。
	27　無窮迴圈。CPU 在此重複執行。
29~41	lcd_init 函式，初始規劃 LCD。8 位元資料、雙列、5x7 點矩陣顯示 ON、無游標、閃爍顯示 AC 遞增、顯示幕不移動。

31~32 使用計時器 0 延遲 15mS 後進行功能設定動作。

33~34 使用計時器 0 延遲 4.1mS 後進行功能設定動作。

35~36 使用計時器 0 延遲 100μS 後進行功能設定動作。

37 命令(6)設定 8 位元資料長度、雙列、5×7 點矩陣。

38 命令(1)將 DD RAM 之資料清除爲空白碼(20H)。

39 命令(4)設定顯示 ON、無游標、閃爍顯示。

40 命令(3)設定位址計數器(AC)遞增、顯示幕不移動。

42~49 delay_b 函式。傳入值爲無符號 16 位元參數，由此參數設定計時器 0 延遲時間。

50~58 lcd_inst 函式，主要處理 LCD 指令寫入。信號動作順序依照圖 9-3 寫入時序圖，寫入前先檢查忙碌旗號。指令直接由傳入值設定。

59~67 lcd_data 函式，主要處理 LCD 資料寫入。信號動作順序依照圖 9-3 寫入時序圖，寫入前先檢查忙碌旗號。資料直接由傳入值設定。

68~81 lcd_busy 函式。主要檢查 LCD 之忙碌旗號。

70 使用 u_ch 宣告區域變數 i 爲無符號字元變數。

73 由 LCD_B(P1)送高電位，規劃此爲輸入端以便讀取 LCD 之忙碌旗號。

74~78 讀取 LCD 資料(命令 9)存放在變數 i 中、信號動作順序依照圖 9-2 讀取時序圖，忙碌旗號在位元 7。

80 檢查忙碌旗號(位元 7)若爲 1 表示忙碌，則繼續讀取(執行 73~78 行程式)直到 LCD 不忙碌爲止。

83~100 lcd_xy 函式。參數 x 表示 LCD 之列數(1~4)、參數 y 表示 LCD 之行數(1~20)。

85 使用 switch 指令依據參數 x 計算出各列第一行的位址。

87~89 參數 x=1 表示第一列，第一列第一行的位址爲 0x00(COL_1=0x00 程式第 5 行)，經由 y 值可以計算出實際位址，例如 lcd(1,2)、x=1,y=2 經由 88 行程式可以得到 COL_1+y=0x00+2=0x02，(COL_1+y) |0x80=0x02|0x80=0x82 正好符合命令 8 之 DD_RAM 位址設定格式(B7=1)、DD_RAM 位址爲 0x02(第一列第三行)。

90~92 參數 x=2 表示第二列，第二列第一行的位址爲 0x40(COL_2=0x40 程式第 6 行)，經由 y 值可以計算出實際位址，例如 lcd(2,3)、x=2,y=3 經由 91 行程式可以得到 COL_2+y=0x40+3=0x43，(COL_2+y) |0x80=0x43|0x80=0xC3 正好符合命令 8 之 DD_RAM

位址設定格式(B7=1)、DD_RAM 位址為 0x43(第二列第四行)。

93~95　參數 x=3 表示第三列，第三列第一行的位址為 0x14，經由 y 值可以計算出實際位址，例如 lcd(3,4)、x=3,y=4 經由 91 行程式可以得到 0x14+y=0x14+4=0x18，(0x14+y) |0x80=0x14|0x80=0x94 正好符合命令 8 之 DD_RAM 位址設定格式(B7=1)、DD_RAM 位址為 0x14(第三列第五行)。

101~111　lcd_stri 函式。顯示字串資料，字串資料以"$"當作結束符號。

練習

一、請將程式第 5 行改為"#define COL_1 0x54"有何改變？

二、請將程式第 23 行改為"lcd_xy(1,5);"有何改變？

三、請將程式第 24 行改為"lcd_stri(MSG2);"有何改變？

四、請將程式第 39 行改為"lcd_inst(0x0f);"有何改變？

五、請將程式第 40 行改為"lcd_inst(0x07);"有何改變？

六、請將程式第 75 行改為"LCD_RW=0;"有何改變？

七、請將程式第 88 行改為"lcd_inst((0x00+y)|0x80);"有何改變？

討論

本實驗使用輸入與輸出腳直接驅動 LCM 方式，因此要注意 RS、R/$\overline{W}$與 E 等控制信號送出訊序，lcd_busy 函式(程式行號 68~81)是參考圖 9-2 讀取時序圖、lcd_inst 函式(程式行號 50~58)與 lcd_data 函式(程式行號 59~67)是參考圖 9-3 寫入時序圖完成。

範例中顯示兩個字串 MSG1(程式行號 11)與 MSG2(程式行號 12)，兩個字串均以"$"當作結束符號，內容均相同為"Welcome"，MSG1 是以 ASCII 碼表示、例如 ASCII 碼為"65H"參考表 9-3 內建字型碼中得知為"e"。

作業

一、請設計程式在第四列第一行顯示"0123456789"。

二、請修改範例程式，字串以"%"作結束符號。

實驗 9-2 LCM 動態顯示字串實驗

功　能： 在第一列第三行與第二列第五行顯示字串"Welcome!"，每個字以打字型態顯示、並閃爍顯示字串。

電路圖： 如圖 9-4 所示。

流程圖： 如圖 9-6 所示。

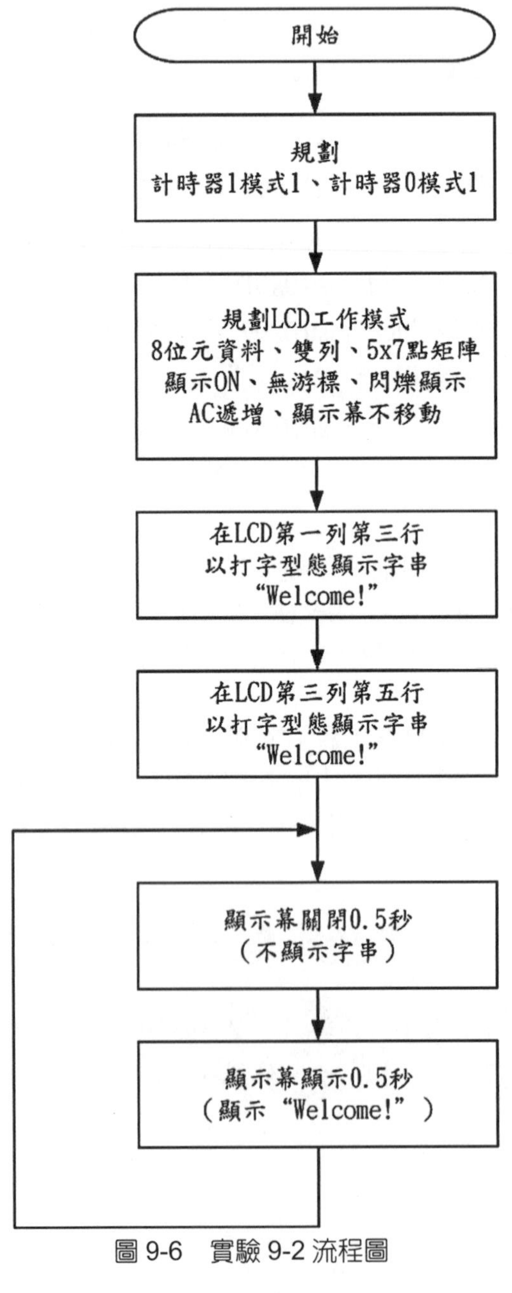

圖 9-6　實驗 9-2 流程圖

程　式：

```
//C9-2.C
#include <AT89X51.H>
#define u_ch unsigned char
#define u_int unsigned int
#define COL_1 0x00
#define COL_2 0x40
sbit LCD_RS=P2^5;
sbit LCD_RW=0xa6;
sbit LCD_E=0xa0^7;
sfr   LCD_B=0x90;
u_ch code str1[]={0x57,'e',0x6C,'c',0x6F,'m',0x65,0x21,0x24};
unsigned   char code   str2[]="Welcome!$";
void lcd_init_a(void);
void delay_c(u_ch m,u_int t);
void lcd_xy(u_ch x,u_ch y);
void lcd_stri_a(u_ch * );
void lcd_inst(u_ch inst) ;
void lcd_busy(void) ;
 main()
{
 TMOD=0x11;
 lcd_init_a();
 lcd_xy(1,2);
 lcd_stri_a(str1);
 lcd_xy(3,4);
 lcd_stri_a(str2);
 while(1)
 {
 lcd_inst(0x09);
 delay_c(10,50000);
 lcd_inst(0x0d);
 delay_c(10,50000);
 }
}
void lcd_init_a(void)
 {
 delay_c(1,15000);
```

```
    lcd_inst(0x30);
    delay_c(1,4100);
    lcd_inst(0x30);
    delay_c(1,100);
    lcd_inst(0x30);
    lcd_inst(0x38);
    lcd_inst(0x01);
    lcd_inst(0x0d);
    lcd_inst(0x06);
    }
void delay_c(u_ch m,u_int t)
    {
    while ((m--)>0)
            {
            TH0=(65536-t)/256;
            TL0=(65536-t)%256;
            TCON=0x10;
            while(TF0==0);
            TR0=0;
            }
    }
    void lcd_inst(u_ch inst)
    {
lcd_busy();
    LCD_RS=0;
    LCD_RW=0;
    LCD_E=1;
    LCD_B=inst;
    LCD_E=0;
    }
    void lcd_data(u_ch dat)
    {
    lcd_busy();
    LCD_RS=1;
    LCD_RW=0;
    LCD_E=1;
    LCD_B=dat;
    LCD_E=0;
    }
```

```
void lcd_busy(void)
 {
 u_ch i;
 do
          {
          LCD_B=0xff;
          LCD_RS=0;
          LCD_RW=1;
          LCD_E=1;
          i=LCD_B;
          LCD_E=0;
          }
 while (i>=0x80);
 }

void lcd_xy(u_ch x,u_ch y)
 {
 switch(x)
          {
          case 1:
                   lcd_inst((COL_1+y)|0x80);
                   break;
          case 2:
                   lcd_inst((COL_2+y)|0x80);
                   break;
          case 3:
                   lcd_inst((0x14+y)|0x80);
                   break;
          case 4:
                   lcd_inst((0x54+y)|0x80);
                   break;
          }
 }
void lcd_stri_a(str)
u_ch str[];
{
u_ch i;
for (i=0;;i++)
         {
```

```
116                 if (str[i]!='$')
117                     {
118                     lcd_data(str[i]);
119                     delay_c(10,50000);
120                     }
121                 else break;
122                 }
123         }
```

程式說明：

行號	說明
1	註解標示程式檔名為 C9-2.C。
2	前置命令將 AT89X51.H 標頭檔引入進來(請參考 2-8 章節)。
3~4	前置命令“#define u_ch unsigned char”定義使用 u_ch 表示無符號字元(unsigned char)，“#define u_int unsigned int”定義使用 u_int 表示無符號字元(unsigned int)，之後第 11,14,15 與 17 等行均使用 u_ch 與 u_int 宣告。
5~6	前置命令“#define COL_1 0x00”與“#define COL_2 0x40”定義使用宣告 COL_1 與 COL_2 之值為 LCM 第 1 列與第 4 列之第一行位址(參考表 9-2 DD_RAM 顯示位址之中間欄位(正常顯示))。
7~10	依據圖 9-4 之電路圖宣告 LCD_RS 接腳，連接到 P2.5，LCD_RW 接腳連接到 P2.6，LCD_E 接腳連接到 P2.7，LCD 資料匯流排連接到 P1。
11	字串 1(STR1[])。字串 1 與字串 2 均相同，參考表 9-3 內建字型碼。字型“W”之 ASCII 碼為“57H”。使用 u_ch 宣告無符號字元資料(8 位元)，記憶體型態使用程式記憶體(ROM)。
12	字串 2(STR2[])。字串 1 與字串 2 均相同，參考表 9-3 內建字型碼。字型“W”之 ASCII 碼為“57H”。 使用 unsigned char 宣告無符號字元資料(8 位元)，記憶體型態使用程式記憶體(ROM)。
13~18	函式宣告。宣告 lcd_init_a 與 lcd_busy 為無傳入值與無傳回值之函式。Delay_c、lcd_xy、lcd_stri_a 與 lcd_inst 為有傳入值與無傳回值之函式。
19~34	主函式。在 LCD 第一列第三行、第三列第五行處開始以打字方式顯示字串“Welcome!”，字與字之間延遲 0.5 秒。當兩個字串顯示後閃爍顯示字串。
21	規劃計時器 1 模式 1、計時器 0 模式 1。

22　呼叫 lcd_init_a 函式，初始規劃 LCD。

23~24　在 LCD 第一列、第三行處開始顯示字串 1 "Welcome!"。字與字之間延遲 0.5 秒。

25~26　在 LCD 第三列、第五行處開始顯示字串 2 "Welcome!"。字與字之間延遲 0.5 秒。

27~33　無窮迴圈。重複執行程式 29~32 行指令。29~30 行不顯示字串 0.5 秒、31~32 行顯示字串 0.5 秒。

35~47　lcd_init 函式，初始規劃 LCD。8 位元資料、雙列、5×7 點矩陣顯示 ON、無游標、閃爍顯示 AC 遞增、顯示幕不移動。

37~38　使用計時器 0 延遲 15mS 後進行功能設定動作。

39~40　使用計時器 0 延遲 4.1mS 後進行功能設定動作。

41~42　使用計時器 0 延遲 100μS 後進行功能設定動作。

43　命令(6)設定 8 位元資料長度、雙列、5×7 點矩陣。

44　命令(1)將 DD_RAM 之資料清除爲空白碼(20H)。

45　命令(4)設定顯示 ON、無游標、閃爍顯示。

46　命令(3)設定位址計數器(AC)遞增、顯示幕不移動。

48~58　delay_c 函式。兩個傳入值 m 爲無符號 8 位元參數，t 爲無符號 16 位元參數，由此參數設定計時器 0 延遲時間。T 爲設定延遲時間(單位爲 μS)、m 爲設定延遲 t 時間的倍數。

59~67　lcd_inst 函式，主要處理 LCD 指令寫入。信號動作順序依照圖 9-3 寫入時序圖，寫入前先檢查忙碌旗號。指令直接由傳入值設定。

68~76　lcd_data 函式，主要處理 LCD 資料寫入。信號動作順序依照圖 9-3 寫入時序圖，寫入前先檢查忙碌旗號。資料直接由傳入值設定。

77~90　lcd_busy 函式。主要檢查 LCD 之忙碌旗號。

79　使用 u_ch 宣告區域變數 i 爲無符號字元變數。

82　由 LCD_B(P1)送高電位，規劃此爲輸入端以便讀取 LCD 之忙碌旗號。

83~87　讀取 LCD 資料(命令 9)存放在變數 i 中、信號動作順序依照圖 9-2 讀取時序圖，忙碌旗號在位元 7。

89　檢查忙碌旗號(位元 7)若爲 1 表示忙碌，則繼續讀取(執行 73~78

行程式)直到 LCD 不忙碌爲止。

92~109 lcd_xy 函式。參數 x 表示 LCD 之列數(1~4)，參數 y 表示 LCD 之行數(1~20 行)。

94 使用 switch 指令依據參數 x 計算出各列第一行的位址。

9~98 參數 x=1 表示第一列，第一列第一行的位址爲 0x00(COL_1=0x00 程式第 5 行)，經由 y 值可以計算出實際位址，例如 lcd(1,2)、x=1、y=2 經由 88 行程式可以得到 COL_1+y=0x00+2=0x02，(COL_1+y) |0x80=0x02|0x80=0x82 正好符合命令 8 之 DD RAM 位址設定格式(B7=1)、DD_RAM 位址爲 0x02(第一列第三行)。

99~101 參數 x=2 表示第二列，第二列第一行的位址爲 0x40(COL_2=0x40 程式第 6 行)，經由 y 值可以計算出實際位址，例如 lcd(2,3)、x=2、y=3 經由 91 行程式可以得到 COL_2+y=0x40+3=0x43，(COL_2+y) |0x80=0x43|0x80=0Xc3 正好符合命令 8 之 DD_RAM 位址設定格式(B7=1)，DD_RAM 位址爲 0x43(第二列第四行)。

102~104 參數 x=3 表示第三列，第三列第一行的位址爲 0x14，經由 y 值可以計算出實際位址，例如 lcd(3,4)，x=3、y=4 經由 91 行程式可以得到 0x14+y=0x14+4=0x18，(0x14+y) |0x80=0x14|0x80=0x94 正好符合命令 8 之 DD_RAM 位址設定格式(B7=1)、DD_RAM 位址爲 0x14(第三列第五行)。

110~123 lcd_stri_a 函式。顯示字串資料、字串資料以“$”當作結束符號。

練習

一、請將程式第 5 行改爲“#define COL_1 0x54”有何改變？

二、請將程式第 23 行改爲“lcd_xy(1,15);”有何改變？

三、請將程式第 24 行改爲“lcd_stri-a(str2);”有何改變？

四、請將程式第 45 行改爲“lcd_inst(0x08);”有何改變？

五、請將程式第 46 行改爲“lcd_inst(0x04);”有何改變？

六、請將程式第 50 行改爲“while ((--m)>0)”有何改變？

七、請將程式第 119 行改爲“delay_c(25,50000);”有何改變？

討論

本實驗與實驗 9-1 雷同，比較特殊的地方爲 lcd_stri_a 函式(程式 110~123 行)，同樣顯示字串但增加呼叫延遲 0.5 秒之函式(程式 119)，產生前一個字與後一個字之間延遲 0.5 秒有如打字效果。

在主函式中使用命令(4)之 D 位元(D=0)、產生不顯示效果(程式 29~30 行)，兩行字串資料尚存在 DD_RAM 中並未清除。不顯示延遲 0.5 秒後，使用命令(4)之 D 位元(D=1)、將資料顯示(程式 31~32 行)0.5 秒，即可產生閃爍顯示的效果。若將程式 27~33 行修改如下、使用(5)游標/顯示幕位移指令則會產生字串左、右移動的效果。

```
27    while(1)
28    {
29    lcd_inst(0x1c);
30    delay_c(10,50000);
31    lcd_inst(0x18);
32    delay_c(10,50000);
33    }
```

作業

一、請設計程式在第四列第一行以打字形式顯示“0123”後，字串“0123”閃爍顯示。

二、請設計程式在第四列第一行以打字形式顯示“0123”後，字串“0123”向右移動到最右邊後，字串“0123”更改向左移動到最左邊，字串“0123”先右移再左移重復動作如同霹靂燈效果。

實驗 9-3 LCM 自建符號顯示實驗

功　能： 在第一列第三行與第三列第五行以打字型態顯示字串“Welcome!”外，並在字串前、後位置放置自建電話符號。

電路圖： 如圖 9-4 所示。

流程圖： 如圖 9-7 所示。

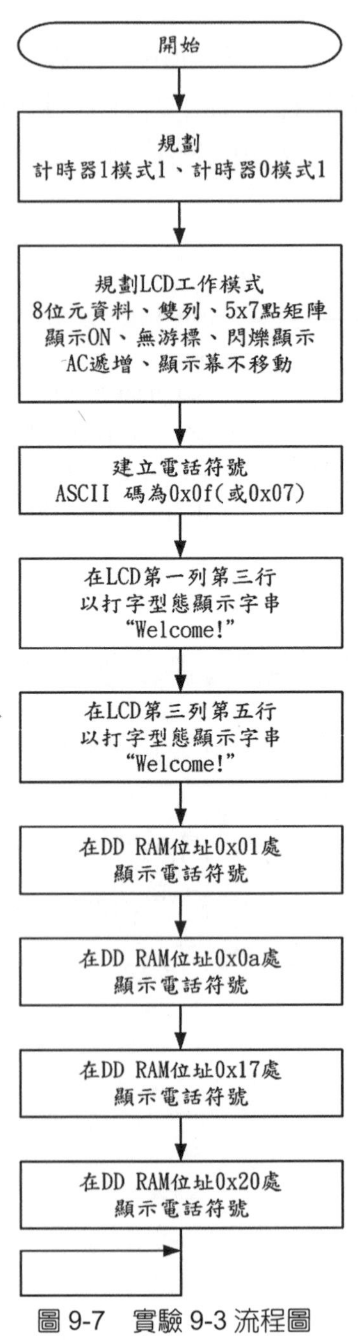

圖 9-7　實驗 9-3 流程圖

程　式：

```
//C9-3.C
#include <AT89X51.H>
#define u_ch unsigned char
#define u_int unsigned int
#define COL_1 0x00
#define COL_2 0x40
sbit LCD_RS=P2^5;
sbit LCD_RW=0xa6;
sbit LCD_E=0xa0^7;
sfr    LCD_B=0x90;
u_ch code str1[]={0x57,’e’,0x6C,’c’,0x6F,’m’,0x65,0x21,0x24};
unsigned    char code    str2[]=” Welcome!$” ;
u_ch    tel_mark[]={0x0e,0x15,0x04,0x0e,0x1f,0x11,0x0e,0x00};
void lcd_init_a(void);
void delay_c(u_ch m,u_int t);
void lcd_xy(u_ch x,u_ch y);
void lcd_stri_a(u_ch * );
void lcd_inst(u_ch inst) ;
 void lcd_data(u_ch dat);
void lcd_busy(void) ;
void    made_cg(void);
 main()
{
 TMOD=0x11;
 lcd_init_a();
 made_cg();
 lcd_xy(1,2);
 lcd_stri_a(str1);
 lcd_xy(3,4);
 lcd_stri_a(str2);

 lcd_xy(1,1);
 lcd_data(0x07);
 delay_c(10,50000);
 lcd_inst(0x8a);
 lcd_data(0x0f);
 delay_c(10,50000);
```

```

  lcd_xy(3,3);
  lcd_data(0x0f);
  delay_c(10,50000);
  lcd_inst(0xa0);
  lcd_data(0x07);
  delay_c(10,50000);

  while(1);
}
void lcd_init_a(void)
  {
  delay_c(1,15000);
  lcd_inst(0x30);
  delay_c(1,4100);
  lcd_inst(0x30);
  delay_c(1,100);
  lcd_inst(0x30);
  lcd_inst(0x38);
  lcd_inst(0x01);
  lcd_inst(0x0d);
  lcd_inst(0x06);
  }
void delay_c(u_ch m,u_int t)
  {
  while ((m--)>0)
          {
          TH0=(65536-t)/256;
          TL0=(65536-t)%256;
          TCON=0x10;
          while(TF0==0);
          TR0=0;
          }
  }
  void lcd_inst(u_ch inst)
  {
lcd_busy();
  LCD_RS=0;
```

```
    LCD_RW=0;
    LCD_E=1;
    LCD_B=inst;
    LCD_E=0;
    }
    void lcd_data(u_ch dat)
    {
    lcd_busy();
    LCD_RS=1;
    LCD_RW=0;
    LCD_E=1;
    LCD_B=dat;
    LCD_E=0;
    }
   void lcd_busy(void)
    {
    u_ch I;
    do
            {
            LCD_B=0xff;
            LCD_RS=0;
            LCD_RW=1;
            LCD_E=1;
            i=LCD_B;
            LCD_E=0;
            }
    while (i>=0x80);
    }

   void lcd_xy(u_ch x,u_ch y)
    {
    switch(x)
            {
            case 1:
                    lcd_inst((COL_1+y)|0x80);
                    break;
            case 2:
                    lcd_inst((COL_2+y)|0x80);
```

```
114                     break;
115                case 3:
116                     lcd_inst((0x14+y)|0x80);
117                     break;
118                case 4:
119                     lcd_inst((0x54+y)|0x80);
120                     break;
121                }
122      }
123      void lcd_stri_a(str)
124      u_ch str[];
125      {
126      u_ch I;
127      for (i=0;;i++)
128           {
129           if (str[i]!='$')
130             {
131             lcd_data(str[i]);
132             delay_c(10,50000);
133             }
134           else break;
135           }
136      }
137       void made_cg(void)
138       {
139       u_ch I;
140        lcd_inst(0x78);
141       for (i=0;i<8;i++) lcd_data(tel_mark[i]);
142       }
```

程式說明：

行號	說明
1	註解標示程式檔名為 C9-3.C。
2	前置命令將 AT89X51.H 標頭檔引入進來(請參考 2-8 章節)。
3~4	前置命令 "#define u_ch unsigned char" 定義使用 u_ch 表示無符號字元(unsigned char)，"#define u_int unsigned int" 定義使用 u_int 表示無符號字元(unsigned int)，之後第 11、15、16 與 18 等行均使用 u_ch 與 u_int 宣告。

5~6　前置命令“#define COL_1 0x00”與“#define COL_2 0x40”定義使用宣告 COL_1 與 COL_2 之值爲 LCM，第 1 列與第 4 列之第一行位址(參考表 9-2 DD_RAM 顯示位址之中間欄位(正常顯示))。

7~10　依據圖 9-4 之電路圖宣告 LCD_RS 接腳連接到 P2.5，LCD_RW 接腳連接到 P2.6，LCD_E 接腳連接到 P2.7，LCD 資料匯流排連接到 P1。

11　字串 1(str1[])。字串 1 與字串 2 均相同，參考表 9-3 內建字型碼。字型“W”之 ASCII 碼爲“57H”。使用 u_ch 宣告無符號字元資料(8 位元)，記憶體型態使用程式記憶體(ROM)。

12　字串 2(str2[])。字串 1 與字串 2 均相同，參考表 9-3 內建字型碼。字型“W”之 ASCII 碼爲“57H”。使用 unsigned char 宣告無符號字元資料(8 位元)，記憶體型態使用程式記憶體(ROM)。

13　自行建立電話符號之資料。使用 unsigned char 宣告無符號字元資料(8 位元)，記憶體型態使用資料記憶體(RAM)。

14~21　函式宣告。宣告 lcd_init_a、lcd_busy 與 made_cg 爲無傳入值與無傳回值之函式。Delay_c、lcd_xy、lcd_stri_a 與 lcd_inst 爲有傳入值與無傳回值之函式。

22~47　主函式。先自建電話符號後，在 LCD 第一列第三行、第三列第五行處開始以打字方式顯示字串“Welcome!”，字與字之間延遲 0.5 秒。當兩個字串顯示後在字串前與後顯示自建電話符號。

- 24　規劃計時器 1 模式 1、計時器 0 模式 1。
- 25　呼叫 lcd_init_a 函式，初始規劃 LCD。
- 26　呼叫 made_cg 函式，自行建立電話符號，此符號之 ASCII 碼爲 07H 或 0FH。
- 27~28　在 LCD 第一列、第三行處開始顯示字串 1“Welcome!”。字與字之間延遲 0.5 秒。
- 29~30　在 LCD 第三列、第五行處開始顯示字串 2“Welcome!”。字與字之間延遲 0.5 秒。
- 32~34　在 LCD 第一列、第二行(DD_RAM 位址爲 0x01)處開始，顯示自行建立電話符號並延遲 0.5 秒。電話符號之 ASCII 碼爲 07H 或 0FH。
- 35~37　在 LCD 第一列、第十一行(DD_RAM 位址爲 0x0a)處開始，顯示自行建立電話符號並延遲 0.5 秒。電話符號之 ASCII 碼爲 07H 或 0FH。
- 39~41　在 LCD 第三列、第四行(DD_RAM 位址爲 0x17)處開始，顯示自行建立電話符號並延遲 0.5 秒。電話符號之 ASCII 碼爲 07H 或 0FH。

42~44　在 LCD 第三列、第十二行(DD_RAM 位址爲 0x20)處開始，顯示自行建立電話符號並延遲 0.5 秒。電話符號之 ASCII 碼爲 07H 或 0FH。

46　無窮迴圈。

48~60　lcd_init 函式，初始規劃 LCD。8 位元資料、雙列、5×7 點矩陣顯示 ON、無游標、閃爍顯示 AC 遞增、顯示幕不移動。

50~51　使用計時器 0 延遲 15mS 後進行功能設定動作。

52~53　使用計時器 0 延遲 4.1mS 後進行功能設定動作。

54~55　使用計時器 0 延遲 100μS 後進行功能設定動作。

56　命令(6)設定 8 位元資料長度、雙列、5×7 點矩陣。

57　命令(1)將 DD_RAM 之資料清除爲空白碼(20H)。

58　命令(4)設定顯示 ON、無游標、閃爍顯示。

59　命令(3)設定位址計數器(AC)遞增，顯示幕不移動。

61~71　delay_c 函式。兩個傳入值 m 爲無符號 8 位元參數，t 爲無符號 16 位元參數，由此參數設定計時器 0 延遲時間。t 爲設定延遲時間(單位爲 μS)，m 爲設定延遲 t 時間的倍數。

72~80　lcd_inst 函式，主要處理 LCD 指令寫入。信號動作順序依照圖 9-3 寫入時序圖，寫入前先檢查忙碌旗號。指令直接由傳入值設定。

81~89　lcd_data 函式，主要處理 LCD 資料寫入。信號動作順序依照圖 9-3 寫入時序圖，寫入前先檢查忙碌旗號。資料直接由傳入值設定。

90~103　lcd_busy 函式。主要檢查 LCD 之忙碌旗號。

92　使用 u_ch 宣告區域變數 i 爲無符號字元變數。

95　由 LCD_B(P1)送高電位，規劃此爲輸入端以便讀取 LCD 之忙碌旗號。

96~100　讀取 LCD 資料(命令 9)存放在變數 i 中，信號動作順序依照圖 9-2 讀取時序圖，忙碌旗號在位元 7。

102　檢查忙碌旗號(位元 7)若爲 1 表示忙碌，則繼續讀取(執行 73~78 行程式)直到 LCD 不忙碌爲止。

105~122　lcd_xy 函式。參數 x 表示 LCD 之列數(1~4)、參數 y 表示 LCD 之行數(1~20)。

107　使用 switch 指令依據參數 x 計算出各列第一行的位址。

109~111　參數 x=1 表示第一列，第一列第一行的位址爲 0x00(COL_1=0x00 程式第 5 行)，經由 y 值可以計算出實際位址，例如 lcd(1,2)、x=1、 y=2 經由 88 行程式可以得到 COL_1+y=0x00+2=0x02，(COL_1+y) |0x80=0x02|0x80=0x82 正好符合命令 8 之 DD_RAM 位址設定格式(B7=1)，DD_RAM 位址為 0x02(第一列第三行)。

112~114 參數 x=2 表示第二列，第二列第一行的位址為 0x40(COL_2=0x40 程式第 6 行)，經由 y 值可以計算出實際位址，例如 lcd(2,3)、x=2、y=3 經由 91 行程式可以得到 COL_2+y=0x40+3=0x43，(COL_2+y) |0x80=0x43|0x80=0xC3 正好符合命令 8 之 DD_RAM 位址設定格式(B7=1)，DD_RAM 位址為 0x43(第二列第四行)。

115~117 參數 x=3 表示第三列，第三列第一行的位址為 0x14，經由 y 值可以計算出實際位址，例如 lcd(3,4)、x=3,y=4 經由 91 行程式可以得到 0x14+y=0x14+4=0x18，(0x14+y) |0x80=0x14|0x80=0x94 正好符合命令 8 之 DD_RAM 位址設定格式(B7=1)、DD RAM 位址為 0x14(第三列第五行)。

123~136 lcd_stri_a 函式。顯示字串資料，字串資料以“$”當作結束符號。

137~142 Made_cg 函式。自行建立電話符號，此符號之 ASCII 碼為 07H 或 0FH(程式 140 行)。

練習

一、請將程式第 32 行改為“lcd_xy(1,10);”有何改變？

二、請將程式第 33 行改為“lcd_data(0x0f);”有何改變？

三、請將程式第 33 行改為“lcd_data(0x31);”有何改變？

四、請將程式第 33 行改為“lcd_data(0x00);”有何改變？

五、請將程式第 140 行改為“lcd_inst(0x48);”有何改變？

六、請將程式第 140 行改為“lcd_inst(0x40);”有何改變？

七、請將程式第 141 行改為“for (i=0;i<8;i++) lcd_data(~tel_mark[i]);”有何改變？

討論

本實驗與實驗 9-2 雷同，比較特殊的地方為自行建立電話符號及定點放置。在自行建立電話符號方面，使用命令(7)設定 CG_RAM 位址為 38H(程式 140)，符號外觀則由程式 13 行之 tel_mark[]來規劃，顯示碼為 07H 或 0FH。表 9-8 為電話符號之顯示碼、CG _RAM 位址。

在主程式中先顯示第一列與第三列之字串資料，為正確在字串前、後放置電話符號則必須瞭解 DD_RAM 位址安排情形(參考表 9-2)。在程式 29 行指令

"lcd_xy(3,4)"經由程式 105~122 行設定 DD_RAM 位址為 18H(第三列、第五行)，也就是說顯示字串"Welcome!"之 DD_RAM 位址由 18H 到 1FH 共 8 個字。程式 39 行即表達此字串前一個字之位址為 17H，程式 40 行使用電話符號顯示碼 0FH 顯示，程式 42 行則表達此字串後一個字之位址為 20H，程式 43 行使用電話符號顯示碼 07H 顯示。

表 9-8　自行建立電話符號、顯示碼與 CG RAM 位址

DD RAM 資料 (B_7 … B_0)	CG RAM 位址 (B_5 … B_3)	(B_2 … B_0)	(HEX)	CG RAM 資料 (B_7 B_4 … B_0)	(HEX)
0 0 0 0 ＊ 1 1 1 (07H或0FH)	1 1 1	0 0 0	(38H)	＊＊＊ 0 1 1 1 0	(0EH)
		0 0 1	(39H)	＊＊＊ 1 0 1 0 1	(15H)
		0 1 0	(3AH)	＊＊＊ 0 0 1 0 0	(04H)
		0 1 1	(3BH)	＊＊＊ 0 1 1 1 0	(0EH)
		1 0 0	(3CH)	＊＊＊ 1 0 0 0 1	(1FH)
		1 0 1	(3DH)	＊＊＊ 1 0 0 0 1	(11H)
		1 1 0	(3EH)	＊＊＊ 0 1 1 1 0	(0EH)
		1 1 1	(3FH)	＊＊＊ 0 0 0 0 0	(00H)

作業

一、請設計程式在 LCM 之四個角落顯示電話符號後，閃爍顯示。

二、請自行建立與表 9-8 顛倒的電話符號，此電話符號之顯示碼限定為 00H 或 08H，在第四列整列顯示此符號。

chapter

10

步進馬達

步進馬達係利用輸入數位信號轉換成轉動動力，在印表機、磁碟機等設備上均可看到。步進馬達依據定子線圈數目可分成 2 相、3 相、4 相與 5 相，小型步進馬達以 4 相較普遍。圖 10-1(a)為 4 相 6 線步進馬達，A_COM1_$\overline{A}$(B_COM2_$\overline{B}$)為同一組線圈，A、COM1 與$\overline{A}$三點導通。使用三用電表電阻檔測試時，A 與$\overline{A}$間阻值最大為 A 與 COM1(或$\overline{A}$與 COM1)之間阻值的兩倍關係。若將圖 10-1(a)中 COM1 與 COM2 連結在一起命名為 COM 如圖 10-1(b)、呈現 5 條線稱之為 4 相式 5 線步進馬達，4 相激磁順序可以控制步進馬達正轉與反轉。將直流電源之正端接到圖中 COM 端，電源負端(地線)接到 A 點則 A 點激磁，依序 B 點、$\overline{A}$點與$\overline{B}$點輪流激磁，則呈現逆時鐘轉動。同理 A 點激磁後，依序$\overline{B}$點、$\overline{A}$點與 B 點輪流激磁，則呈現順時鐘轉動。表 10-1 係以“0”表示激磁，“1”表示截止，激磁順序與轉動方向關係表。

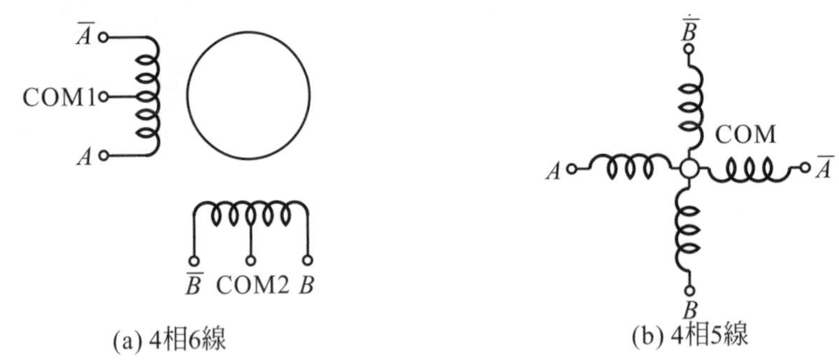

(a) 4相6線　(b) 4相5線

圖 10-1　四相步進馬達

表 10-1　一相激磁順序與轉動方向關係表

逆時鐘轉動	激磁順序				順時鐘轉動
	A	B	$\overline{A}$	$\overline{B}$	
↓	0	1	1	1	↑
	1	0	1	1	
	1	1	0	1	
	1	1	1	0	

四相步進馬達的激磁方式可分成一相激磁、兩相激磁與 1-2 相交互激磁等三種，說明如下：

一、一相激磁

一相激磁為任何時間只有一組線圈激磁，如表 10-1 中“0”表示激磁，“1”表示截止，即是一相激磁。若激磁順序為 A、B、$\overline{A}$與$\overline{B}$，則步進馬達呈現逆時鐘轉動，同理，若激磁順序改為 A、$\overline{B}$、$\overline{A}$與 B，則步進馬達呈現順時鐘轉動。此種方式所驅動的步進馬達，由於在任何時間只有一個相位處在激磁狀態，輸出扭力較小。

二、兩相激磁

兩相激磁為任何時間、同時有兩組線圈激磁，如表 10-2 即是兩相激磁。若激磁順序為(A，B)、(B，$\overline{A}$)、($\overline{A}$，$\overline{B}$)與(A，$\overline{B}$)，則步進馬達呈現逆時鐘轉動，同理，若激磁順序改為(A，B)、(A，$\overline{B}$)、($\overline{A}$，$\overline{B}$)與(B，$\overline{A}$)，則步進馬達呈現順時鐘轉動。此種方式所驅動的步進馬達，在任何時間均有兩個相位處在激磁狀態，輸出扭力較大。

表 10-2　兩相激磁順序與轉動方向關係表

逆時鐘轉動	激磁順序				順時鐘轉動
	A	B	$\overline{A}$	$\overline{B}$	
↓	0	0	1	1	↑
	1	0	0	1	
	1	1	0	0	
	0	1	1	0	

三、相交互激磁

1-2 相交互激磁，顧名思義即是一相激磁與兩相激磁交替，此種設計方式著重在增加步進馬達的定位解析度，例如步進角度爲 1.8°，其旋轉一圈剛好 200 步，若使用此 1-~2 相交互激磁驅動，旋轉一圈則增加爲 400 步，其步進角度爲 0.9°。表 10-3 爲 1-2 相交互激磁順序與轉動方向關係表，若激磁順序爲(A，B)、B、(B，$\overline{A}$)、$\overline{A}$、($\overline{A}$，$\overline{B}$)、$\overline{B}$、($\overline{B}$，A)與 A，則步進馬達呈現逆時鐘轉動，同理，若激磁順序改爲(A，B)、A、(A，$\overline{B}$)、$\overline{B}$、($\overline{A}$，$\overline{B}$)、$\overline{A}$、(B，$\overline{A}$)與 B，則步進馬達呈現順時鐘轉動。

表 10-3　1-2 相交互激磁順序與轉動方向關係表

逆時鐘轉動	激磁順序				順時鐘轉動
	A	B	$\overline{A}$	$\overline{B}$	
↓	0	0	1	1	↑
	1	0	1	1	
	1	0	0	1	
	1	1	0	1	
	1	1	0	0	
	1	1	1	0	
	0	1	1	0	
	0	1	1	1	

實驗 10-1　步進馬達兩相激磁轉動實驗

功　能： 使用兩相激磁驅動方式控制步進馬達逆時鐘方向轉動一圈(200 步)。

電路圖： 如圖 10-2 所示。

流程圖： 如圖 10-3 所示。

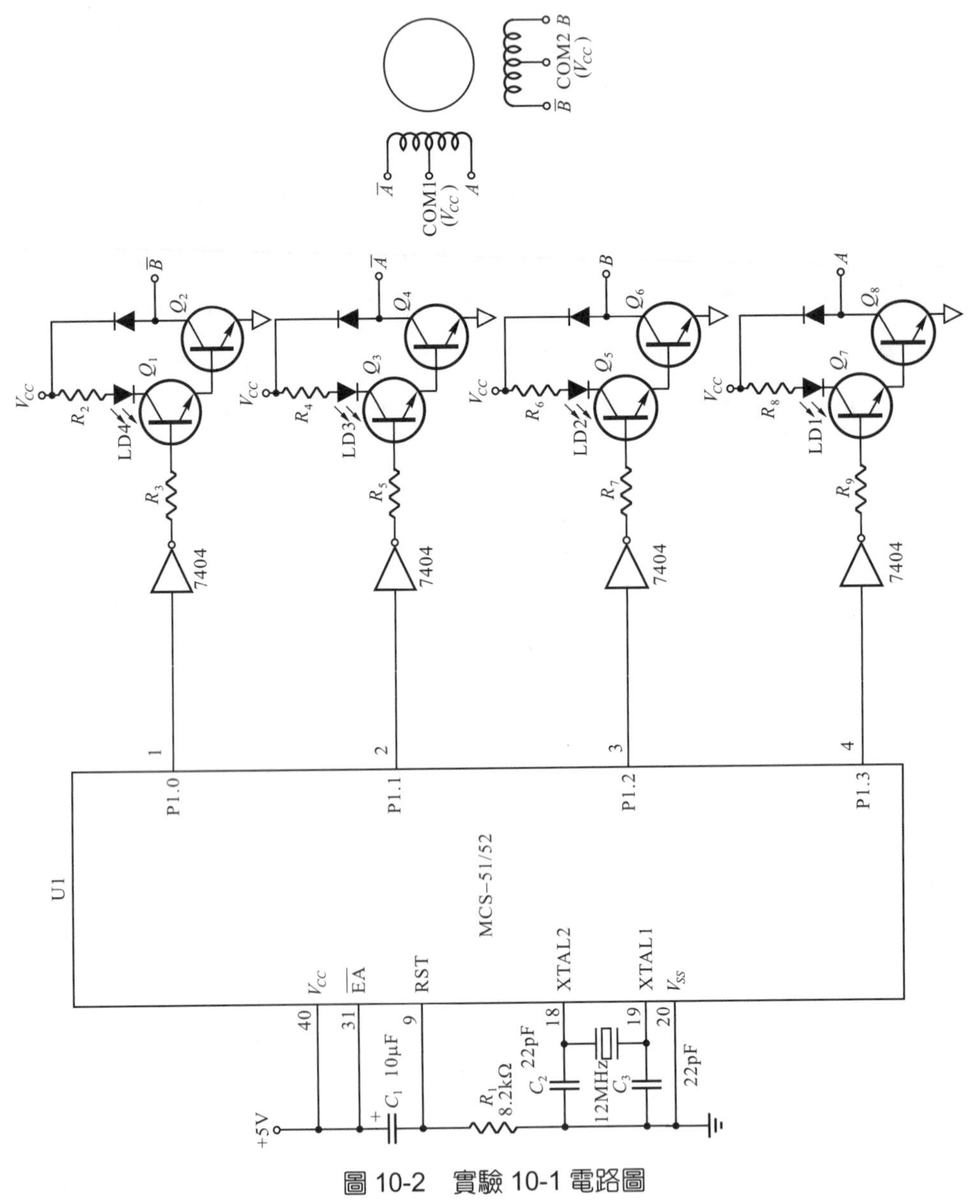

圖 10-2　實驗 10-1 電路圖

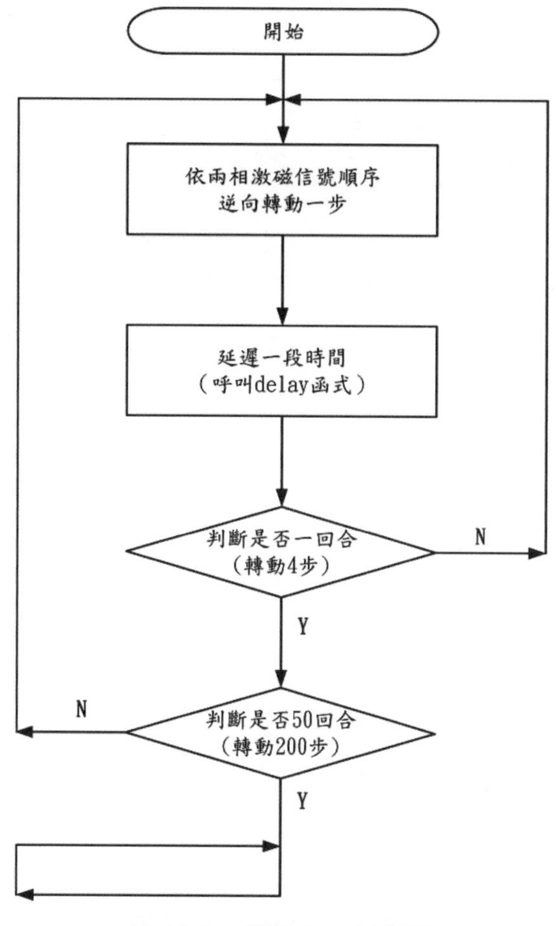

圖 10-3　實驗 10-1 流程圖

程　式：

```
//C10-1.C
unsigned char two_pahse[4]={0xf3,0xf9,0xfc,0xf6};
sfr P1=0x90;
void delay (void)
{
int k=4000;
while(k-->=0);
}
 main()
{
 char i,j;
```

```
12        for(j=50;j>=1;j--)
13        {
14          for(i=0;i<=3;i++)
15                {
16                P1=two_pahse[i];
17                delay();
18                }
19        }
20        while(1);
21      }
```

程式說明：

行號	說明
1	註解標示程式檔名為 C10-1.C。
2	宣告一維陣列 two_phase 其長度為 4，two_phase[0]=0xf3、two_phase[3]=0xf6 參考表 10-2 的兩相激磁信號。
3	宣告特殊功能暫存器 P1(埠 1 位址為 0x90)。
4~8	延遲函式 delay，函式放在主函式之前可以免除宣告。
9~21	主函式。控制步進馬達轉動 200 步，若步進角度為 1.8 度則馬達剛好旋轉一圈。
	12　for 迴圈。控制程式 14~18 行的 for 迴圈執行 50 次。
	14　for 迴圈。控制步進馬達依據兩相激磁信號激磁一回合。參考表 10-2 的兩相激磁信號。

練習

一、請將程式第 12 行改為“for(j=50;j>=1;j--);”有何改變？

二、請將程式第 12 行改為“for(j=50;;j--)”有何改變？

三、請將程式第 12 行改為“for(j=100;j>=1;j--)”有何改變？

四、請將程式第 14 行改為“for(i=3;i>=0;i--)”有何改變？

五、請將程式第 17 行取消有何改變？

討論

實驗電路中使用兩個 NPN 電晶體串接成達零頓電路以增加驅動電流，並在輸出接腳(如 P1.0)串接反閘(7404)當成防火牆的功能，若外界有大電流或電壓雜訊時只會燒毀反閘晶片保護 CPU 本身的安全。當 P1.0 接腳送出低電位時，經由反閘輸出高電位，造成電晶體 Q_1 導通，促使電晶體 Q_2 導通，步進馬達的 $\overline{B}$ 端激磁。當 P1.0 接腳送出高電位時，因電晶體 Q_1 與 Q_2 皆截止造成步進馬達的 $\overline{B}$ 端不激磁。步進馬達不論是順時鐘轉動或逆時鐘轉動時，每轉動時均需要停留延遲一段時間(如程式 17 行)，否則無法正確動作。此範例規劃設計成逆時鐘轉動一圈即停止，若依據練習四，將 14 行程式修改爲“for(i=3;i>=0;i--)”則步進馬達呈現順時鐘轉動一圈即停止，若依據練習二，將 12 行程式修改爲“for(j=50;;j--)”則步進馬達呈現持續轉動。

作業

一、請將範例程式更改成一相激磁方式驅動步進馬達。

二、請將範例程式更改成順時鐘轉動半圈。

實驗 10-2 步進馬達 1-2 相激磁轉動實驗

功　能： 使用 1-2 相激磁驅動方式控制步進馬達順時鐘方向轉動半圈(200 步)。

電路圖： 如圖 10-2 所示。

流程圖： 如圖 10-4 所示。

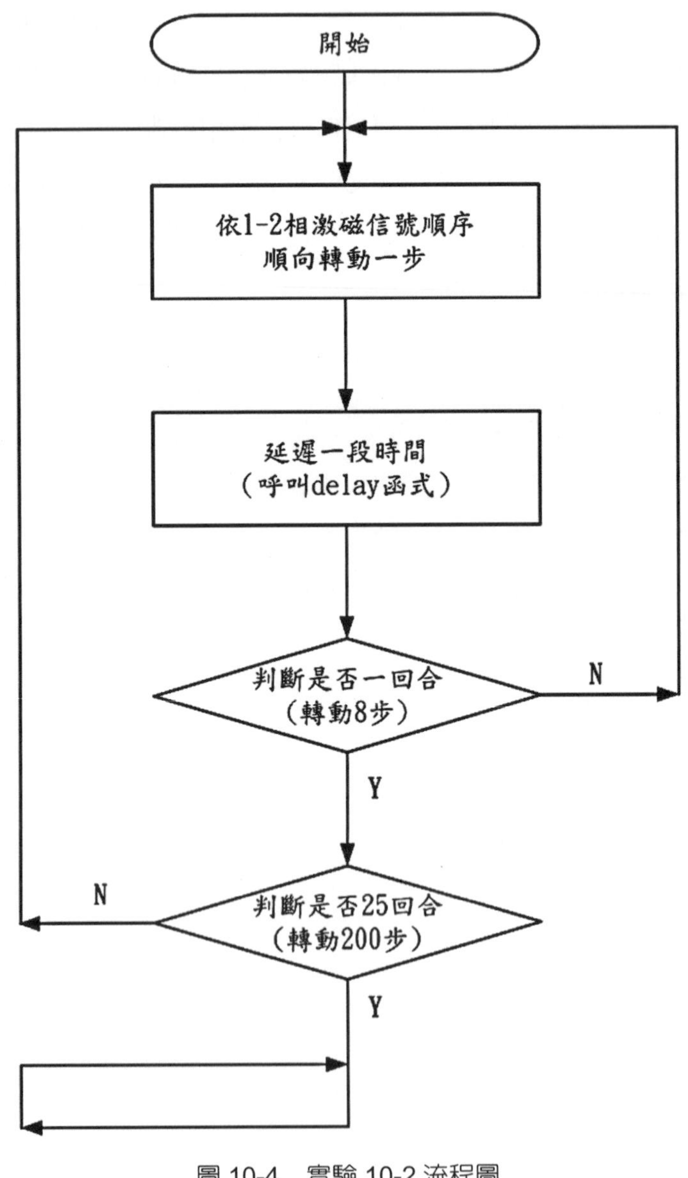

圖 10-4　實驗 10-2 流程圖

程　式：

```
1  //C10-2.C
2  unsigned char pahse_1_2[8]={0xf3,0xfb,0xf9,0xfd,0xfc,0xfe,0xf6,0xf7};
3  void delay(void);
4  sfr P1=0x90;
5  main()
6  {
7   char i,j;
8   for(j=25;j>=1;j--)
9          {
10                 for(i=7;i>=0;i--)
11                        {
12                        P1=pahse_1_2[i];
13                        delay();
14                        }
15         }
16 while(1);
17 }
18 void delay (void)
19 {
20 int k=1000;
21 while(k-->=0);
22 }
```

程式說明：

行號	說明
1	註解標示程式檔名為 C10-2.C。
2	宣告一維陣列 phase_1_2 其長度為 8，phase_1_2 [0]=0xf3、phase_1_2 [1]=0xfb 參考表 10-3 的 1-2 相激磁信號。
3	延遲函式 delay。函式放在主函式之後則必須宣告函式，請與實驗 10-1 作比較。
4	宣告特殊功能暫存器 P1(埠 1 位址為 0x90)。
5~17	主函式。控制步進馬達轉動 200 步，若步進角度為 1.8 度則馬達剛好旋轉一圈。
	8　for 迴圈。控制程式 9~15 的 for 迴圈執行 25 次。
	10　for 迴圈。控制步進馬達依據 1-2 相激磁信號激磁一回合，一回合為 8 步。參考表 10-3 的 1-2 相激磁信號。
	16　無窮迴圈。
18~22	延遲函式 delay。

練習

一、請將程式第 7 行改爲“unsigned char i,j;”有何改變？
二、請將程式第 8 行改爲“for(j=25;j>=1;j--);”有何改變？
三、請將程式第 8 行改爲“for(j=25;;j--)”有何改變？
四、請將程式第 8 行改爲“for(j=50;j>=1;j--)”有何改變？
五、請將程式第 10 行改爲“for(i=0;i<=7;i++)”有何改變？
六、請將程式第 13 行取消有何改變？

討論

此實驗與 10-1 實驗如出一徹，兩個實驗主要差異爲驅動方式的不同與順序。此實驗的驅動信號係採用表格 10-3 的 1-2 相交互激磁信號，一相激磁與兩相激磁輪流搭配使用，因此產生出八種驅動信號。實驗 10-1 則採用表格 10-2 的二相激磁信號，總共四種驅動信號。另外，本範例驅動信號順序採取表格 10-3，由下而上的驅動順序，因此步進馬達呈現順時鐘轉動，而實驗 10-1 則採用表格 10-2，由上而下的驅動順序，因此步進馬達呈現逆時鐘轉動。1-2 相交互激磁信號又稱爲半步激磁，因此同樣轉動 200 步只有轉動半圈。步進馬達轉動速度則由延遲時間調整，可由程式 20 設定變數 k 之初值決定轉動速度快慢。

在練習一中將主函式中的區域變數宣告爲無符號字元變數“unsigned char i,j;”(程式第 6 行)時將無法正確工作，主要是程式第 10 之 for 迴圈指令，當 i=0 時再減 1 時 i=0xff，由於宣告 i 爲無符號，i=0xff 表示爲 255 永遠大於 0，因此會造成錯誤的動作。

作業

一、請將範例程式更改成逆時鐘轉動一圈後停止。
二、請將範例程式更改成順時鐘轉動半圈後，在逆時鐘轉動半圈回到原先位置後停止。

實驗 10-3　激磁順序與轉動方向實驗

功　能： 使用四個按鍵控制激磁信號順序測試步進馬達轉動方向。

電路圖： 如圖 10-5 所示。

流程圖： 如圖 10-6 所示。

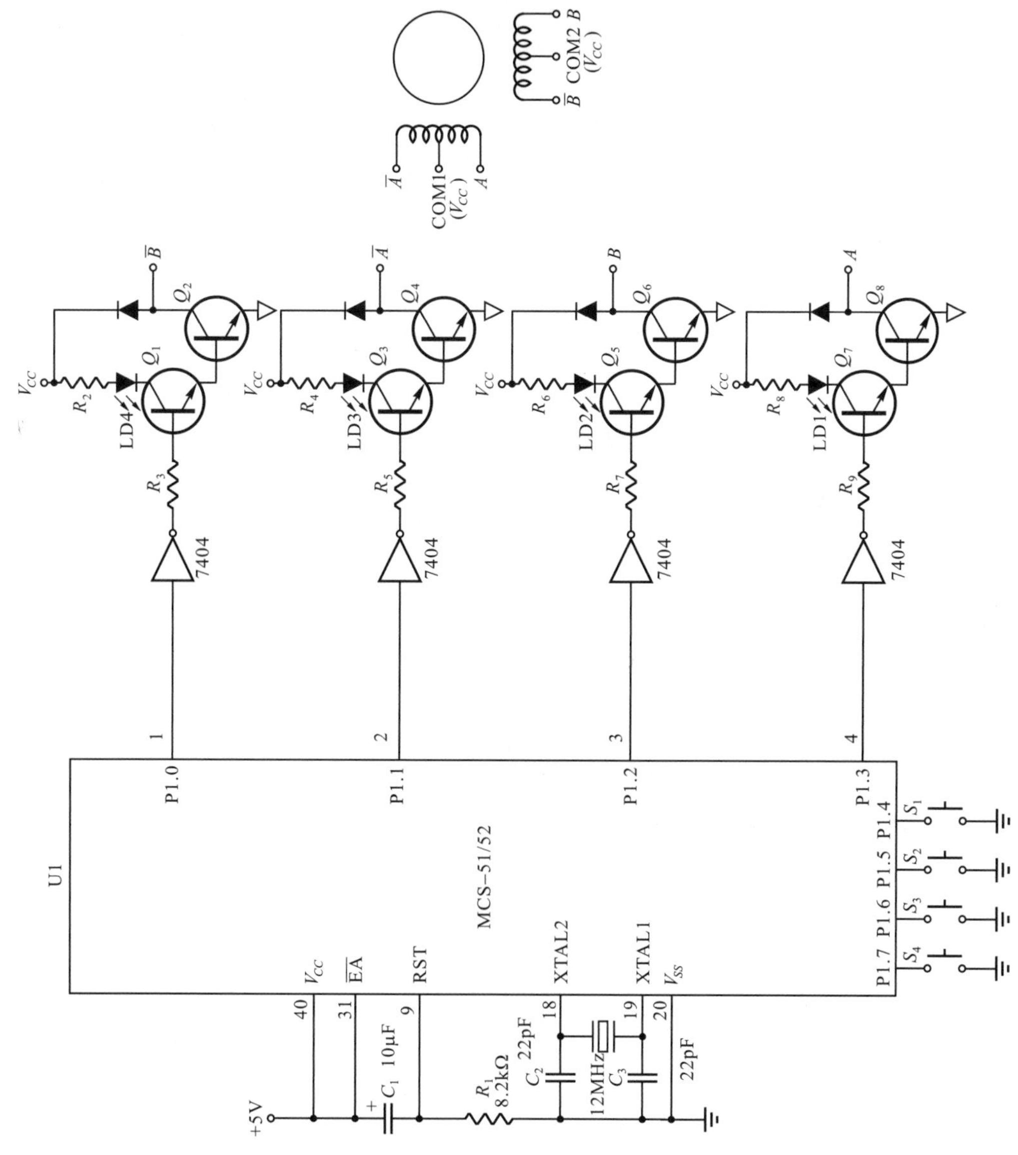

圖 10-5　實驗 10-3 電路圖

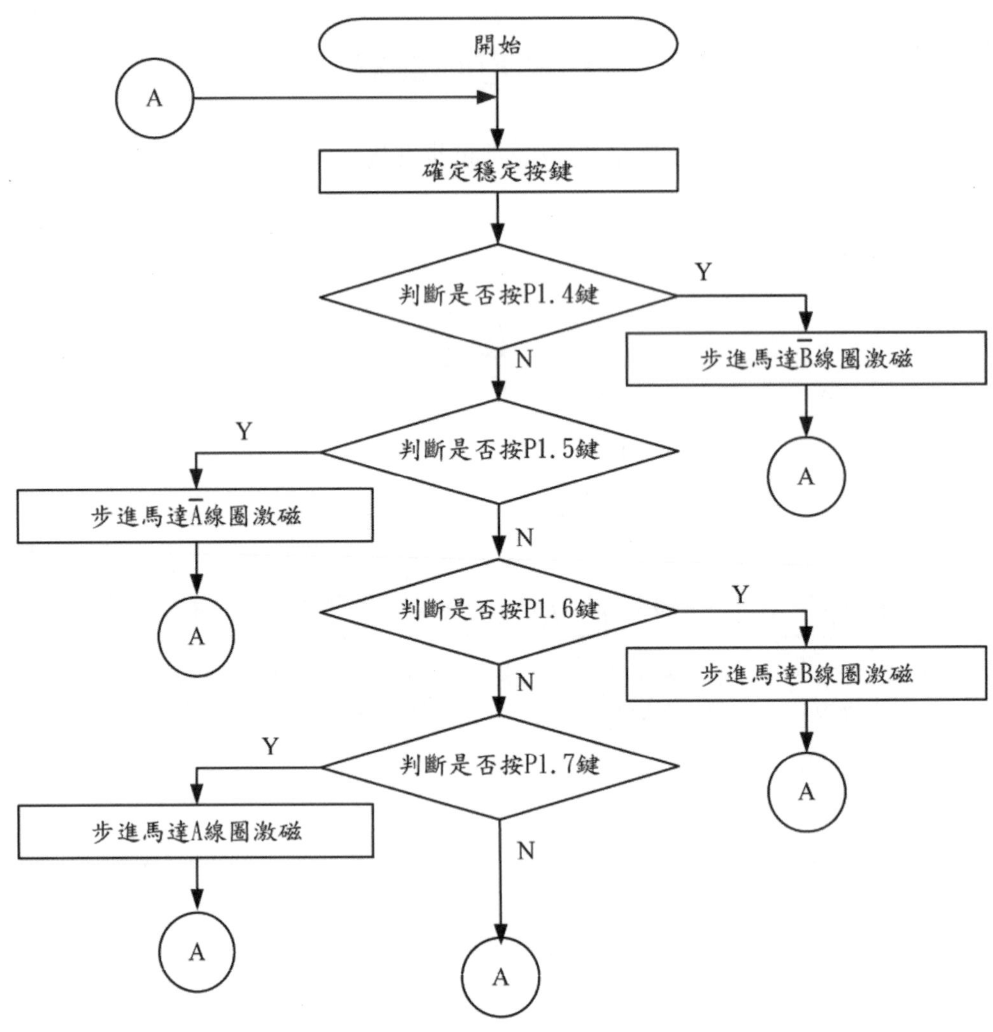

圖 10-6　實驗 10-3 流程圖

程　式：

```
//C10-3.C
sfr P1=0x90;
unsigned char buf1,buf2;
void delay(void);
void check_press(void) ;
main()
{
check_press();
delay();
```

```
10    }
11    void delay (void)
12    {
13    int k=1000;
14    while(k-->=0);
15    }
16
17      void check_press(void)
18    {
19    P1=P1|0xf0;
20    buf2=buf1;
21    buf1=P1&0xf0;
22    if(buf1^buf2==0)
23            {
24                    switch (buf1)
25                    {
26                    case 0xe0:
27                            P1=0xfe;
28                            break;
29                    case 0xd0:
30                            P1=0xfd;
31                            break;
32                    case 0xb0:
33                            P1=0xfb;
34                            break;
35                    case 0x70:
36                            P1=0xf7;
37                            break;
38                    }
39            }
40    }
```

程式說明：

行號	說明
1	註解標示程式檔名為 C10-3.C。
2	宣告特殊功能暫存器 P1(埠 1 位址為 0x90)。
3	宣告無符號字元變數 buf1 與 buf2。
4~5	宣告函式 check_press 與 delay。函式放在主函式之後則必須宣告函式，請

與實驗 10-1 作比較。

6~10 主函式。在主函式中呼叫 check_press 與 delay 函式，依據四個鍵之按鍵情形送步進馬達單相驅動信號。

11~15 延遲函式 delay。當作除彈跳時間(請參考圖 7-2 按鍵與彈跳現象)。

17~40 函式 check_press。讀取兩次按鍵值，前一次按鍵值存入 buf2 變數中、下一次按鍵值則存入 buf1 變數，若兩次按鍵值不同表示在彈跳期間，不用處理，若相同依據四個按鍵值分別送出相對應的驅動信號。

19 設定 P1.7~P1.4 四個位元為輸入(高電位)，低四位元 P1.3~P1.0 維持原狀。

20 將存在 buf1 變數中的按鍵值(前一次按鍵值)轉存在 buf2 變數中。

21 讀取按鍵值存入變數 buf1 變數中，buf1 低 4 位元固定清除為 0，高 4 位元為按鍵值。

22 前一次按鍵值(buf2)與下一次按鍵值(buf1)若相同進行 23~39 行程式，若不相同則結束 check_press 函式。

26~28 若按 P1.4(S_1)按鍵則則 P1.0 送出低電位，步進馬達的 $\overline{B}$ 端線圈激磁。

29~31 若按 P1.5(S_2)按鍵則則 P1.1 送出低電位，步進馬達的 $\overline{A}$ 端線圈激磁。

32~34 若按 P1.6(S_3)按鍵則則 P1.2 送出低電位，步進馬達的 B 端線圈激磁。

35~37 若按 P1.7(S_4)按鍵則則 P1.3 送出低電位，步進馬達的 A 端線圈激磁。

練習

一、請將程式第 19 行取消有何改變？

二、請將程式第 21 行改為“buf1=P1;”有何改變？

三、請將程式第 24 行改為“switch (buf2)”有何改變？

四、請將程式第 27 行改為“P1=0x0e;”有何改變？

五、請將程式第 28 行取消有何改變？

討論

實驗電路中使用 P1.7~P1.4 規劃為輸入端而 P1.3~P1.0 為輸出端，輸入端與輸出端規劃在同一個埠，撰寫程式要格外注意。程式第 19 行取消影響不大，主要是系統開機時四個埠初值均為 FFH(參考表格 1-4)。但是在程式 27(30,33 與 36 行)送出激磁信號，一定要記得將 P1.7~P1.4 設定為高電位，否則無法正確讀取按鍵值。例如若將 19 行程式取消、將 27 行改為“P1=0x0e;”，因此只要執行 27 行“P1=0x0e;”後所有按鍵均失效，19 行程式主要是考慮在讀取按鍵狀態時，一定要先將規劃輸入端的位元設定為高電位方能高枕無憂。

P1.4 鍵控制 $\overline{B}$ 端線圈激磁，P1.5 鍵控制 $\overline{A}$ 端線圈激磁，P1.6(P1.7)鍵控制 $B(A)$ 端線圈激磁，若依序按 P1.4 鍵、P1.5 鍵、P1.6 鍵與 P1.7 鍵，則步進馬達呈現逆時鐘轉動。若按 P1.4 鍵後再按 P1.5 鍵，步進馬達逆時鐘轉一步，之後再按 P1.4 鍵步進馬達順時鐘轉一步。

作業

一、請將範例程式更改成兩相激磁方式驅動步進馬達。

二、請將範例程式更改為依序按 P1.4 鍵、P1.5 鍵、P1.6 鍵與 P1.7 鍵時呈現順時鐘轉動。

chapter

附錄

附錄 A　YC-FPGA 實驗設備介紹

YC-FPGA 實驗器爲允成科技有限公司規劃設計，提供單晶片或 CPLD 數位電路設計實驗。在此實驗器中提供下列實驗：

1. 發光二極體(LED)實驗
2. 七段顯示器實驗
3. 步進馬達實驗
4. 液晶顯示器(LCD)實驗
5. 按鍵與喇叭實驗
6. 4×4 鍵盤實驗
7. 點矩陣實驗

各電路分別標示如後，請參考。

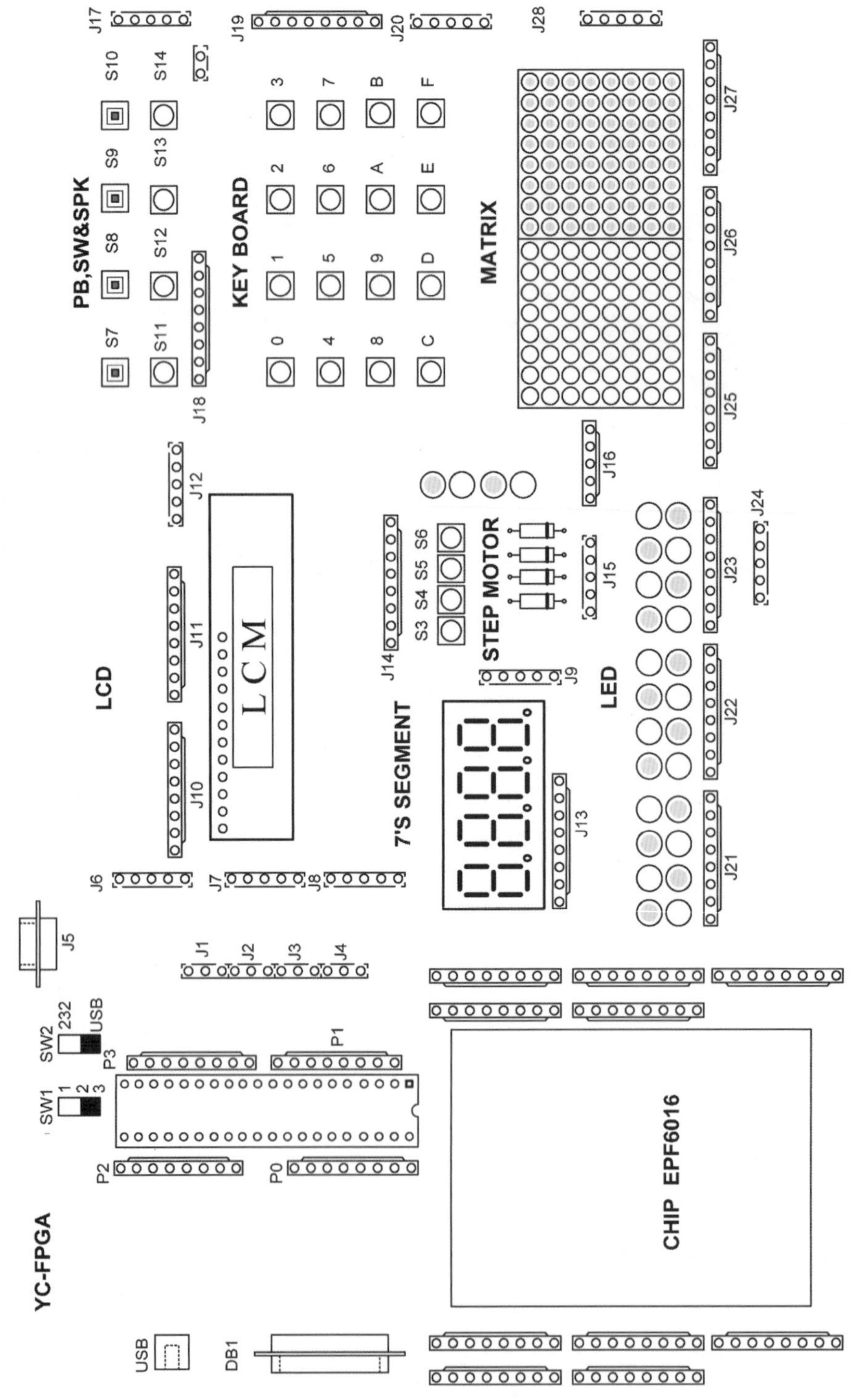

附圖 A-1　YC-FPGA 實驗設備擺設示意圖

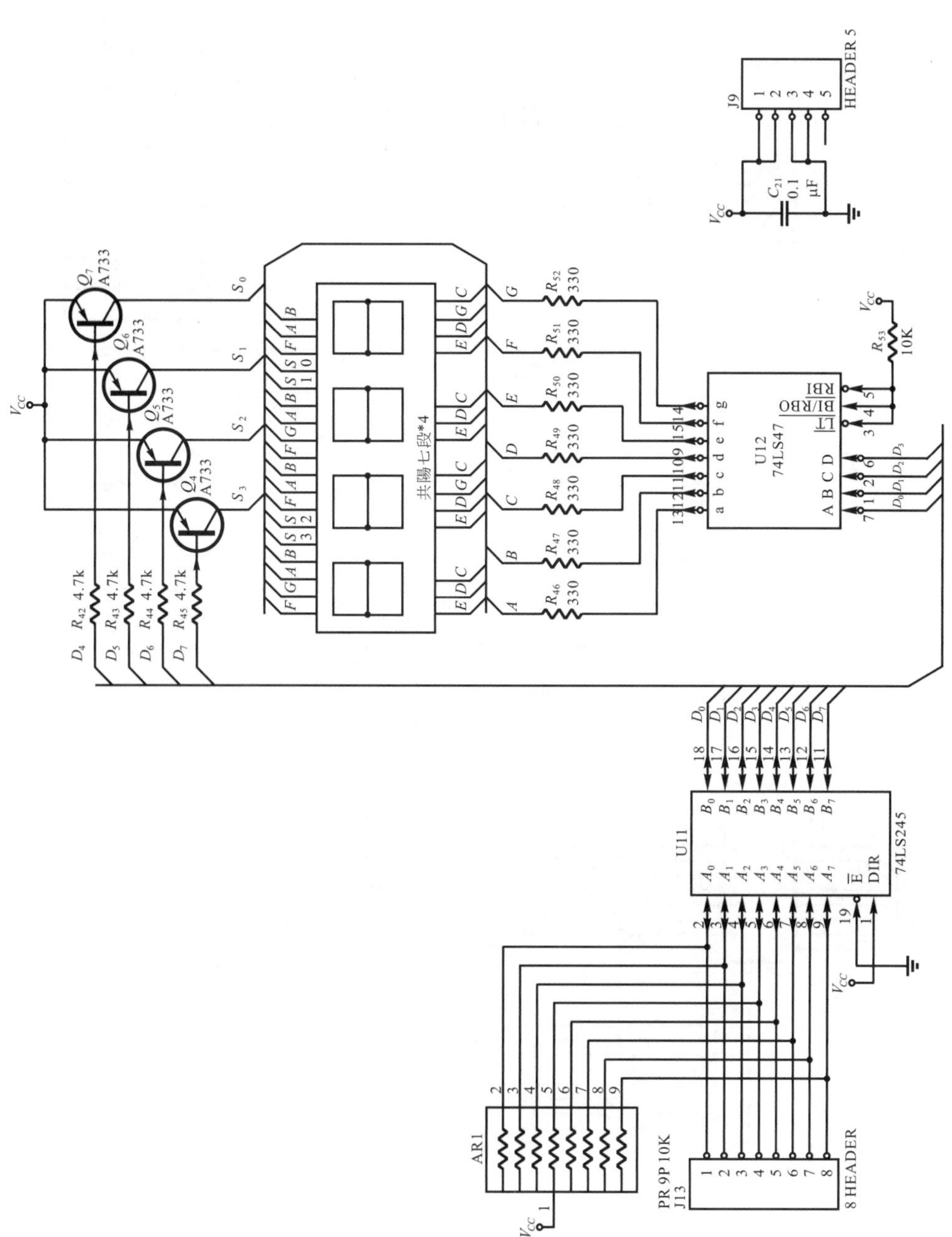

附圖 A-2　七段顯示器電路圖

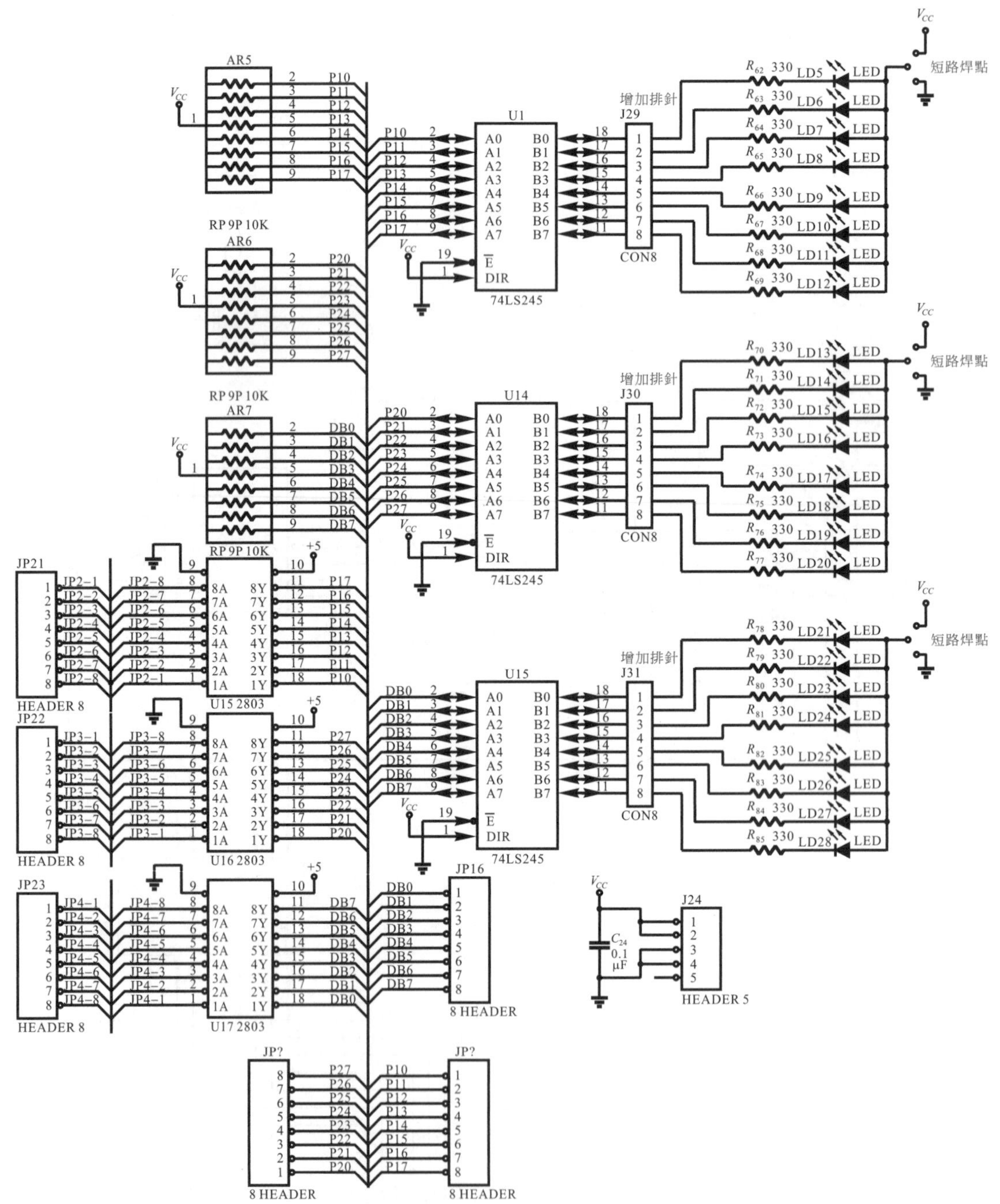

附圖 A-3　發光二極體（LED）電路圖

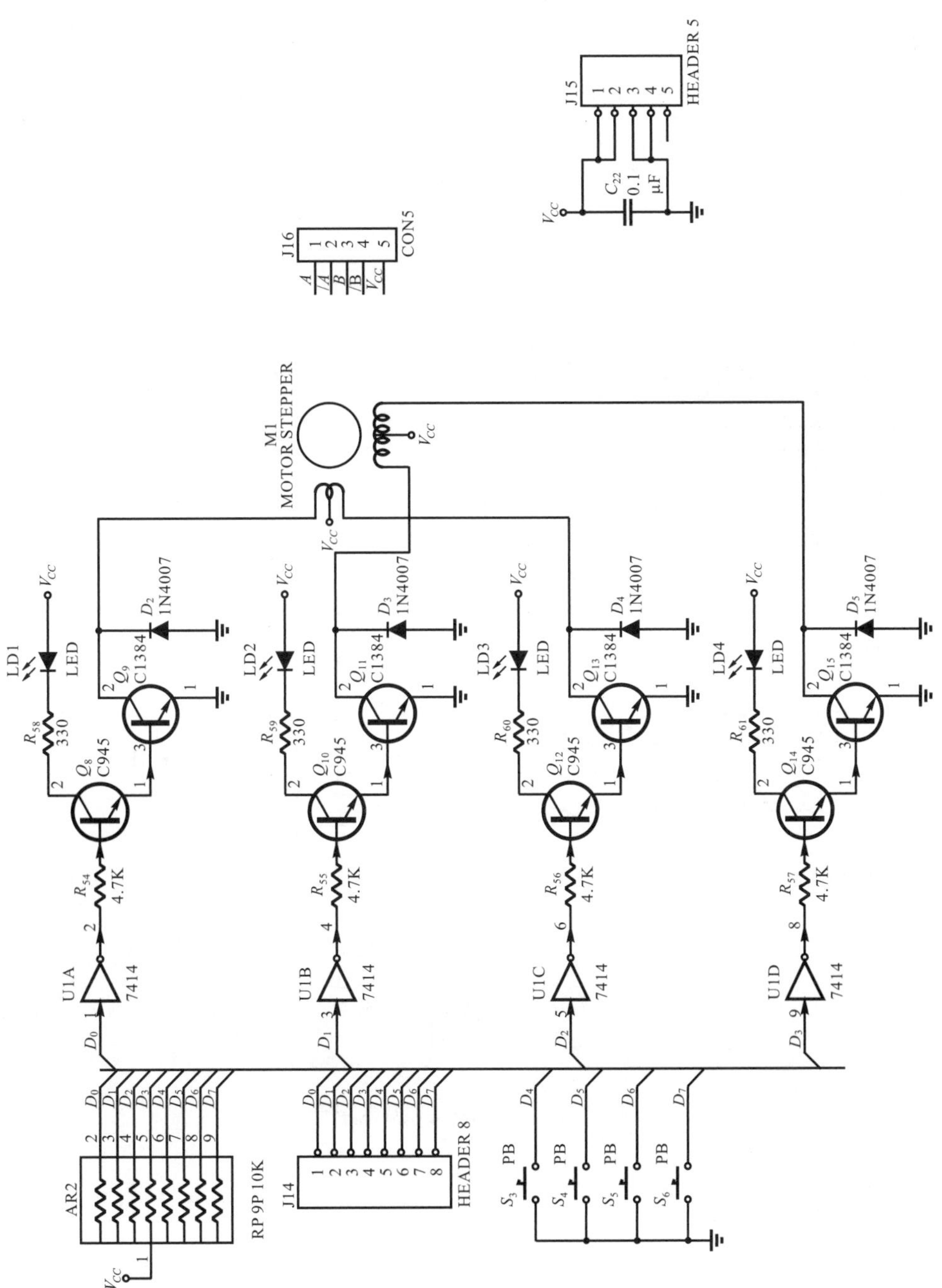

附圖 A-4　步進馬達電路圖

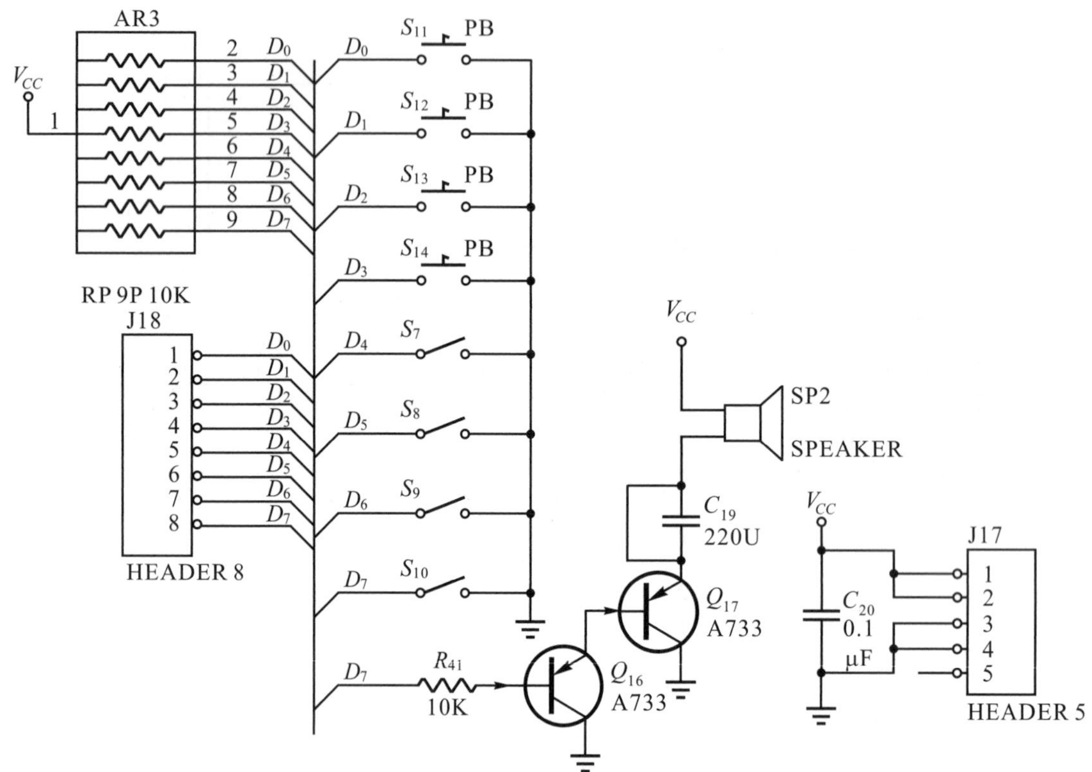

附圖 A-5　按鍵與喇叭電路圖

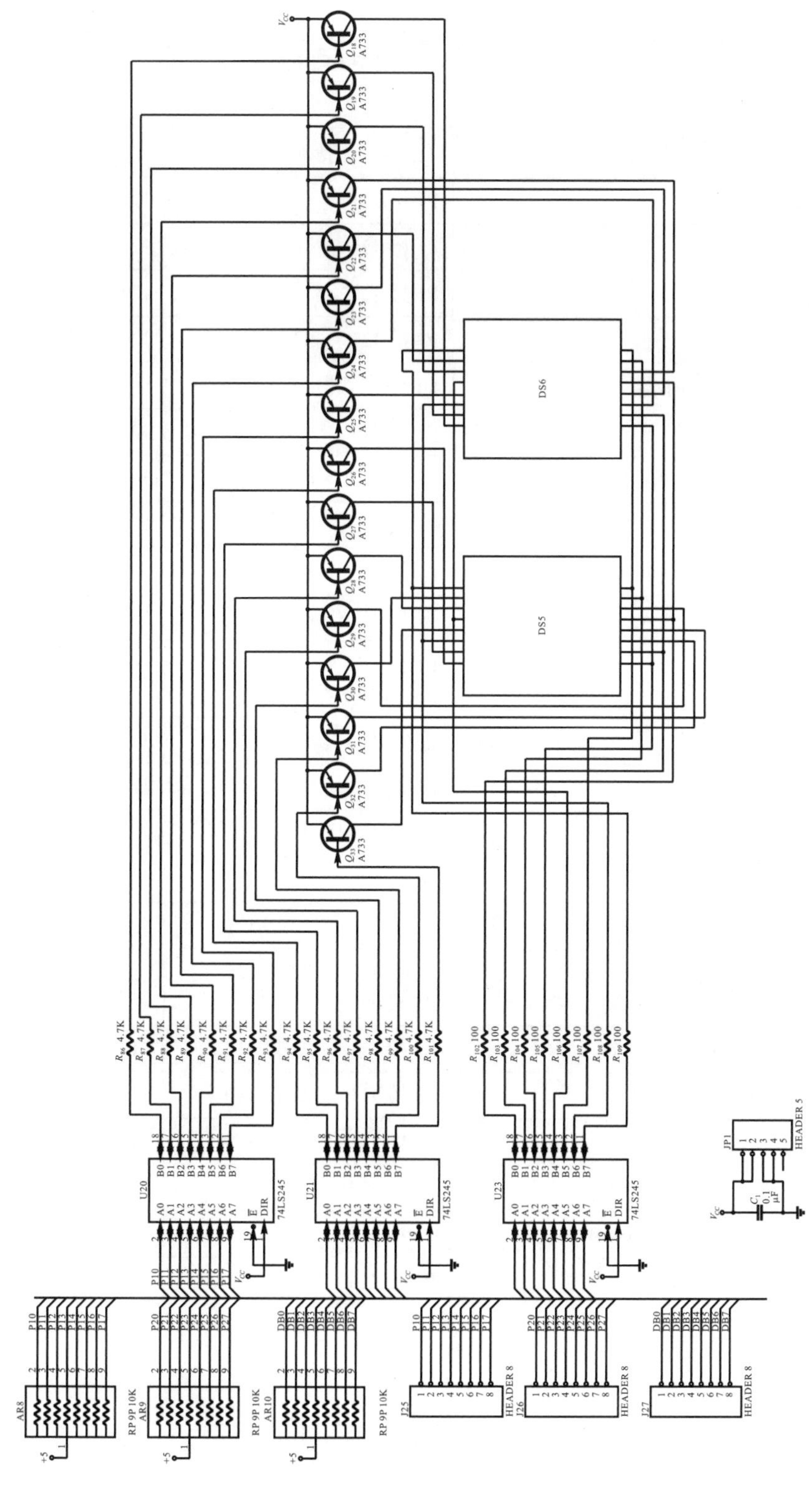

附圖 A-6　點矩陣電路圖

附錄 B 實驗與 YC-FPGA 設備接線對照表

名稱	接線	電源
6-1 八位元跑馬燈	P1 接 J21	J24
6-2 八位元霹靂燈	P1 接 J21	J24
6-3 八位元廣告燈	P1 接 J21	J24
6-4 十六位元跑馬燈	P1 接 J21 、P2 接 J22	J24
7-1 單獨一個七段顯示器	DIY(自行焊接)	
7-2 兩個七段顯示器	P1 接 J13	J9
7-3 兩個七段顯示器與兩個按鍵	P1 接 J13 、P2 接 J18	J9、J17
7-4 電子鐘分、秒顯示	P1 接 J13	J9
7-5 電子鐘時、分與四個按鍵顯示	P1 接 J13 、P2 接 J18	J9、J17
7-6 四個七段顯示器與 4×4 鍵盤按鍵	P1 接 J13 、P2 接 J20	J9、J19
7-7 兩個七段顯示器	P1 接 J13 、 P3.3 接 P3.4	J9
7-8 喇叭單音發音	P3 接 J18	J17
7-9 喇叭單音演奏	P3 接 J18	J17
7-10 電子琴	P2 接 J20 、P3 接 J18	J17、J19
8-1 點矩陣靜態顯示	P1 接 J26 、P2 接 J27	J28
8-2 點矩陣動態顯示	P1 接 J26 、P2 接 J27	J28
8-3 點矩陣(16×8)動態顯示	P1 接 J26 、P2 接 J27、 P3 接 J25	J28
9-1 LCM 靜態顯示字串	P1 接 J11 、P2 接 J10	J12
9-2 LCM 動態顯示字串	P1 接 J11 、P2 接 J10	J12
9-3 LCM 自建符號顯示	P1 接 J11 、P2 接 J10	J12
10-1 步進馬達兩相激磁轉動	P1 接 J14	J15
10-2 步進馬達 1-2 相激磁轉動	P1 接 J14	J15
10-3 激磁順序與轉動方向	P1 接 J14	J15

國家圖書館出版品預行編目資料

MCS-51 原理與實習：KEIL C 語言版 / 鍾明政, 陳宏明編著. -- 二版. -- 新北市：全華圖書, 2016.05
面；公分
ISBN 978-957-21-9836-0(平裝附數位影音光碟)
1.微電腦 2.C(電腦程式語言)
471.516 104006872

MCS-51 原理與實習－KEIL C 語言版

(附試用版及範例光碟)

作者 / 鍾明政、陳宏明
發行人 / 陳本源
執行編輯 / 馬仲辰
出版者 / 全華圖書股份有限公司
郵政帳號 / 0100836-1 號
印刷者 / 宏懋打字印刷股份有限公司
圖書編號 / 06087017
二版二刷 / 2017 年 05 月
定價 / 新台幣 370 元
ISBN / 978-957-21-9836-0 (平裝附光碟片)
全華圖書 / www.chwa.com.tw
全華網路書店 Open Tech / www.opentech.com.tw
若您對書籍內容、排版印刷有任何問題，歡迎來信指導 book@chwa.com.tw

臺北總公司(北區營業處)
地址：23671 新北市土城區忠義路 21 號
電話：(02) 2262-5666
傳真：(02) 6637-3695、6637-3696

南區營業處
地址：80769 高雄市三民區應安街 12 號
電話：(07) 381-1377
傳真：(07) 862-5562

中區營業處
地址：40256 臺中市南區樹義一巷 26 號
電話：(04) 2261-8485
傳真：(04) 3600-9806

讀者回函卡

填寫日期：　/　/

姓名：＿＿＿＿　生日：西元＿＿年＿＿月＿＿日　性別：□男 □女

電話：（　）＿＿＿＿　傳真：（　）＿＿＿＿　手機：＿＿＿＿

e-mail：（必填）＿＿＿＿

註：數字零，請用 Φ 表示，數字 1 與英文 L 請另註明並書寫端正，謝謝。

通訊處：□□□□□

學歷：□博士　□碩士　□大學　□專科　□高中・職

職業：□工程師　□教師　□學生　□軍・公　□其他

學校／公司：＿＿＿＿　科系／部門：＿＿＿＿

・需求書類：

□ A. 電子 □ B. 電機 □ C. 計算機工程 □ D. 資訊 □ E. 機械 □ F. 汽車 □ I. 工管 □ J. 土木

□ K. 化工 □ L. 設計 □ M. 商管 □ N. 日文 □ O. 美容 □ P. 休閒 □ Q. 餐飲 □ B. 其他

・本次購買圖書為：＿＿＿＿　書號：＿＿＿＿

・您對本書的評價：

封面設計：□非常滿意　□滿意　□尚可　□需改善，請說明＿＿＿＿

內容表達：□非常滿意　□滿意　□尚可　□需改善，請說明＿＿＿＿

版面編排：□非常滿意　□滿意　□尚可　□需改善，請說明＿＿＿＿

印刷品質：□非常滿意　□滿意　□尚可　□需改善，請說明＿＿＿＿

書籍定價：□非常滿意　□滿意　□尚可　□需改善，請說明＿＿＿＿

整體評價：請說明＿＿＿＿

・您在何處購買本書？

□書局　□網路書店　□書展　□團購　□其他＿＿＿＿

・您購買本書的原因？（可複選）

□個人需要　□幫公司採購　□親友推薦　□老師指定之課本　□其他＿＿＿＿

・您希望全華以何種方式提供出版訊息及特惠活動？

□電子報　□ DM　□廣告（媒體名稱＿＿＿＿）

・您是否上過全華網路書店？（www.opentech.com.tw）

□是　□否　您的建議＿＿＿＿

・您希望全華出版那方面書籍？＿＿＿＿

・您希望全華加強那些服務？＿＿＿＿

～感謝您提供寶貴意見，全華將秉持服務的熱忱，出版更多好書，以饗讀者。

全華網路書店 http://www.opentech.com.tw　　客服信箱 service@chwa.com.tw

2011.03 修訂

親愛的讀者：

感謝您對全華圖書的支持與愛護，雖然我們很慎重的處理每一本書，但恐仍有疏漏之處，若您發現本書有任何錯誤，請填寫於勘誤表內寄回，我們將於再版時修正，您的批評與指教是我們進步的原動力，謝謝！

全華圖書　敬上

勘　誤　表

書　號		書　名		作　者	
頁　數	行　數	錯誤或不當之詞句		建議修改之詞句	

我有話要說：（其它之批評與建議，如封面、編排、內容、印刷品質等・・・）